Lind, Lafer, Schloffer,
Innerhofer, Meister

Biologischer Obstbau

Leopold Stocker Verlag
Graz – Stuttgart

Umschlaggestaltung: Grafik Oberhofer, Villach
Umschlagfoto: Obstbaufachschule Gleisdorf
Die Fotos im Textteil wurden dem Verlag in dankenswerter Weise von den Autoren zur Verfügung gestellt.
Seite 36: Ulrich Hampel, Bad Dürkheim
Grafiken im Textteil: Manfred Neuhold, Graz, und Autoren

Hinweis:
Dieses Buch wurde auf chlorfrei gebleichtem Papier gedruckt.
Die zum Schutz vor Verschmutzung verwendete Einschweißfolie ist aus Polyethylen chlor- und schwefelfrei hergestellt. Diese umweltfreundliche Folie verhält sich grundwasserneutral, ist voll recyclingfähig und verbrennt in Müllverbrennungsanlagen völlig ungiftig.

ISBN 3-7020-0833-0

Printed in Austria
Druck: Druckerei Theiss GmbH, A-9400 Wolfsberg

INHALT

AUTOREN

Produktion:	**Gottfried Lafer**[1] Fabio Bonisolli[2] Hans Vijverberg[3]	Andi Schmid[4] Hans Josef Weber[5] Martin Balmer[5]	Karl Lind[1] Karl Waltl[6] Franco Weibel[4]
Pflanzenschutz:	**Karl Schloffer**[1] Costanzo Menapace[2] Arie Kool[3]	Martin Balmer[5] Andi Schmid[4]	
Verarbeitung:	**Georg Innerhofer**[7] Rino Minutolo[2] Peter van Meurs[3]		
Vermarktung:	**Hans Meister**[1] Bruno Dorigati[2] Guus J. van der Horst[3]		
Schriftleitung:	**Karl Lind**[1]		

1 Obstbaufachschule Gleisdorf (Steiermark – A)
2 Istituto Agrario di S. Michele all'Adige (Trento – I)
3 Helicon Opleidingen (Tiel – NL)
4 Forschungsinstitut für biologischen Landbau (FiBL) (Frick – CH)
5 Staatliche-, Lehr- und Versuchsanstalt für Landwirtschaft, Wein- und Gartenbau (Bad Neuenahr – Ahrweiler – D)
6 Landeskammer f. Land- u. Forstwirtschaft Steiermark (Graz – A)
7 Versuchsstation für Obst- und Weinbau Haidegg (Graz – A)

VORWORT

Der biologische Obstbau ist im Trend. Er leistet nicht nur einen wertvollen Beitrag zum Umweltschutz, sondern in Gebieten mit kleinstrukturierter Landwirtschaft trägt er auch zur Erhaltung von Arbeitsplätzen im ländlichen Raum bei.

Um der zunehmenden Nachfrage nach biologisch produziertem Obst und den daraus erzeugten Verarbeitungsprodukten nachzukommen, ist die Aus- und Weiterbildung gefordert. Diese Entwicklung hat die Kommission der Europäischen Gemeinschaften erkannt und das LEONARDO-Pilotprojekt „Entwicklung und Erprobung eines Unterrichtsmoduls – Ökologischer (biologischer) Obstbau" finanziell unterstützt.

Das vorliegende Buch „Der biologische Obstbau" ist ein Teilergebnis dieses Pilotprojektes. Es soll an Schulen als Arbeitsunterlage verwendet werden. Den Betriebsführern soll es als Nachschlagwerk dienen und bei der Entscheidung helfen, ob sie ihren Betrieb auf diese Produktionsart umstellen sollen – schließlich stehen den derzeit guten Marktchancen auch höhere Produktionsrisiken gegenüber.

Dieses Pilotprojekt wurde von den Mitarbeitern folgender Schulen und Institutionen getragen:

- Istituto Argrario di S. Michele all'Adige (Trento – I)
- Helicon Opleidingen (Tiel – NL)
- Obstbaufachschule Gleisdorf (Steiermark – A)
- Forschungsinstitut für biologischen Landbau (Frick – CH)
- Versuchsstation für Obst- und Weinbau, Haidegg (Graz – A)
- Amt der Steiermärkischen Landesregierung, Abteilung für landwirtschaftliches Schulwesen (Graz – A)

Nur aufgrund der sehr guten Zusammenarbeit aller Projektpartner konnte dieses Buch entstehen, in dem eine Zusammenführung von Wissen und Erfahrungen über den biologischen Obstbau aus mehreren europäischen Produktionsgebieten versucht wurde.

Allen Mitarbeitern dieses Buches sei herzlich gedankt.

Walter Eccli
(Projektkoordinator – Italien)

Karl Lind
(Gesamtkoordinator – Österreich)

Jan Gerrits
(Projektkoordinator – Holland)

GRUNDLAGEN DES BIOLOGISCHEN (ÖKOLOGISCHEN) OBSTBAUS

ALLGEMEINE GRUNDLAGEN

Die Bewirtschaftung von Grund und Boden sowie die Haltung von Nutztieren ist immer mit einer Beeinflussung der Kulturlandschaft und der Natur, also des Lebens- und Erholungsraumes der gesamten Bevölkerung verbunden. Die bäuerliche Bewirtschaftung muß diese Lebensgrundlage langfristig gesund und funktionsfähig erhalten und damit die Basis für ein gesundes Leben sichern. Der biologische (ökologische) Landbau versucht diesen Anforderungen in höchstem Maße gerecht zu werden. Es wird auf den Einsatz von chemisch-synthetischen Hilfsmitteln verzichtet. Durch die Bewirtschaftung nach den Gesetzmäßigkeiten der Natur, das heißt die Erhaltung möglichst geschlossener Energie- und Nährstoffkreisläufe, wird versucht, die natürlichen Gleichgewichte so wenig wie möglich zu beeinträchtigen.
Praktische Umsetzung:

- Verzicht auf leichtlösliche Mineraldünger; dafür sorgfältiger Umgang mit hofeigenen Düngern (Kompostierung, Güllebelüftung), Gründüngung, Mulch, vielfältige Fruchtfolge, sorgfältige Bodenbearbeitung.
- Verzicht auf Herbizide; dafür mechanische oder thermische Begleitpflanzenregulierung und Begrünungsmanagement.
- Verzicht auf chemisch-synthetische Pestizide; dafür Förderung der Bodengesundheit, standortgerechte Artenwahl, Verwendung widerstandsfähiger Sorten, Einsatz natürlicher Wirkstoffe.

Im allgemeinen werden zwei Richtungen des biologischen Landbaus unterschieden: **biologisch-dynamisch** und **organisch-biologisch.**

Der **biologisch-dynamische Landbau** nach Dr. Rudolf Steiner, einem deutschen Philosophen und Naturwissenschafter, war die erste Bewegung in diese Richtung. Steiner beschäftigte sich nur theoretisch mit landwirtschaftlichen Fragen. Sein Ziel war eine autarke Landwirtschaft, die auch alle feinstofflichen Kräfte berücksichtigen soll. Bei der Bodenbearbeitung, der Unkrautbekämpfung, der Zubereitung sowie Ausbringung der Präparate werden auch kosmische Konstellationen berücksichtigt. In der Praxis des biologisch-dynamischen Landbaus wird beim Säen, Pflanzen, Pflegen und Ernten, soweit es die Witterungsbedingungen zulassen, auf kosmische Kräfte geachtet. In seinen Schriften werden die Herstellung und Wirkung bestimmter Pflanzenpräparate (Schafgarbe, Kamille, Brennessel, Eichenrinde, Löwenzahn und Baldrian), die bei der Wirtschaftsdüngeraufbereitung eingesetzt werden, beschrieben. Weiters werden Hornmist- und Hornkiesel genannt, die terrestrische bzw. kosmische Kraftströme unterstützen. Besonders auf vorbeugende pflanzenstärkende Maßnahmen wird geachtet. Weiters sollten auch Tiere am Betrieb gehalten werden.

Der **organisch-biologische Landbau** nach Dr. Hans Müller, einem Schweizer Agrarpolitiker, hat sich erst in den sechziger Jahren entwickelt. Müllers Ziel war es, die Betriebe möglichst unabhängig von Betriebszukäufen zu machen. Er versuchte den Bauern wieder mehr Selbstbewußtsein zu vermitteln, indem er ihnen die Verantwortung für die Volksgesundheit zusprach. Ein gesunder Boden ist die Voraussetzung für gesunde Pflanzen und Tiere und in weiterer Folge auch für gesunde Menschen. Die Düngung ist auf die Ernährung der Bodenlebewesen ausgerichtet. Durch eine vielseitige Fruchtfolge und die Förderung von Nützlingen wird versucht, den Einsatz von Präparaten zu minimieren.

Das ökologische Gleichgewicht wird durch äußere Einflüsse, die von der Natur oder vom Menschen herrühren können, häufig gestört. Schon durch witterungsbedingte Störungen kann es zu einem verstärkten Schädlingsbefall kommen. Jede Art des Landbaus stellt somit einen Eingriff in ökologische Zusammenhänge dar und hat Pflanzenschutzprobleme zur Folge.

Als eine Zwischenstufe zum biologischen Obstbau kann die integrierte Produktion gesehen werden. Nach der fachlichen Definition versteht man unter „integriertem Pflanzenschutz" ein Programm, das alle Methoden des Pflanzenschutzes, also auch die chemische Methode, einbezieht. Um des ökologische Gleichgewicht nicht zusätzlich zu stören, werden nur dann chemische Maßnahmen ergriffen, wenn die ökonomische Schadschwelle überschritten wird. Diese ökonomische Schadschwelle deckt sich leider nicht immer mit der ökologischen Schadschwelle.

RECHTLICHE GRUNDLAGEN

Der biologische Landbau ist die einzige Produktionsmethode, die durch eine Verordnung der Europäischen Union gesetzlich geregelt ist: **„Verordnung (EWG) Nr. 2092/91 des Rates über den ökologischen Landbau und die entsprechende Kennzeichnung der landwirtschaftlichen Erzeugnisse und Lebensmittel".** Mit dieser Verordnung werden die Erzeugungsvorschriften, die Etikettierung, das Kontrollsystem und die Einfuhr aus Drittländern geregelt.

Die Kennzeichnungsvorschriften sind im Artikel 5, **Etikettierung,** geregelt. In der Kennzeichnung oder Werbung für ein landwirtschaftliches Produkt darf nur dann auf den biologischen Landbau Bezug genommen werden, wenn *alle* Vorschriften dieser Verordnung eingehalten werden. Besonders nachstehende Begriffe sind zu verwenden: „aus biologischem/ökologischem Landbau", „aus biologischer/ökologischer Landwirtschaft".

Erzeugnisse, die noch nicht für den Endverbraucher verpackt sind, müssen eine Etikettierung aufweisen und verschlossen transportiert werden, so daß ihr Inhalt nicht ausgetauscht werden kann. Neben den üblichen Kennzeichnungsvorschriften muß die Etikettierung noch folgende Angaben enthalten: Name und Anschrift des für die Erzeugung/Aufbereitung Verantwortlichen, Bezeichnung des Erzeugnisses, Code-Nummer der Kontrollstelle (z. B.: AT-.-..-Bio).

Für die landwirtschaftliche Praxis sind neben dem Artikel 6, **Erzeugungsvorschriften,** vor allem die im Anhang enthaltenen Bestimmungen wichtig.

Die **Erzeugungsvorschriften** (Artikel 6) besagen unter anderem: Ökologischer Landbau schließt ein, daß bei der Erzeugung der Produkte wenigstens die Vorschriften des Anhanges I eingehalten werden müssen. Als Pflanzenschutzmittel, Detergentien, Düngemittel oder Bodenverbesserer dürfen nur Erzeugnisse verwendet werden, die sich aus den in Anhang I und II enthaltenen zusammensetzen. Die Anwendung ist jedoch nur insoweit erlaubt, als die entsprechende Verwendung nach den einzelstaatlichen Vorschriften zugelassen ist. Es darf nur Saatgut oder vegetatives Vermehrungsmaterial verwendet werden, das gemäß den Richtlinien des biologischen Landbaus erzeugt wurde. Bis zum 31. Dezember 2000 darf auch konventionell gezogenes Saatgut oder vegetatives Vermehrungsmaterial verwendet werden, wenn der Kontrollstelle bewiesen werden kann, daß kein biologisch vermehrtes Material der entsprechenden Sorte erhältlich ist.

Der **Anhang I** enthält die Grundregeln des ökologischen Landbaus, betreffend Pflanzen und Pflanzenerzeugnisse im Agrarbetrieb.

In **Punkt 1** ist die Dauer der Umstellungszeit geregelt. Die Grundregeln dieser Verordnung müssen mindestens zwei Jahre lang vor der Aussaat und bei Dauerkulturen (Obstbau) mindestens drei Jahre lang vor der ersten Ernte eingehalten werden. In Ausnahmefällen kann die Umstellungszeit auch verlängert oder verkürzt werden.

In **Punkt 2** sind Methoden zur Erhaltung bzw. zur Steigerung der Fruchtbarkeit und der biologischen Aktivität des Bodens angeführt. Dazu zählen der Anbau von Leguminosen, Gründüngungspflanzen bzw. Tiefwurzlern und die Einhaltung einer geeigneten Fruchtfolge sowie die Einarbeitung von organischem Material, das in biologisch wirtschaftenden Betrieben gewonnen wurde. Andere organische oder mineralische Düngemittel, die im Anhang II beschrieben sind, dürfen nur ergänzend eingesetzt werden. Für die Kompostierung sind Mikroorganismen oder Zubereitungen auf pflanzlicher Basis (bio-dynamische Präparate) zulässig.

In **Punkt 3** werden die erlaubten Maßnahmen zur Regulierung von Schädlingen, Krankheiten und Unkräutern aufgezählt. Dazu zählt eine geeignete Arten- und Sortenwahl mit entsprechender Fruchtfolge. Weiters der Schutz von Nützlingen durch Schaffung günstiger Verhältnisse oder durch aussetzen von natürlichen Gegenspielern. Unkräuter dürfen nur mit mechanischen oder thermischen Methoden bekämpft werden.

In **Punkt 4** ist sogar das Sammeln eßbarer Wildpflanzen geregelt.

Der **Anhang II** ist in die Teile A und B gegliedert. Die in Teil A, „Düngemittel und Bodenverbesserer", bzw. in Teil B, „Pflanzenschutzmittel", enthaltenen Substanzen dürfen nur dann ergänzend eingesetzt werden, wenn die in Anhang I angeführten Maßnahmen nicht ausreichend sind bzw. eine unmittelbare Bedrohung für die Kultur besteht.

Anhang III: Mindestkontrollanforderungen

Jedes Unternehmen, das – mit dem Ziel der Vermarktung – biologische Produkte erzeugt, aufbereitet oder aus einem Drittland einführt, muß kontrolliert werden.

Die Erzeugung muß in einer Betriebseinheit erfolgen, die hinsichtlich ihrer Parzellen, der Produktionsstätten sowie ihrer Lagerplätze deutlich von anderen Betriebseinheiten, die nicht nach den Richtlinien der Verordnung arbeiten, getrennt ist. Zu Beginn des Kontrollverfahrens ist eine vollständige Beschreibung der Betriebseinheit zu erstellen. Der Landwirt muß der Kontrollstelle jedes Jahr seine nach Parzellen gemachte Anbauplanung vorlegen. Weiters muß er mit Unterlagen belegte Aufzeichnungen führen, so daß Ursprung, Art und Menge sowie die Verwendung aller zugekauften Betriebsmittel ersichtlich sind. Ferner sind auch Aufzeichnungen über Art, Menge und Abnehmer aller verkauften Agrarerzeugnisse vorgeschrieben. Neben unangekündigten Inspektionen wird jeder Betrieb mindestens einmal im Jahr einer vollständigen Besichtigung unterzogen. Bei der Verarbeitung sind alle Zutaten, Zusatzstoffe, Hilfsstoffe und Rezepturen bekanntzugeben. Der Betrieb gewährt – zu Inspektionszwecken – Zugang zu allen Anbauparzellen, Lagerplätzen und Produktionsstätten und ist verpflichtet, seine Aufzeichnungen vorzulegen. Außerdem unterliegt er der Auskunftspflicht gegenüber der Kontrollstelle. Ein als biologisch ausgelobtes Produkt muß an allen Orten und Produktionsstätten, wo es tatsächlich oder in Form von Rechnungen, Lieferscheinen usw. aufscheint, eindeutig als solches deklariert und erkennbar sein. Entscheidend ist die Nachvollziehbarkeit des Warenflusses vom Produzenten, über die Verarbeitung, den Handel bis hin zum Konsumenten. Nur so ist die Glaubwürdigkeit der Produkte und damit die Produktion zu erhalten.

Von der Kontrolle ausgenommen sind Betriebe, die nur verpackte Ware weiterverkaufen.

Im **Anhang VI** sind die Zutaten landwirtschaftlichen und nichtlandwirtschaftlichen Ursprungs sowie die erlaubten Verarbeitungshilfsstoffe angeführt.

Die Kennzeichnung

Im folgenden werden noch einige Stellen aus der VO 2092/91 zitiert:

„Auch wenn der Einsatz von synthetischen Pflanzenschutzmitteln behördlich vorgeschrieben wird (phytosanitäre Zwangsmaßnahmen, wie z. B. bei Feuerbrand), darf das Produkt nicht als biologisch produziert gekennzeichnet werden.“

„Pflanzen der selben Sorte dürfen nicht in Produktionseinheiten, die vom selben Betriebsinhaber bewirtschaftet werden, sowohl biologisch und konventionell, erzeugt werden.“ Ausgenommen davon sind Dauerkulturen (Obst-, Weinbau), die schrittweise von konventioneller auf biologische Landwirtschaft umgestellt werden.

In der Zeit der Umstellung dürfen Erzeugnisse unter bestimmten Umständen mit folgendem Wortlaut gekennzeichnet werden, *„hergestellt im Rahmen der Umstellung auf den ökologischen Landbau“* oder *„hergestellt im Rahmen der Umstellung auf die biologische Landwirtschaft“*. Die Voraussetzungen dafür sind: ein Umstellungszeitraum von mind. 12 Monaten vor der Ernte, daß das Erzeugnis nur eine Zutat landwirtschaftlichen Ursprungs enthält und der Name oder die Codenummer der Kontrollstelle angegeben wird.

GESCHICHTLICHE ENTWICKLUNG DES BIOLOGISCHEN LANDBAUS IN ÖSTERREICH

1927	Gründung des ersten biologisch-dynamisch bewirtschafteten Hofes in Kärnten
1962	Vorträge von Dr. Müller und Doz. Rusch in Linz und Salzburg
	Umstellung der ersten Höfe auf organisch-biologische Wirtschaftsweise in Oberösterreich
	Gründung einer bäuerlichen Arbeitsgruppe unter der Leitung von Franz Kappel
1969	der Demeterbund wird gegründet
1976	Seminar über den biolog. Landbau an der Universität für Bodenkultur in Wien

1977 erstes österreichweites Treffen zur Ausarbeitung allgemein gültiger Richtlinien
1979 der „Verband organisch-biologisch wirtschaftender Bauern" wird gegründet
1980 Franz Kappel wird erster Bioberater an der LWK-Steiermark und Gerhard Plakolm in Oberösterreich
Gründung des Ludwig-Bolzmann-Institutes für biologischen Landbau unter Dr. Ludwig Maurer
1981 Einrichtung des Freifachs „Einführung in die ökologische Landwirtschaft" an der Universität für Bodenkultur in Wien
1984 Regelung des biologischen Landbaus durch Erlässe des Bundesministeriums für Gesundheit und Umweltschutz
1987 Gründung des Verbandes Erde & Saat
1988 Gründung der Vereine Biolandwirtschaft Ennstal und Verein organisch-biologischer Landbau – Weinviertel
im Bundesministerium für Land- u. Forstwirtschaft wird eine Abteilung für biologischen Landbau eingerichtet
1989 Festlegung der Richtlinien für die pflanzliche Produktion und daraus hergestellte Folgeprodukte im Kapitel A8 des österr. Lebensmittelbuches
einzelbetriebliche Landesförderung OÖ, NÖ und Stmk
1990 Umstellungsförderung durch das Bundesministerium f. Land- und u. Forstwirtschaft
1991 an der Universität für Bodenkultur in Wien wird eine Gastprofessur für biologischen Landbau eingerichtet
1992–94 Abhaltung einiger „Ökowirtkurse" in OÖ und Stmk
1995 Einstellung eines Beraters für biologischen Obstbau an der LWK-Stmk
1996 Beginn des Leonardo-Projektes „Biologischer Obstbau"
1997 Bioapfel-Projekt der Firmen Deimel und Steirerfrucht

UMSTELLUNG EINES KONVENTIONELL GEFÜHRTEN BETRIEBES AUF BIOLOGISCHEN OBSTBAU

Obstflächen, die heute noch über ein intaktes ökologisches Gleichgewicht verfügen und somit unmittelbar für eine ökologische Produktion geeignet sind, gibt es eigentlich nur in Form der Streuobstanlagen, in denen weder Düngung noch Pflanzenschutz betrieben wird. Deshalb ist es erforderlich, die bisher konventionell geführten intensiven Obstbaubetriebe über den Umweg der **integrierten Produktion** und der **Umstellungsphase** in ökologisch wirtschaftende Betriebe umzuwandeln. Dieser Vorgang muß, da der Hilfsstoffeinsatz (Pflanzenschutzmittel und Dünger) sehr stark eingeschränkt ist, stufenweise erfolgen, und folgende Punkte müssen dabei berücksichtigt werden:

- **die Verbesserung des ökologischen Gleichgewichtes in der Obstanlage**
- **positive Einstellung der Betriebsführer zur ökologischen Wirtschaftsweise**

- **berufliche Aus- und Weiterbildung des Betriebsleiters**
- **größtmögliche Schadensbegrenzung im wirtschaftlichen Sinn, sollte es vorübergehend zu einem Produktionsausfall kommen**

Im Sinne einer größtmöglichen Schadensbegrenzung kann die Kombination von biologischer Produktion mit der Erzeugung von Obstverarbeitungsprodukten aus Früchten dieser biologischen Produktion (siehe Kapitel *Obstverarbeitung*) durchaus sinnvoll sein. Es besteht dadurch die Möglichkeit, eine breite Produktpalette anzubieten, die auch sehr gut über den Direktvermarktungsweg absetzbar ist (siehe Kapitel *Vermarktung*). In dieser Form ist es auch möglich, Obst, das aufgrund leichter Qualitätsmängel nicht über den Frischmarkt abgesetzt werden kann, entsprechend zu veredeln und mit einer höheren Wertschöpfung zu versehen. Die Obstverarbeitung und die Direktvermarktung sind jedoch neben der Produktion sehr arbeitsintensive Betriebszweige, die entsprechende Ressourcen von seiten des Betriebes voraussetzen, sei es in Form der technischen Ausstattung oder in Form freier Arbeitskapazitäten.

In der Umstellungsphase werden Jahr für Jahr immer nur Teile des Obstbaubetriebes nach den Richtlinien der ökologischen Produktion bewirtschaftet, um Erfahrungen mit dieser Produktionsweise zu sammeln und wirtschaftliche Verluste in Grenzen zu halten. Die vollständige Umwandlung eines Betriebes dauert durchschnittlich 3–4 Jahre (Minimum 36 Monate). Bei Obstbaubetrieben kann der Umstellungsprozeß etwas länger dauern. Während dieser Umstellungsphase dürfen die Früchte noch nicht als Bioobst, sondern nur als Umstellungsware, in den Verkehr gesetzt werden. Das Preisniveau der Umstellungsware liegt kaum höher als bei Früchten aus integrierter Produktion, so daß in den Umstellungsjahren, aufgrund von Ertrags- und Qualitäteinbußen sowie niedrigen Preisen, mit Einkommensverlusten zu rechnen ist.

In dieser **Übergangsphase** (integrierte Produktion) ist es angebracht:
- die Produktion nach den integrierten Richtlinien zu verwirklichen
- Bodenmeliorationsmaßnahmen zur Verbesserung der Bodenstruktur durchzuführen
- Bodenpflegemaßnahmen zu ergreifen, die eine Sanierung des Bodens bewirken (Humusanreicherung, Verbesserung der Bodenaktivität u. a.)
- organische Dünger zu verwenden, die die Wiederherstellung des Bodenlebens in seiner breiten Vielfalt erlauben
- die Umgebungsgestaltung mit Hecken, Wildkrautstreifen und weiteren Öko-Elementen zur Nützlingsförderung zu optimieren
- die Arbeit mit der Natur erfordert **hohe Sachkenntnis** und verlangt daher **ständige Weiterbildung** der Obstbauern

Der biologisch wirtschaftende Obstbaubetrieb hat verschiedene ökologische Elemente ideal kombiniert:
- die Fahrgassen sind kräuterreich und werden alternierend gemäht
- die Baumstreifen werden nicht ganzjährig freigehalten
- Streifen von blühenden Wildkräutern gedeihen am Rande der Parzellen
- unproduktive Flächen werden nicht gemulcht, sondern als extensive Wiesen gemäht

- Pionierpflanzen wachsen auf Restflächen (z. B. Wege und Wegränder, Umkehrflächen)
- botanisch vielseitige Hecken und Feldgehölze bieten Tieren Nahrung und Unterschlupf (Windschutzanlagen)
- Einzelbäume und Hochstamm-Obstgärten bleiben erhalten
- mit künstlichen Refugien (Nistkästen, Stein- und Asthaufen, Sitzstangen u. a.) werden einzelne Tierarten gezielt gefördert
- auf Remontierungsflächen wird eine Buntbrache angelegt

Checkliste für den Einstieg in den Bioobstbau

Einstellung des Betriebsleiters zum Bioobstbau ....
(positiv **+1**, neutral **0**, negativ **–1**)

Absatzstruktur des Betriebes ....
(hoher Anteil an Direktvermarktung, Marktnähe, Obstverarbeitung **+1**, gutes Verhältnis Direktvermarktung und Absatz über Großhandel **0**, marktferne Lage, ungünstige Absatzstrukturen, keine Verarbeitungsmöglichkeit **–1**)

Fachliche Qualifikation des Betriebsleiters ....
(Betriebsleiter eines Topbetriebes mit konsequenter Umsetzung der integrierten Produktion **+1**, Betriebsleiter eines guten Obstbaubetriebes mit hoher fachlicher Qualifikation **0**, Ökofundi, Aussteiger ohne fachliche Qualifikation **–1**)

Bisherige Bewirtschaftungsweise des Betriebes ....
(biologisch **+1**, integriert **0**, konventionell **–1**)

Lage der Obstflächen ....
(geschützte gut besonnte Hanglagen mit guter Abtrocknung, ohne Frostgefährdung **+1**, gute, leicht geneigte Hanglagen, offene Lagen **0**, geschlossene, tiefe Obstlagen mit hoher Frostgefährdung **–1**)

Zustand des Obstbaubodens ....
(leistungsfähiger, gut durchwurzelbarer Obstbauboden mit optimaler Humusversorgung **+1**, normaler, gut nährstoffversorgter Obstbauboden **0**, zu Verdichtung und Staunässe neigender Obstbauboden, humusarmer Planieboden **–1**)

Sortiment am Betrieb ....
(biotaugliche, teilweise resistente Sorten **+1**, normales I.P. Sortiment **0**, hoher Anteil krankheits- und schädlingsanfälliger Sorten **–1**)

Kreislaufwirtschaft (Kompostierung, Mulchwirtschaft, Stallmist etc. sind intensiver Bestandteil des Betriebskonzeptes **+1**, in geringem Umfang am Betrieb **0**, nicht am Betrieb verankert **–1**) ....

Summe ....

Bei mehr als 4 Pluspunkten hat der Betriebsleiter eher die fachlichen und betrieblichen Voraussetzungen für die Umstellung auf biologische Produktion.

PLANUNG UND ERSTELLUNG EINER BIOOBSTANLAGE

STANDORTWAHL – ÖKOLOGISCHE GRUNDLAGEN

Unter dem Begriff **Standort** sind alle Faktoren zusammengefaßt, die mit **Klima, Lage** und **Boden** in Zusammenhang stehen. Diese drei Faktoren stehen in engen Wechselbeziehungen zueinander. Erst aus diesem Zusammenwirken heraus werden die jeweils herrschenden Lebensbedingungen für den Baum geschaffen. Daneben bestehen auch Wechselwirkungen zwischen den Obstpflanzen untereinander bzw. zwischen den Obstpflanzen und der jeweiligen Fauna und Flora **(Biozönose).**

Ertrags- und qualitätsbestimmende Faktoren im Obstbau

Lage
Frostgefährdung
Besonnung
Seehöhe
Windverhältnisse

Klima
Temperatur
Niederschlag
Licht

Boden
Bodenart
Bodenstruktur
pH-Wert
Humusgehalt
Wasser- und Nährstoffversorgung
biologische Aktivität

Die Wirtschaftlichkeit des Bioobstbaues ist wesentlich vom Standort abhängig. Da im Bioobstbau der Einsatz von Hilfsstoffen zur Krankheits- und Schädlingsregulierung nur in einem stark begrenzten Maße möglich ist, kommt der Standortwahl, als wichtigste vorbeugende Maßnahme des Pflanzenschutzes, eine zentrale Stellung zu. Die verschiedenen Ansprüche der einzelnen Obstarten und -sorten bedingen **spezifische Standorte.** Um einen wirtschaftlichen Erfolg erzielen zu können, müssen sich die Standortansprüche der Obstarten bzw. der Sorten mit den Standortbedingungen optimal decken. Die wichtigste Grundvoraussetzung für einen erfolgreichen Bioobstbau ist daher die **standortgerechte Sortenwahl** (Pflanzung der richtigen Sorte an einem für sie optimalen Standort). In Gebieten, deren Voraussetzungen für einen optimalen Standort nicht ausreichen, wäre der Versuch eines erwerbsmäßigen Bioobstbaues sinnlos. Bei **leichten Standortmängeln** ist zu überlegen, ob eine Behebung durchführbar und von der Kostenseite her tragbar ist. Vor der Errichtung einer Bioobstanlage sollte man sich unbedingt mit der **örtlichen Obstbauberatung** beraten. Sie kennt die Eigenheiten des betreffenden Gebietes, und man kann sich so vor Fehlplanungen schützen.

Klima

Ob in einem Gebiet überhaupt eine bestimmte Obstart erfolgreich angebaut werden kann, ist grundsätzlich vom Klima abhängig.

Folgende Klimafaktoren bestimmen das Großklima:
- Temperatur
- Niederschläge
- Licht

Die meteorologischen Stationen beobachten und erfassen die Durchschnittswerte und schaffen die Grundlage für die Klimabeurteilung. Aus den Großklimadaten erkennt man die Klimabedingungen eines bestimmten Gebietes. Diese Daten sind in **Klimakarten** zusammengefaßt, die eine wichtige Grundlage für die Beurteilung der obstbaulichen Eignung eines Gebietes sind.

Temperatur

Für die Beurteilung der obstbaulichen Eignung eines bestimmten Gebietes ist, neben der **Jahresdurchschnittstemperatur,** die Kenntnis der **durchschnittlichen Temperatur** während der Monate Mai – September **(Hauptvegetationszeit)** wichtig.
Die mittlere Jahrestemperatur gibt noch keinen verläßlichen Anhaltspunkt für die obstbauliche Eignung. Besser dafür geeignet ist die Dauer der Vegetationsperiode bzw. **die Zahl der Wachstumstage:** Tage mit einer Tagesmitteltemperatur von > +5 °C **(physiologischer Nullpunkt).** Die Länge der Vegetationszeit eines Gebietes wird durch die Zahl der Wachstumstage bestimmt und sollte für einen erfolgreichen Bioobstbau mehr als 235 Tage betragen. In Mitteleuropa liegt die wärmeklimatische Grenze für den Intensivanbau von Kernobst etwa dort, wo die Apfelblüte im langjährigen Mittel **vor dem 15.–20. 05.** zu beobachten ist. Ein später Blühbeginn bietet nicht mehr die Gewähr für das Ausreifen vieler Kernobstsorten (ausgenommen Frühsorten).

Nachfolgende Grafik zeigt die Unterschiede der mittleren Jahrestemperatur in verschiedenen Produktionsgebieten (Steiermark, Trentino, Niederlande).

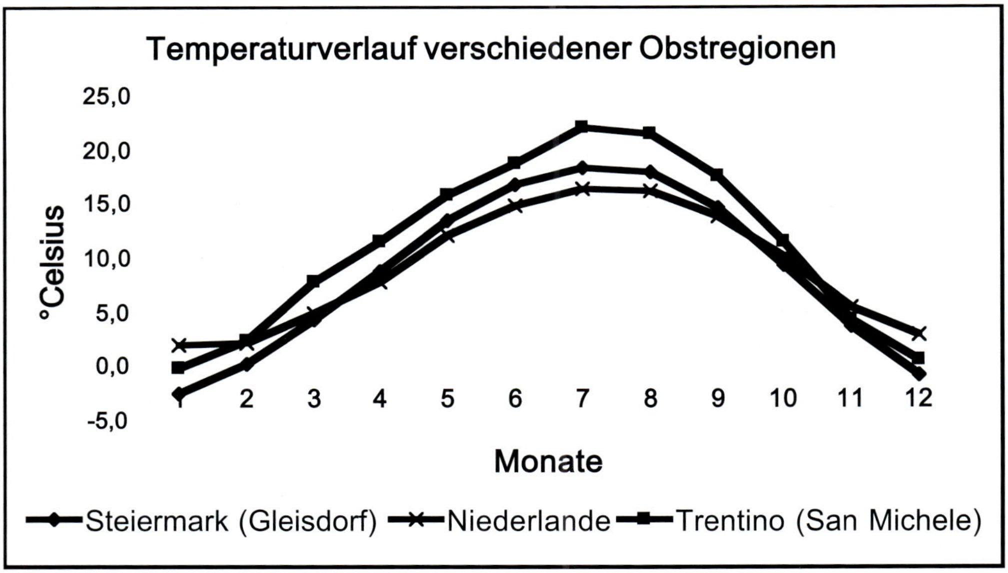

Wärmebedürfnis der einzelnen Obstarten

hoch	gering
Marille	best. Pflaumen- und Zwetschkensorten (z. B. Hauszwetschke u. a.)
Pfirsich	Birne (anspruchslosere Sorten, wie z. B. Frühe von Trèvoux, Conference u. a.)
Edelkastanie	viele Apfelsorten
Edelbirne	Süßkirschen
Edelpflaumen	Beerenobst
Walnuß	Edeleberesche
Haselnuß	
Quitte	

Wärmebedürfnis verschiedener Apfelsorten

hoch	mittel	gering
Idared	Florina	Elstar
Meran	Delbarestivale	Boskoop
	Jonagold	Frühsorten (J. Grieve u. a.)
	Pinova	Kronprinz Rudolf
	Fiesta	Topaz
	Elise	Santana

Besonders die Birne, aber auch der Apfel weist sehr große sortenmäßige Unterschiede auf. Neben anspruchsvollen Sorten (z. B. edle Winterbirnen) gibt es auch anspruchslose Sorten (hauptsächlich Mostobstsorten).

Winterfrost

Strenge Winter mit lang anhaltenden tiefen Extremtemperaturen, ohne Schneedecke, können zu katastrophalen Frostschäden führen **(Winterfrostschäden).** Schäden durch tiefe Wintertemperaturen werden oft unterschätzt. Im steirischen Klimagebiet muß fallweise mit länger andauernden **strengen Frostperioden bis –20 °C** gerechnet werden. Unsere Obstarten und -sorten haben eine Schadensschwelle, die zwischen –15 und –20 °C liegt. Schäden durch Winterfrost treten hauptsächlich zu Beginn und gegen Ende des Winters auf. Am gefährlichsten sind ungünstige Witterungskonstellationen **(milde Perioden mit Plusgraden und folgendem Temperatursturz bis –15 °C).**

Solche Temperatursprünge bringen **schwerste Schäden** an **Holz** und **Blütenknospen** empfindlicher Sorten (z. B. Gala, Elstar, Jonagold, Braeburn) sowie **Wurzelschäden an Unterlagen** (z. B. Quitte und M 9). Man kann feststellen, daß diesbezüglich **sonnige Hanglagen, Mulden** und **Standorte mit hohem Grundwasserstand** (feuchter, kalter Boden) stärker gefährdet sind.

Winterfrostempfindlichkeit verschiedener Obstarten

hoch	mittel	gering
Quitte Pfirsich Edelpflaume Marille Walnuß	Apfel Birne	Holunder Rote Johannisbeere Stachelbeere

Apfel und Birne weisen große Sortenunterschiede auf.

Niederschläge

Der Wasserbedarf der Obstbäume wird in erster Linie durch Niederschläge in Form von Regen und Schnee gedeckt.

Eine gute Wasserversorgung ist vor allem auf tiefgründigen Böden mit hoher Wasserkapazität und bei guter Niederschlagsverteilung während der Hauptvegetationszeit möglich. Die Wasseransprüche der Obstbäume steigen mit zunehmender Durchschnittstemperatur in der Hauptvegetationszeit an. In Trockenzeiten spielt auch der nutzbare Grundwasserstand eine Rolle, wenn er auf leichten Böden nicht tiefer als bis zu 1 m und auf schweren Böden nicht tiefer als bis zu 2,5 m liegt.

Wassermangel hat auch eine Einschränkung der Assimilation zur Folge. Bei Apfelbäumen deuten folgende Anzeichen auf einen akuten Wassermangel hin:

- Erschlaffung des Blattwerkes (Verlust der Turgeszenz)

Standortwahl – ungünstige Schattenlagen an Waldrändern, gute Besonnung im oberen Bereich des Hanges. Tiefe Lagen sind mehr frostgefährdet als Hanglagen

Südlich exponierte Hanglagen sind günstig für den Bioobstbau

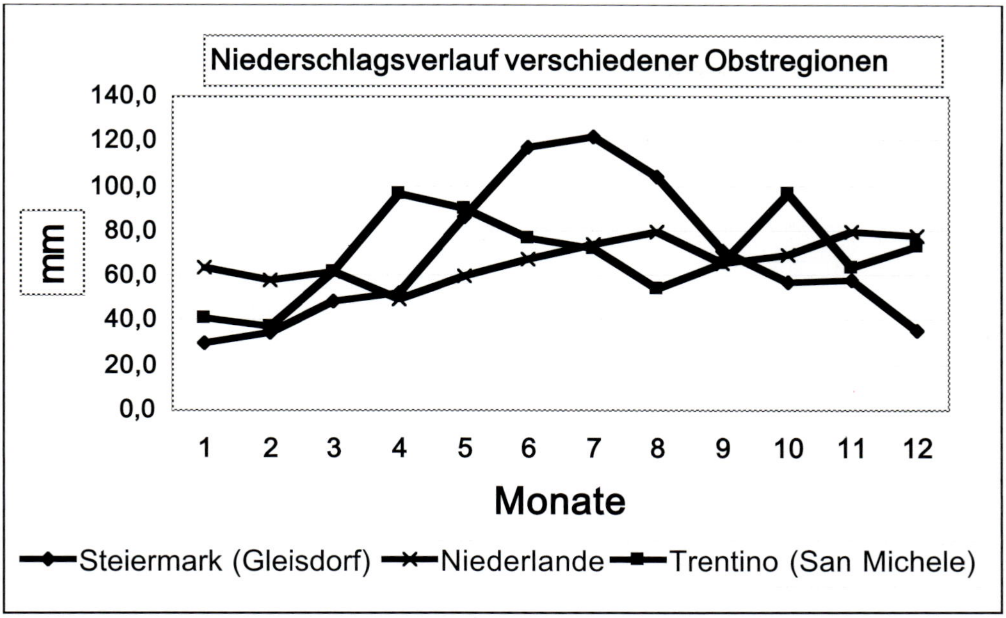

- Erschlaffen und leichtes Umbiegen der unverholzten Spitzen der Langtriebe

Diese Symptome kennzeichnen die kritische Phase der Wasserversorgung und weisen darauf hin, daß unbedingt bewässert werden sollte. Besonders trockenheitsempfindlich sind Jungbäume und frisch gepflanzte Bäume (kein Bodenschluß, daher Bewässerung in kritischen Phasen). Um den Trockenstreß zu vermindern, ist auch das Freihalten des Pflanzstreifens von Unkräutern bzw. die Abdeckung mit verschiedenen organischen Materialien, wie z. B. Stallmist, sehr wichtig. Zu beachten ist, daß die Bäume in ihrer Ertragsphase, in der Zeit von **Frühjahr bis Anfang Juli,** ausreichend mit Wasser versorgt sind (Zusatzbewässerung durch Überkronenberegnung, Tröpfchenbewässerung oder Mikrosprinkler). Obstbäume sind dank einiger tiefreichender Wurzeln (außer schwachwachsende Typen- oder Klonunterlagen) und der vielen verholzten Organe gut in der Lage, kurzfristige Trockenperioden ohne Schaden zu überstehen.

Wasseransprüche der einzelnen Obstarten

hoch	gering
Zwetschke und Pflaume Apfel Johannisbeere Holunder Haselnuß	Birne Pfirsich Marille Walnuß übrige Beerenobstarten

Hagel

Der Hagel ist eine Niederschlagsform, die in bestimmten Gebieten (z.B. Steiermark, südl. Burgenland) – meist zwar nur lokal begrenzt (sogenannte Hagelstriche) – verheerende Schäden verursachen kann. In solchen Lagen ist ein Qualitätsobstbau ohne entsprechende Hagelschutzmaßnahmen äußerst riskant.

Möglichkeiten zur Hagelabwehr

aktive Hagelabwehr	passive Hagelabwehr
Raketen Flugzeug Brenner	Hagelnetze

Vor- und Nachteile des Hagelnetzes

Vorteile	Nachteile
Schutz für Früchte und Fruchtholz gleichmäßige Auslastung der Lagereinrichtungen geringer Sortieraufwand gesicherte Marktpräsenz Reduktion des Sonnenbrandes weniger Windeinfluß mehr Sicherheit für den Einzelbetrieb	Kosten zusätzliche Arbeit während des Jahres Lichtverlust (bis ca. 25%) schlechtere Ausfärbung längere Blattnässe Einschränkung bei der Mechanisierung

Licht und Sonnenscheindauer

Qualitätsobstbau benötigt zwischen 1.600–1.800 Sonnenstunden pro Jahr. Sonnenreiche Jahre begünstigen sowohl die äußere als auch die innere Fruchtqualität (feste Fruchtschale, hohe Festigkeit des Fruchtfleisches, Zuckerreichtum und viel Aroma, hohe Geschmacksqualität).

Bedeutung des Lichtes für den Obstbaum

- Erwärmung des Bodens
- Assimilation (Zuckergehalt der Frucht, Holzreife)
- Aufbau gelber Farbstoffe in der Frucht, Chlorophyllabbau
- Bildung der roten Deckfarbe von Früchten (Anthocyane)
- Aufbau kräftiger Blütenknospen

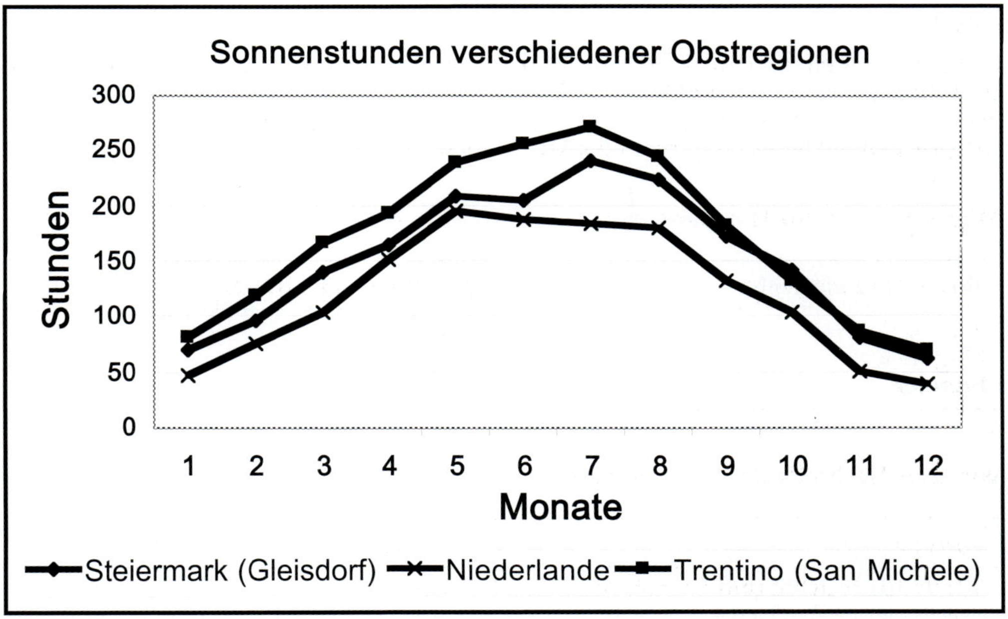

Es gibt zwei Zeitabschnitte, während der die Bäume auf Lichtmangel empfindlich reagieren. Der erste ist kurz nach der Blüte (kleinere Früchte bei Lichtmangel, verstärkter Junifruchtfall), die zweite Periode liegt vor der Ernte (Fruchtwachstum, Deckfarbe).

Die verfügbare Strahlung beeinflußt sehr stark die Ertragsleistung und die Fruchtqualität. Das Optimum der Lichtausnutzung beträgt, unabhängig von Pflanzdichte und Pflanzweise, 70%. Werden aufgrund zu hoher Pflanzdichten mehr als 70% des einfallenden Lichtes ausgenutzt, d. h., weniger als 30% des Lichtes erreicht den Boden, führt dies zu einem Qualitätsabfall. Weniger als 70% Lichtausnutzung bedeutet gute Qualität, aber zuwenig Ertrag.

Lage

Unter Lage versteht man die Beeinflussung der großklimatischen Verhältnisse durch Berge, Hügel, Siedlungen, Wälder, Flüsse, Seehöhe, Hangneigung und Himmelsrichtung.

Einteilung der Lagen

Grundsätzlich wird zwischen offenen, geschlossen und geschützten Lagen unterschieden.

Hagelschutznetze und Frostberegnung schützen vor Ertrags- und Qualitätsverlusten

Hagelschäden an Früchten

Frostberegnung schützt vor Blütenfrostschäden

Winterfrostschaden am Stamm

Frostringe an Früchten

Offene Lagen

Offene Lagen sind nach allen Richtungen frei und daher sehr windanfällig. Vorteile sind der geringe Krankheits- und Schädlingsbefall durch bessere und raschere Abtrocknung. Ständige Windeinwirkung beeinträchtigt das Baumwachstum und den Insektenflug. Zudem kommt es zu verstärkten Windschäden und Vorerntefruchtfall. Eine deutliche Verbesserung ist durch Windschutzanlagen möglich. Windschutzhecken können auch als ökologische Nischen für eine Vielzahl von Nützlingen im Bioobstanbau dienen.

Geschlossene Lagen

Geschlossene Lagen sind nach allen Seiten durch Wälder, Häuser, Höhenzüge usw. abgeschlossen. Die geringe Luftbewegung führt zu vermehrtem Krankheits- und Schädlingsbefall. Weiters sind diese Gebiete durch Kaltluftstau sehr frostgefährdet.

Geschützte Lagen

Geschützte Lagen sind obstbaulich am besten zu beurteilen. Diese Lagen sind gegen NO geschützt (durch Waldsäume, Gebäude usw.) und gegen SW offen. Nach dieser Richtung besteht eine Luftabflußmöglichkeit und dadurch weniger Frostgefahr.

Kriterien für die Beurteilung einer Lage

Frostgefährdung (Früh- und Spätfrost)

Frostlagen beeinträchtigen die Ertragssicherheit. **Spätfröste im Frühjahr** können mit einem Schlag die Ernte eines gesamten Jahres vernichten. Der Schaden besteht aber nicht nur in einem Ernteausfall, sondern viel mehr noch in der Auslösung einer Alternanz. **Frühfröste im Herbst** verkürzen die Vegetationszeit und können die Erntequalität vermindern.

Kaltluftstaulagen, hervorgerufen durch Wälder, Mulden, Täler, Gebäudegruppen, Bahndämme usw., sind zu **meiden.** Es muß daher anhand des Geländeverlaufes beobachtet werden, ob das in Betracht kommende Grundstück in einem Kaltluftsee liegt. **Der Wind** spielt in diesem Zusammenhang eine wichtige Rolle. Eine mäßige Luftbewegung ist vorteilhaft; bewegte Kaltluft führt selten zu Frostschäden!

Maßnahmen zur Verhinderung von Spätfrostschäden
Die Strahlungsfröste können durch verschiedene Maßnahmen gemildert bzw. verhindert werden. Die sicherste Methode ist die Frostberegnung.

- **Rauchbildung:** Durch Verbrennen von feuchten organischen Materialien wird eine künstliche Nebeldecke gebildet. Durch organisiertes Räuchern kann ein Temperaturgewinn von 2 bis 3 °C erreicht werden.
- **Heizen:** Mit Öl- oder Gasöfen (150–200 Öfen/ha) kann geheizt und so die Frostwirkung gemindert werden.

- **Luftumwälzung (bewinden):** Mittels großer Propeller wird warme Luft auf die Kulturen geblasen; es kommt so zur Vermischung von kalter mit warmer Luft.
- **Frostberegnung:** Es wird die Erstarrungswärme des Wassers zur Verhinderung von Frostschäden genutzt (335 kJ/l Wasser). Wichtig ist, daß zur richtigen Zeit eingeschaltet wird, damit es nicht zur Unterkühlung der Pflanzen kommt.

Besonnung

Es kommen nur **gut und lang besonnte Grundstücke** für den Bioobstbau in Frage. Außerdem sollte darauf geachtet werden, daß die Obstanlage nicht durch Waldsäume, Bodenerhebungen, Gebäude usw. beschattet wird. In Hang- und Hügellagen können bereits kleine Unterschiede in der **Himmelsrichtung des Hanges (Exposition)** die Dauer der Besonnung wesentlich verändern. **Nordhänge** sind obstbaulich in den meisten Fällen als **ungünstig** (Ausnahme Marille) anzusehen; leicht geneigte **Südhänge** sind normalerweise als **optimal** zu beurteilen, nur besteht oft die Gefahr von Trockenheit im Sommer, so daß eine **Bewässerung** notwendig sein könnte. An südexponierten Anbaulagen fällt rund doppelt so viel Licht ein als an Nordost-Schattenhängen. Die südliche Himmelsrichtung muß für bestimmte Obstarten und -sorten nicht immer die beste sein. Durch die frühzeitige Erwärmung erfolgt ein früher Austrieb und somit eine frühe Blüte, die dann sehr oft durch Frost geschädigt wird. Besonders gefährdet sind früh blühende Obstarten, wie Marille, Kirsche und früh blühende Apfelsorten (Braeburn, Jonagold u. a.).

Neben der Exposition spielt für die Besonnung auch die **Hangneigung (Inklination)** eine entscheidende Rolle. Bei einer Hangneigung ab 28% ist ein rentabler Obstbau kaum mehr möglich, da die mechanische Bearbeitung nicht mehr oder nur mehr mit teuren Spezialmaschinen möglich ist. Kleinklimatisch und arbeitswirtschaftlich optimal sind flach geneigte Hänge mit einer Steigung bis zu 10%.

Windverhältnisse

Windstärke und **-häufigkeit** sind ebenfalls von Bedeutung. Häufig auftretender stärkerer Wind führt zu folgenden negativen Effekten:

- **Austrocknen des Bodens**
- **verminderte Taubildung**
- **erschwerter Insektenflug**
- **Verminderung der vegetativen und generativen Leistung**
- **Scheuerstellen an Früchten**
- **verstärkter Vorerntefruchtfall**
- **Astbrüche und Baumausfälle (bei Sturm)**

Ein effektiver Schutz kann durch **das Anlegen einer Windschutzhecke** erreicht werden. Ein rechtzeitig und richtig angelegter Windschutz bringt früheren Ertragsbeginn, Ertragssteigerung und bessere Fruchtqualität aufgrund der deutlichen Verbesserung des Mikroklimas. Als Heckenpflanzen eignen sich eine **Vielzahl von Laubgehölzen,** die an das **jeweilige Gebiet angepaßt** sein sollten (Esche, Ahorn, Robinie, Schwarzerle, Pappel, Hartriegel, Flieder, Holunder, Traubenkirsche, Heckenkirsche u. a.). Meistens werden drei- und vierreihige Windschutzstreifen angelegt, wobei jeweils zwei oder eine Pappelreihe von zwei Gehölzstreifen begleitet sind. Windschutzhecken dienen auch **vielen natürlichen Gegenspielern** (Säugetiere, insektenfressende Vögel, Prädatoren u. a. Nützlinge) von Schädlingen im Obstbau als **Unterschlupf.** Diesen zahlreichen Vorteilen stehen aber auch einige Nachteile gegenüber: verminderte Luftzirkulation, schlechtere Abtrocknung, stärkerer Krankheits- und Schädlingsbefall, Schattenwirkung, Wurzelkonkurrenz (Probleme bei den Randreihen).

Ein **leichter Luftzug** ist für manche Obstarten günstig, wie z. B. für Apfel, Marille und Kirsche, denn dieser trocknet die Bäume nach Regenfällen rasch ab und vermindert so das Auftreten von Pilzkrankheiten.

Seehöhe

Mit zunehmender Seehöhe nimmt die Lufttemperatur ab, das Klima wird rauher und die Vegetationszeit kürzer. Mit zunehmender Seehöhe vermindert sich auch die Fruchtgröße, die innere Qualität (Ausfärbung, Fruchtfleischfestigkeit) und Lagerfähigkeit der Früchte nehmen in der Regel zu. In Höhenlagen produziertes Obst ist aufgrund erhöhter UV-Strahlung in der Regel intensiver gefärbt. Eine **Zunahme der Seehöhe um 30 m verzögert** die **Fruchtreife** um ungefähr **einen Tag.**

Boden

Der Boden ist der unterirdische Lebensraum des Obstbaumes und somit einer der wesentlichsten Faktoren für eine nachhaltige ökologische Produktion. Ein genügend tiefer, gut durchwurzelbarer, belüfteter, belebter und speicherfähiger Boden ist die Voraussetzung für ein gesundes und, vor allem in klimatisch extremen Jahren (Trockenjahre, extrem niederschlagsreiche Jahre), sicheres Pflanzenwachstum. Dauerkulturen, wie sie Obstgewächse darstellen, sind besonders auf einen tiefen Wurzelraum angewiesen. In vielen Fällen besitzen die Kulturböden Verdichtungen, die das Baumwachstum beträchtlich stören können. Durch den zunehmenden Einsatz von Maschinen und Geräten im Obstbau wird zwar der Arbeitsaufwand gesenkt, der Gesundheitszustand des Bodens wird jedoch belastet (siehe Kapitel *Bodenschonender Maschineneinsatz*). Auch durch unsachgemäßes Bearbeiten bzw. durch unsachgemäße Planierarbeiten wird die **gesunde Struktur des Bodens** zerstört. Die Folgen sind **Verdichtungen** mit Staunässe und Sauerstoffmangel bzw. ein **toter Boden,** der keine oder nur eine geringe biologische Aktivität aufweist. Die entsprechende Bodenvorbereitung ist daher eine der **wichtigsten Grundvoraussetzungen** für einen erfolgreichen biologischen Obstbau.

Ein gesunder Boden sollte wie folgt zusammengesetzt sein bzw. folgende Eigenschaften aufweisen:

- **50% feste Bestandteile** (organisch – **Humus,** anorganisch – **Mineralien**)
- **50% Hohlräume** (je zur Hälfte mit Wasser und mit Luft gefüllt)
- **intaktes Bodenleben** (biologische Aktivität des Bodens)

Optimale Bodenhohlraumverhältnisse liegen dann vor, wenn etwa die Hälfte des Bodenvolumens aus Poren besteht, davon sollten über 10% Grobporen, mehr als 15% Mittelporen und unter 20% Feinporen sein.

Offene Lagen sind windanfällig – die Anlage einer Windschutzhecke ist zu empfehlen

Windschutzhecke mit blühendem Krautstreifen

Regenwurmaktivität – Hinweis für intaktes Bodenleben

Schlechter Laubabbau durch geringe Regenwurmaktivität

Intaktes Bodenleben – ein wichtiger Faktor der Bodenfruchtbarkeit

Im ökologischen Landbau spielen die Selbstregulierungskräfte des Bodens und die Schonung der Umwelt durch möglichst geschlossene Nährstoffkreisläufe traditionellerweise eine wichtige Rolle. Durch den Verzicht auf rasch wirksame Korrekturmittel, wie synthetische Pflanzenschutzmittel und leicht lösliche Düngemittel, sind die Selbstgegulierungskräfte und die Schonung der Umwelt für das Funktionieren biologischer Anbausysteme wichtige Voraussetzungen.

Funktion der Bodenorganismen

- Mineralisierung der organischen Substanz (Stickstoff- und Kohlenstoffmineralisierung etc.)
- Humifizierung (Umwandlung der org. Substanz in stabile Huminstoffe)
- Verbesserung der Nährstoffmobilisierung und -nachlieferung für Pflanzen (insbesondere durch Wurzel-Symbiosepilze: Mykorrhiza)
- Stickstoffixierung aus der Atmosphäre, vor allem durch Knöllchenbakterien
- Schutz der Pflanze vor Bodenpathogenen (Krankheitserregern). Man spricht vom **„antiphytopathogenen Potential"** des Bodens.
- Verminderung des Ausgangspotentiales von Pflanzenkrankheiten, z. B. Reduktion des Schorfdruckes durch verstärkten Laubabbau
- Stabilisierung des Bodengefüges durch Bakterienschleim

Die **organische Masse** erfüllt im Boden folgende wichtige Aufgaben:
- **Speicherung von Wasser und Nährstoffen** in der durchwurzelten Zone des Bodens
- sie **lockert** schwere, feinerdereiche Böden und **fördert die Krümelbildung**
- leichte Böden werden bindiger, **speicherfähiger**
- **bessere Erwärmung** des Bodens durch die dunkle Farbe des Humus (Vegetationsverlängerung)
- **Nahrung für die Bodenlebewesen**
- **Nährstoffnachlieferung** und **CO_2-Bereitstellung** für die Assimilation
- **Puffersubstanz** bei Trockenheit, Temperaturschwankungen usw.

Bodenansprüche der wichtigsten Obstarten

Obstart	Bodenansprüche
Apfel	tiefgründige Lehmböden, keine Staunässe
Birne auf Quitte	warme, sandige Lehme ohne hohen Kalkgehalt
Birne auf Sämling	warme, bindige Böden ohne Staunässe
Süßkirsche	mittelschwere Böden, geringe Kalkempfindlichkeit
Pflaume/Zwetschke	keine Staunässe, sonst, je nach Unterlage, beinahe alle Böden möglich
Pfirsich	leicht erwärmbare, tiefgründige Böden

Bodenvorbereitung

Bodenuntersuchung

Die Bodenuntersuchung erfolgt auf zwei Ebenen: Einerseits erfolgt eine Beurteilung des Bodens im Gelände, andererseits werden Bodenproben im Labor untersucht.

Bodenuntersuchung im Gelände
Die eingehende Untersuchung eines Bodens im Gelände erfolgt am Bodenprofil in Form einer Bodenansprache. Darunter versteht man einen senkrechten Schnitt durch den Boden, der von der Oberfläche bis zum unveränderten Ausgangsmaterial des Bodens (Muttergestein) geführt wird. In der Praxis wird eine Grube mit einer senkrechten Wand gegraben, die das Profil des Bodens erkennen läßt.

Bestimmung der Gründigkeit des Bodens

Je nach Gründigkeit des Bodens liegt das Muttergestein in unterschiedlichen Tiefen:

seichtgründige Böden .... < 30 cm
mittelgründige Böden .... 30–70 cm
tiefgründige Böden .... > 70 cm

Mit zunehmender Gründigkeit ergeben sich folgende Vorteile:
- größerer durchwurzelbarer Raum
- höheres Speichervermögen für Wasser, Luft und Nährstoffe

Bestimmung der Bodenart

Jeder Boden besteht aus mineralischen Teilchen verschiedener Größe. Das Verhältnis der in einem Boden vorhandenen Korngrößen bestimmt weitgehend die Eigenschaften des Bodens. Eine genaue Bestimmung der Korngrößenzusammensetzung (Textur) eines Bodens erfolgt durch eine Laboruntersuchung (Sieb- und Schlämmanalyse). Grobe Teilchen werden durch Siebung und feinere durch Sedimentation (Ablagerung) ermittelt. Die Bodenart ergibt sich aus dem **Verhältnis der einzelnen Korngrößenfraktionen**.

Korngrößenklassen des Bodens (Kornfraktionen des Feinbodens)

Korngrößenklasse	Korngröße in mm
Sand	2,0–0,06 mm
Schluff	0.06–0,002 mm
Ton	< 0,002 mm

Im Gelände wird die Bodenart mittels **Fingerprobe** bestimmt. Dazu wird der Boden bis zur Fließgrenze angefeuchtet und anschließend zwischen den Fingern geknetet und beurteilt. Man prüft die Rauheit beim Reiben zwischen den Fingern, die Fühlbarkeit der Einzelkörner sowie die Verformbarkeit nach Grad und Wiederholbarkeit.

Die Beurteilung der Bodenstruktur (Bodengefüge)

Die Bodenstruktur ist für den Wasser-, Luft- und Wärmehaushalt des Bodens wichtig. Sie hat entscheidende Auswirkungen auf das Pflanzenwachstum bzw. auf die Durchwurzelbarkeit des Bodens, auf das Bodenleben und die Bearbeitbarkeit des Bodens.

Wichtige Strukturformen des Bodens

Grundstrukturen	zusammengesetzte Strukturen (Aggregatstrukturen)	Bodenfragmente
Einzelkornstruktur Massivstruktur	plattige Struktur prismatische Struktur körnige Struktur blockige Struktur krümelige Struktur	Bröckel Schollen

Die Spatenprobe zur Beurteilung des Strukturzustandes („Görbingsche" Spatendiagnose)

Um richtige Entscheidungen in der Bodenvorbereitung zu treffen und um den Erfolg von Bodenmeliorationsmaßnahmen bewerten zu können, ist es unbedingt notwendig, mit dem **Spaten** die Bodenstruktur zu prüfen. Bei der Bodenbeurteilung nach der Spatendiagnose wird mit Hilfe von zwei Flachspaten dem Boden ein Erdziegel von mindestens 10 cm Dicke entnommen. Danach wird der Zustand des Bodens nach folgenden Beurteilungskriterien beschrieben:
- Größe, Struktur und Verteilung der Bodenaggregate in der Krume
- Wurzelmenge und Wurzeltiefe
- Feinwurzel- und Knöllchenverteilung
- Feuchtigkeitsverteilung
- Menge, Verteilung und Verrottungsgrad von eingearbeiteter organischer Substanz (Ernterückstände, Stallmist usw.)

Die Beurteilung des Bodens nach diesen Kriterien ergibt ein sehr genaues Bild des Bodenzustandes. Vor allem wird durch die Verteilung von Krümelstruktur, Wurzeln und Feuchtigkeit sehr schnell deutlich, wo Horizonte im Boden vorkommen, die das Pflanzenwachstum behindern.

Zwischen Bodenzustand und Wurzelausbildung ergeben sich dabei folgende Zusammenhänge:
- Der **krümelige (gare) Boden** ist reichlich, gleichmäßig und tief durchwurzelt; die einzelnen Wurzeln sind gestreckt (Krümel < 10 mm).

Geräte für die Spatendiagnose

Görbing-Spatendiagnose

Unterkrume mit nur wenig Wurzeln und dichter Bodenstruktur – entwicklungsbedürftig durch Gründüngung

- Der **bröckelige Boden** (V_1 = Verdichtung 1. Grades) ist weniger reichlich durchwurzelt; die Wurzelhaare sind gewellt und umwachsen die Bröckel (Bröckel > 10 mm).
- Der **schollig brechende Boden** (V_2 = Verdichtung 2. Grades) ist nur wenig durchwurzelt. Die Wurzeln finden sich meist nur an den Bruchflächen der Schollen (Schollen > 50 mm).
- Der **plattig brechende Boden** (V_3 = Verdichtung 3. Grades) ist kaum in senkrechter Richtung durchwurzelt. Die Wurzeln finden sich überwiegend in den horizontal verlaufenden Bruchflächen.

Prüfung der Regenwurmaktivität (Kennel-Test)

Die Aktivität der Regenwürmer wird mit dem Auslegen von Strohhalmen abgeschätzt. Diese Methode kann die aktuelle, oberirdische Aktivität der vertikal grabenden Arten grob charakterisieren. Auf einer definierten Fläche (50 cm x 50 cm) werden zwanzig 5 cm lange Strohhalme im Abstand von 2,5 cm ausgelegt (idealer Zeitpunkt: 2–3 Tage nach Niederschlägen auf frischem Boden). Während mehrerer Tage werden deren lokale Veränderungen nach 24 Stunden protokolliert. Sind die Regenwürmer in der Nacht aktiv gewesen, ist dies am nächsten Tag an der veränderten Lage einzelner Strohhalme erkennbar. Kothäufchen an der Bodenoberfläche weisen ebenfalls auf eine rege Aktivität der Regenwürmer hin.

Bodenuntersuchung im Labor

Im Labor werden neben den Nährstoffen auch die chemischen und physikalischen Bodeneigenschaften untersucht. Zu diesem Zweck muß vorerst eine Bodenprobe gezogen und an das Analysenlabor weitergeleitet werden.

Wie wird eine Bodenprobe richtig gezogen?

Entscheidend für einen genauen Bodenbefund ist die sorgfältige Entnahme der Bodenprobe. Zur Entnahme einer Bodenprobe eignet sich am besten ein Bodenbohrer. Wenn kein Bodenbohrer zur Verfügung steht, kann notfalls auch ein Spaten verwendet werden. Die entnommene Erde sollte in einem sauberen Eimer gesammelt und auf jeden Fall besonders gut durchgemischt werden. Die Entnahme der Bodenprobe erfolgt aus mindestens 20–40 verschiedenen, über das einzelne Quartier (bis zu einer Größe von max. 1 ha) gleichmäßig verteilten Stellen. Die Einstichtiefe sollte, je nach Vorgabe des Labors, 25–30 cm betragen. Jede Bodenprobe muß selbstverständlich deutlich gekennzeichnet werden, und nähere Angaben über Obstart, Obstsorte, Grundstücksgröße etc. sind im Erhebungsbogen der Untersuchungsanstalt einzutragen.

Für die Untersuchung auf die einzelnen Nährstoffe ist eine Mischprobe von mind. 0,25–0,50 kg notwendig.

Die Mischproben sind in reinem Verpackungsmaterial (Papiersäckchen, Plastiksäckchen oder Schachteln) zu verpacken. Günstige Tarife für die Bodenuntersuchung gibt es im Rahmen der Bodenuntersuchungsaktionen der Kammern für Land- und Forstwirtschaft. Die Bodenuntersuchung auf Nährstoffe sollte alle drei Jahre wiederholt werden.

Die Bodenprobe wird üblicherweise auf folgende Parameter untersucht:

- **pH-Wert** (Bodenreaktion, pH in $CaCl_2$)

Optimale Werte für	Kern- und Steinobst	6,0–6,5 (7,0)
	Beerenobst	5,5–6,0
	Heidel- und Preiselbeere	< 4,5

- **Humusgehalt**

Mindesthumusgehalt bei	leichten Böden	1,5%
	mittelschweren Böden	2,0%
	schweren Böden	2,5%

- **Nährstoffanalysen**
  Zur Feststellung der erforderlichen Düngungsmaßnahmen im biologischen Obstbau ist vor dem Pflanzen die Bodenuntersuchung auf Nährstoffe eine wichtige Voraussetzung. Sie gibt Auskunft über Nährstoffmangel oder über eine allfällige Überversorgung des Bodens mit einzelnen Nährstoffen. Die Bodenprobe sollte vor einer Neuanlage auf folgende Nährstoffe untersucht werden:

  Phosphat
  Kalium
  Kalk (austauschbares Kalzium)
  Magnesium
  Bor
  weitere Spurenelemente: Mangan, Zink, Kupfer, Eisen

  Das Bodenuntersuchungszeugnis enthält Angaben über allenfalls notwendige Düngungsmaßnahmen. Ein ausreichender Nährstoffgehalt liegt vor, wenn in 100 g Boden folgende Mengen enthalten (Versorgungsstufe C) sind:

Phosphat (P_2O_5)	11–25 mg/100 g Boden
Kalium (K_2O)	11–32 mg/100 g Boden (je nach Bodenschwere)
Magnesium (MgO)	7–13 mg/100 g Boden (je nach Bodenschwere, Methode Schachtschabel)
Austauschbares Kalzium	250–300 mg/100 g Boden
Bor (B)	0,8 ppm (nach Baron)
Mangan (Mn)	70 ppm (AEDTA – Auszug)
Zink (Zn)	8 ppm
Kupfer (Cu)	8 ppm
Eisen (Fe)	100 ppm

  Bei tiefen pH-Werten werden das Kalium und das Phosphat nach der **DL-Methode** (Doppel-Lactat), bei pH-Werten > 6,0 nach der **CAL-Methode** (Calcium-Acetat-Lactat-Methode) untersucht.

- **Bodenaktivitätsmessungen**
  Es gibt eine Reihe von Labormethoden, die geeignet sind, die biologische Aktivität

des Bodens zu messen. Grundsätzlich wird zwischen **direkten** und **indirekten Methoden** zur Ermittlung der Bodenaktivität unterschieden. Bei der Biomasse im Boden können zum Beispiel die einzelnen **Organismen im Boden gezählt** werden, oder aufgrund der **Atmung** (Respiration), nach Zusatz eines Nährstoffes im Überschuß, kann auf die aktivierbare Biomasse geschlossen werden. Im weiteren wird bei den Aktivitätsbestimmungen zwischen **aktuellen** und **potentiellen Aktivitäten** unterschieden. Bei den aktuellen Aktivitätswerten handelt es sich um Meßwerte, wie sie zum Zeitpunkt der Probenahme vorlagen. Bei den potentiellen Aktivitätsbestimmungen wird untersucht, zu welchen Leistungen Mikroorganismen unter optimalen Versuchsbedingungen, nach Substratzusatz und längerer Bebrütung, fähig sind.

Vorratsdüngung

Falls das Bodenuntersuchungszeugnis eine Unterversorgung mit Nährstoffen aufweist, ist eine Aufdüngung auf die Nährstoffklasse C (Vorratsdüngung) sinnvoll. Als Düngemittel und Bodenverbesserer kommen nur Produkte lt. EU Verordnung 2092/91 Anhang II in Frage. Bei zu tiefen pH-Werten sollte der Boden aufgekalkt werden: max. 2.000–3.000 kg kohlensaurer Kalk/ha und Jahr (0,2–0,3 kg/m^2) bzw. kohlensauerer Magnesiumkalk (Dolomitkalk) bei gleichzeitigem Magnesiummangel. Bei Humusmangel ist eine Aufdüngung mit organischer Substanz angebracht (siehe Kapitel *Organische Düngung*).

Bodenlockerung (mechanische Bodenvorbereitung)

In vielen Fällen besitzen Kulturböden Verdichtungen, die das Baumwachstum beträchtlich stören können. Bodenverdichtungen können bodengenetisch-geologisch bedingt sein, oder sie sind durch den mechanischen Druck von Bearbeitungs- und Erntemaschinen oder bei Aufschüttungen durch Transport- und Planierungsfahrzeuge entstanden. **Verdichtete Böden** sollten vor einer Neuanlage unbedingt tiefgelockert werden (Rigolen, Tiefgrubber usw.). Besonders empfindlich auf Bodenverdichtungen reagieren schwach wachsende Unterlagen bei Apfel und Birne (M 9, M 27, Quitte C), Holunder und Beerenobst.

verdichtete Böden	gelockerte Böden
sind staunaß weisen dadurch einen Sauerstoffmangel auf sind deshalb kalt die Humifizierung wird gehemmt Einsetzen von Fäulnisvorgängen Ansteigen des CO_2 in der Bodenluft: hemmt das Wurzelwachstum hemmt die Wasser- und Nährstoffaufnahme aerobes Bodenleben geht zurück Lebendverbauung wird eingestellt	haben hohes Porenvolumen hoher Gasaustausch zwischen Bodenluft und Atmosphäre viel O_2 im Boden leichtere Erwärmung des Bodens hohe Bodenlebewesenaktivität gutes Wurzelwachstum

Möglichkeiten der Bodenlockerung

Der Einsatz der Bodenbearbeitungsgeräte vor dem Pflanzen richtet sich nach den Ergebnissen der Bodenuntersuchung. Gibt es Schichten im Boden, die von den Obstbäumen schwer durchwurzelt werden können, so ist eine Bodenlockerung mit anschließender Gründüngung erforderlich. Die Einstellung der Bearbeitungstiefe ist entscheidend für den Lockerungserfolg und sollte nur leicht (ca. 5 cm) unter dem Verdichtungshorizont liegen. Von Natur aus dichte Böden (tonreich, gleyig etc.) lassen sich nur sehr beschränkt mechanisch lockern und sind daher nur beschränkt für den biologischen Obstbau geeignet.

Geräte für die Tiefenlockerung

Tiefgrubber mit starrem Lockerungsschar

Die Lockerungsschare müssen die verdichtete Zone von unten her aufbrechen. Die einarmigen Lockerungsgeräte werden von fast allen größeren Pflugfirmen angeboten. Wegen des relativ geringen Anschaffungspreises sind diese Geräte am meisten verbreitet. Je nach Arbeitstiefe und Größe der Lockerungsschare haben die einarmigen Geräte einen Leistungsbedarf von 50–150 PS (37–110 KW). Für mehrarmige Tiefgrubber reicht die Traktorantriebsleistung meist nicht aus, da für eine ausreichende Lockerungswirkung eine Mindestschargröße von 120 x 400 mm erforderlich ist und bei 70 cm tiefer Auflockerung der Kraftbedarf für zweiarmige Geräte bis zu 150 PS (110 KW) beträgt. Bei zu kurzen und zu schmalen Scharen wird von unten her nicht genügend aufgebrochen, sondern rundum verdichtet (Röhrenbildung). Der Anstellwinkel des Lockerungsschares sollte für eine gute Hubwirkung ca. 25° betragen. Ein entsprechend trockener Boden ist für das Aufbrechen des Bodens erforderlich.

Hubschwenklockerer

Diese Geräte wurden entwickelt, um eine Lockerungswirkung nicht nur über die Zug-, sondern auch über die Zapfwellenantriebsleistung des Traktors zu erreichen. Dadurch kann auch bei weniger griffiger Oberfläche und hangaufwärts gelockert werden. Über einen Exzenter werden die Schwerter angetrieben, die sich nach vor und zurück bewegen.

Wippscharlockerer

Beim Wippscharlockerer wird nicht mehr das Schwert samt Schar, sondern nur mehr das Schar allein bewegt. Dadurch wird weniger Zapfwellenantriebsleistung benötigt. Bei einer Arbeitstiefe von 80 cm benötigt ein einarmiges Gerät ab 80 PS (59 KW) und ein zweiarmiges ab 120 PS (88 KW) Antriebsleistung.

Die sehr stabilen Wippscharlockerer haben sich aufgrund ihres guten Lockerungseffektes auch in schwierigen Böden gut bewährt.

Spatenmaschine

Die Spatenmaschine arbeitet mit stechenden Werkzeugen und mischt den Boden leicht. Diese Geräte sind bis zu einer Tiefe von 50 cm einsetzbar. Eine Scherbolzensicherung verhindert den Bruch von Werkzeugen, wenn sich unerwartete Gegenstände im Boden befinden.

Mehrzweckmeliorationsverfahren

Das Abbruch-Tieflockerungsgerät MM 100 erbringt mit den angetriebenen Stechwerkzeugen eine bis zu 70 cm tiefe und gleichzeitig gute Lockerung. Der Leistungsbedarf beträgt ca. 100 PS (73,6 KW) bei mittlerer Verdichtung. Für den Obstbau wurde das Gerät MM 50 entwickelt, das auch mit Schmalspur-Obstbautraktoren ab 50 PS (37 KW) eingesetzt werden kann. Die max. Arbeitstiefe ist mit 55 cm begrenzt. Diese Geräte können auch mit Vertikutierwerkzeugen ausgerüstet werden, um die Grünflächen bis zu 35 cm tief belüften zu können.

Gutes Wurzelwachstum in optimal vorbereiteten Böden

Rigolen maschinell mit Schubraupe oder Traktor (Rigolpflug)

Beim Rigolen wird der Boden mit einem Spezialpflug bis zu 60 cm, aber auch tiefer gelockert und gewendet. Dabei wird aus tieferen Bodenschichten toter Boden in obere Schichten gebracht, wodurch die mit aeroben (luftliebenden) Organismen angereicherte, humusreiche Krume vergraben wird. Die Folge ist eine Abnahme der Aktivität des Bodenlebens. Rigolen ist bei gesundem Bodenaufbau unbedingt zu vermeiden; belebter, humoser Oberboden darf nicht vergraben werden.

Rigolen kann im Hausgarten (z. B. nach Verdichtungen beim Hausbau) auch händisch durchgeführt werden (20–60 m²/Person und Tag).

Biologische Bodenvorbereitung durch Gründüngung oder Grünbrache

Eine Tiefenlockerung verdichteter Böden ist nur sinnvoll, wenn anschließend **tiefwurzelnde Gründüngungspflanzen** gesät werden. Die Wurzeln durchwachsen die aufgebrochenen Bodenschichten und verhindern so ein neuerliches Zusammensetzen des Bodens.

Vorteile einer Gründüngung

- Bodenstabilisierung
- Bereitstellung von Nährhumus
- Förderung der Bodenlebewesen
- Stickstoffanreicherung (Leguminosen)
- Durchlockerung des Boden durch die enorme Wurzelmasse

- Aufschluß tiefer liegender Nährstoffe (P)
- Schattengare
- Hemmung des Unkrautaufwuchses
- Erosionsschutz
- Verminderung der Bodenmüdigkeit (nematodenhemmend)

Grünbrache

Bei Nachbauproblemen (mangelhaftes Baumwachstum aufgrund von Bodenmüdigkeit) ist eine mehrjährige Grünbrache angebracht. Eine vollständige Vernichtung der Überträger von Virosen und anderen Mikroorganismen (z. B. Aktinomyceten als Ursache der Bodenmüdigkeit) durch Grünbrache ist nicht immer möglich (Rüdel, 1989).

Folgende Wirkungen sind bekannt:

- Ein Anbau mehrjähriger Pflanzen bringt keine Nematodenhemmwirkung, eher deren Anreicherung in 60 cm Tiefe.
- Durch eine starke biologische Aktivierung des Bodens werden die meisten Hemmstoffe abgebaut, wird die Bodenstruktur verbessert und der Boden mit Stickstoff und organischer Substanz angereichert.
- Eine Stickstoffstartdüngung ist daher bei Junganlagen nicht nötig.
- Bei einer einjährigen Brache sind Ölrettich und Senf günstig, jedoch nicht Getreidebau.
- Die einjährige Grünbrache ist weniger zu empfehlen, weil sie keine Nematodenbekämpfung und keine wesentliche Strukturverbesserung des Bodens bewirkt.

Um die Vorteile der Grünbrache zu nutzen, ist sie unbedingt mehrjährig durchzuführen.

Grünbrache- bzw. Gründüngungsmischungen

Bei schwierigen, dicht gelagerten Tonböden hat sich unter steirischen Standortverhältnissen nach der Bodenlockerung folgende Mischung bewährt:

Mais	20 kg/ha
Pferdebohne	20 kg/ha
Wicke oder Lupine	20 kg/ha
Erbse	20 kg/ha
Sonnenblumen	5 kg/ha
Futterhafer	50 kg/ha
Aussaatmenge	**135 kg/ha**

Der Anbau erfolgt **Mitte – Ende April.** Unter normalen Witterungsbedingungen hat sich bis Ende Juli eine üppige Pflanzendecke entwickelt. Diese wird dann mittels eines Schlegelhäckslers zerkleinert, und man läßt sie 2–3 Tage anwelken, danach wird sie eingeackert. Anfang August erfolgt dann der Anbau der zweiten Gründecke und zwar **15–20 kg/ha Ölrettich** oder **Ackersenf.**

Für die **Winterbegrünung** sollte folgende **nematodenhemmende Mischung** angebaut werden:

Phazelie	4,0 kg/ha	
Buchweizen	4,0 kg/ha	
Alexandrinerklee	5,0 kg/ha	Die Aussaat ist bis **Mitte August** zu empfehlen.
Persischer Klee	2,0 kg/ha	
Senf Maxi	2,0 kg/ha	
Ölrettich Pegletta	3,0 kg/ha	
Aussaatmenge	**20,0 kg/ha**	

Weiters hat sich für die **Winterbegrünung** eine trockenheitstolerante, legumiosenbetonte artenreiche Mischung, die **Stickstoff für die Folgekultur** anreichert, bewährt:

Platterbse	20,0 kg/ha	
Saatwicke	20,0 kg/ha	
Buchweizen	2,0 kg/ha	
Alexandrinerklee	4,0 kg/ha	Die Aussaat sollte bis spätestens **Mitte August** erfolgen.
Malve	1,0 kg/ha	
Phazelie	2,0 kg/ha	
Senf	1,0 kg/ha	
Aussaatmenge	**50,0 kg/ha**	

Buntbrachemischungen zur Förderung der biologischen Vielfalt und wichtiger Nützlige in Obstanlagen.

Die „Buntbrachemischung Obstbau“ ist für eine längerfristige Anlage von Buntbrachestreifen zwischen den Baumreihen und am Rand einer Obstanlage bestimmt. Sie hat einen hohen Anteil einheimischer Wildblumen und ist deshalb relativ teuer. Mit der Aussaat dieser Mischung erreicht man eine sehr gute Förderung der Artenvielfalt von Pflanzen und Tieren und wichtiger Nützlinge in den Obstanlagen.

Borretsch	15,0 g/Ar
Echte Kamille	1,0 g/Ar
Gelbklee	10,0 g/Ar
Gelbsenf	5,0 g/Ar
Große Margerite	2,0 g/Ar
Hornklee	10,0 g/Ar
Klappertopf	4,0 g/Ar
Kornblume	15,0 g/Ar
Schafgarbe	5,0 g/Ar
Weiße Lichtnelke	2,0 g/Ar
Wiesenflockenblume	5,0 g/Ar
Wilde Möhre	10,0 g/Ar
Witwenblume	5,0 g/Ar

Der Samenfachhandel legt den bestellten Mischungen ein Faltblatt mit den wichtigsten Informationen zur Ansaat, Pflege und zu den auftretenden Problemen bei.

Biozönose

Darunter versteht man das Zusammenwirken der Obstpflanzen untereinander und das Zusammenwirken der Obstpflanzen mit der jeweils vorhandenen Fauna und Flora. Im biologischen Obstanbau gehen die Bestrebungen dahin, die biologische Vielfalt zu fördern, d. h., einer reichen Tier- und Pflanzenwelt Lebensraum zu bieten. Der biologisch wirtschaftende Obstbaubetrieb hat verschiedene ökologische Elemente ideal kombiniert.

- **Kräuterreiche Fahrgassen:** Arten- und besonders kräuterreicher Unterwuchs, der niedrigwachsend, trockenheitstolerant und gut befahrbar ist. Alternierender Schnitt, damit in der Anlage immer blühende Gräser und Kräuter vorhanden sind.
- **Vielseitig verunkrautete Baumstreifen:** Pflanzstreifen nicht ganzjährig frei halten; auch bei Jungbäumen zumindest Winterbegrünung tolerieren.
- **Blühende Krautstreifen:** Ausgewählte blühende Wildkräuter werden als mehrjährige Streifen am Rand oder in der Obstanlage angesät.
- **Extensive Wiesen auf Restflächen:** Unproduktive, wenig gestörte Flächen (Randstreifen, kleine Restflächen, Wegränder, Böschungen usw.) in artenreiche extensive Wiesen überführen.
- **Vielseitige Hecken pflanzen:** Hecken sind Lebensraum und Rückzugsgebiet oft schon selten gewordener Pflanzen und Tiere, natürlicher Feinde von Schädlingen (Vögel, Igel, nützliche Insektenarten usw.) sowie von Blütenbestäubern (Wildbienen, Hummeln u. a.) und komplexen Lebensgemeinschaften, die das biologische Gleichgewicht fördern.
- **Einzelbäume** (Obstbäume und andere standortgerechte Baumarten): Hochstammobstgärten in der Nähe von Erwerbsobstgärten stehen lassen oder neu pflanzen. Unbehandelte Apfelbäume sind ein gutes Reservoir für Raubmilben und werden von über 1.000 Insekten-, Milben- und Spinnenarten bewohnt. Hochstammobstbäume prägen das Landschaftsbild und sind für die Imagepflege sehr wichtig.
- **Künstliche Refugien schaffen:** Nistkästen für Vögel; Stein- und Asthaufen als Überwinterungsplätze für Insekten und Spinnentiere, Kleinsäuger und Reptilien; Sitzstangen für Greifvögel.

PFLANZMATERIAL FÜR EINE BIOOBSTANLAGE

Laut den EU-Richtlinien für biologische Produktion darf in Zukunft (mit Übergangsfristen) nur mehr Pflanzmaterial aus biologischer Anbauweise verwendet werden. Dies setzt auch voraus, daß sich die Baumschulen entsprechend anpassen und ihre Produktion nach den Richtlinien für den biologischen Anbau ausrichten, d. h., die Unterlagen und Jungbäume müssen in Biobaumschulen herangezogen werden.

Anzucht von Pflanzmaterial in der Biobaumschule

Grundstückswahl (Lage und Boden)

Für Baumschulflächen kommen nur flachere Grundstücke in Frage. Da der Boden offen gehalten werden muß, besteht auf Steillagen die Gefahr von Erosionen. Zudem sollten keine frostgefährdeten Lagen (Winter- und Spätfrost) als Baumschule Verwendung finden, speziell für die Vermehrung von Steinobst und Birnen auf Quittenunterlage. Baumschulen sollten bevorzugt auf mittelschweren Böden erstellt werden. Besonders günstig sind humusreiche, lehmige Sand- oder sandige Lehmböden. Für Baumschulflächen ist eine Bodenzahl deutlich über 40 sinnvoll.

Bodenart

- **Sandboden:** Frühzeitig bearbeitbar, Bodenbearbeitung bald nach Niederschlag möglich (keine Verdichtungsgefahr). Nur bei künstlicher Bewässerung für eine Baumschule geeignet!
- **Schwere Böden: Nicht geeignet,** weil zu naß und kalt.
- **Mittlere Böden:** Eignen sich **am besten** zur Baumschulnutzung. Sie besitzen hohe Luftführung und eine gute Speicherfähigkeit für Wasser und Nährstoffe.

Der Humusgehalt sollte bei 1,5 bis 4% liegen, der pH-Wert zwischen 5,5–6,5. Bei zu tiefen Humuswerten ist eine Anreicherung mit organischer Substanz sinnvoll (siehe *Organische Düngung*), bei zu tiefen pH-Werten ist eine Aufkalkung mit Dolomitkalk oder kohlensaurem Kalk (2.000 kg/ha) angebracht.

Bodenvorbereitung

Vor der Anlage einer Biobaumschule ist eine Bodenanalyse notwendig. Danach richtet sich die Höhe der Vorratsdüngung (Aufdüngung auf Nährstoffklasse C, siehe Kapitel *Vorratsdüngung*). Nach der Vorratsdüngung und eventuell notwendigen begleitenden Bodenmeliorationsmaßnahmen (Tiefenlockerung) ist die Einsaat einer Gründüngung sinnvoll. N-sammelnde Gründüngungspflanzen (Leguminosen) sollten für die Optimierung der N-Versorgung bevorzugt Verwendung finden. Unter steirischen Standortverhältnissen hat sich die sogenannte 20er Mischung bewährt (siehe auch Kapitel

Biologische Bodenvorbereitung). Nach dieser Gründüngung sollte eine Winterbegrünung mit Leguminosen, die den Stickstoff für die Folgekultur (Jungbäume) verfügbar macht, angebaut werden. Die Aussaat hat bis spätestens Mitte August zu erfolgen. Vor der Bodenbearbeitung im Frühjahr ist die Ausbringung organischer N-Dünger empfehlenswert. Für diesen Zweck kommen vor allem Ölschrote (Raps- oder Rizinusschrot), Jauche, Melasse, Tiermehle u. a. in Frage.

Bodenbearbeitung vor dem Aufschulen

- Pflügen (ca. 20 cm) nach vorangegangener Humusanreicherung über Gründüngung oder wirtschaftseigenen Humusdünger (ev. mit Vorratsdüngung kombiniert).
- Kurz vor dem Aufschulen: Fräsen mit Rotorkrümler (Traktorfräse) oder Boden bearbeiten mit Rotortiller.

Aufschulen

Vorbereitung der Unterlagen bzw. der Veredlungen

- Kürzen der Wurzel (10–14 Tage vor dem Aufschulen) mit einer Hacke und in eine Kupferlösung (1%) tauchen als vorbeugende Maßnahme gegen Wurzelkropf.
- Vor dem Aufschulen der Unterlage Rückschnitt auf ca. 50 cm Höhe (vom Wurzelhals gerechnet), außer bei Kirschenunterlagen.
- Tauchen in Lehmbrei oder Einstellen in Wasser bewirkt ein leichteres und besseres Anwachsen.

Pflanzabstand: 80–120 cm x 30–40 cm, je nach Pflanzmaterial

Dieser Abstand ist unbedingt einzuhalten, um eine gute Garnierung mit vorzeitigen Trieben zu erzielen. Der Pflanzabstand in der Baumschule sollte sich aber auch nach den Bodenbearbeitungsgeräten zur Unkrautbekämpfung (Maishackgerät) richten.

Technik des Aufschulens

- **Aufschulen mit der Hand:** Spaten
- **Halbmaschinelles Aufschulen:** mit Rillenzieh- oder einfachen Setzgeräten

Rillenziehgeräte

Erst ab 10.000 bis 15.000 Unterlagen aktuell. Mit solchen Geräten (am Traktor angebaut) werden in gewählten Reihenabständen Pflanzrillen in den Boden gezogen. In solche Rillen werden dann die Unterlagen eingestellt, festgetreten und angehäufelt.

Pflanzgeräte für Unterlagen und Veredlungen

Ein- bis dreireihiges Setzgerät; ein Schar zieht eine Furche, Unterlagen werden von einer Person in die Furchen abgelegt, anschließend erfolgt ein Andrücken und Anhäufeln durch das Pflanzgerät.

Düngung (siehe Kapitel *Düngung*)

Laufende N-Düngung: Ölschrote (Raps- oder Rizinusschrot), Jauche, Melasse, Tiermehle, Biosol, Biofert

Erst wenn sich einige Blätter entwickelt haben, sind Blattdüngerspritzungen – je nach Bedarf – zweckmäßig (meist in Kombination mit Bioinsektiziden und/oder Biofungiziden).

Bewässerung

In den ersten Monaten ist eine ausreichende Wasserversorgung notwendig, damit sich das Erdreich entsprechend setzt und die Unterlagen gutes Wurzelwachstum zeigen. Auf sandigen Böden ist eine Bewässerung unumgänglich.

Laufende Krankheits- und Schädlingsbekämpfung (siehe Kapitel *Pflanzenschutz*)

Besonders zu achten ist auf das Auftreten von Schorf und Mehltau sowie auf Blattläuse, Rote Spinne und Rostmilbe. Junge austreibende Kopulanten bzw. Okulanten können durch den Zweigabstecher geschädigt werden. Vor der Winterruhe ist die Baumschule unbedingt auf Wühlmäuse zu kontrollieren (Maßnahmen: Fangen mit Fallen oder Begasen der Gänge).

Bodenlockerung und Unkrautbekämpfung

Da ein Einsatz von Herbiziden in der biologischen Produktion nicht möglich ist, erfolgt die Unkrautbekämpfung mit **Motorhacken** oder **Anbaugeräten** (Maishackgeräte). Sinnvoll erscheint diese Maßnahme nach dem Aufschulen, weil der Boden oft sehr stark verdichtet ist. Eine frühzeitige Unkrautbekämpfung ist in den ersten Monaten besonders wichtig.

Qualität von Pflanzmaterial

Einer der wichtigsten Faktoren für den Erfolg einer Obstanlage ist die **Qualität des Pflanzmateriales.** Das Pflanzmaterial muß neben gewissen grundsätzlichen Anforderungen auch in der **inneren und äußeren Qualität** entsprechen. Es ist heute sicher überholt, Bäume ohne Seitentriebe zu pflanzen. Bei diesen Bäumen übernimmt der Obstbauer im ersten Jahr die Aufgabe des Baumschulisten, und er muß die Seitentriebe in seiner Obstanlage heranziehen. Dies geht unweigerlich auf Kosten der Anfangserträge.

Gerade im Bioobstbau ist es notwendig, nur hochwertigstes Pflanzmaterial zu verwenden, da ein chemischer Hilfsstoffeinsatz zur Förderung der Baumentwicklung nicht möglich ist. Daher muß das Motto für den Bioobstbau lauten: **„Nur das Beste ist gerade gut genug“.** D. h., es sollte nur Pflanzmaterial mit einer entsprechenden Garnierung (vorzeitige oder einjährige Triebe) Verwendung finden.

Als Pflanzmaterial kommen daher nur schöne **Okulanten, Knipbäume** bzw. **normale zweijährige Bäume** in Frage.

Mindestanforderungen an das Pflanzmaterial

gesund:	frei von Krankheiten (Obstbaumkrebs, Wurzelkropf u. a.) und Schädlingen (San-José-Schildlaus, Rote Spinne u. a.), virusfrei, frei von mechanischen und witterungsbedingten Schäden (Hagel, Frost u. a.)
kräftig:	entsprechende Stärke und Länge
gleichmäßig:	gleiches Alter, gleiche Unterlage, qualitativ einheitlich
unterlagenecht:	einheitliche Unterlage bzw. Unterlagentype bzw. -klon
sortenecht:	alle Bäume entsprechen der Sorte, die am Etikett angegeben ist
sortenrein:	keine Sortenvermischung
virusfrei:	frei von allen bekannten Virosen, durch Thermotherapie

Schlechtes Baummaterial bedingt verspäteten Ertragsbeginn

Hochwertiges Pflanzmaterial mit vielen vorzeitigen Trieben

Kriterien für ein hochwertiges Pflanzmaterial

Unterlagen (einjährige Abrisse bzw. Verschulware)
- mind. 6 mm Wurzelhalsdurchmesser
- gerade Abrisse
- gute Bewurzelung (mind. 6 Wurzeln)
- mind. 20 cm Länge vom Wurzelhals bis zur 1. Verzweigung

Sortierung: 5–7 mm (auf 30 cm Höhe gemessen)
7–9 mm (für Okulationen)
9–12 mm (für Kopulationen)

Einjährige Okulanten
- genügend starke Bewurzelung
- gerader Stamm mit guter Holzreife
- Stammdurchmesser 10 cm oberhalb der Veredlungsstelle mind. 13 mm
- mind. 4 vorzeitige Triebe (> 30 cm) auf einer Höhe von mind. 70–100 cm
- flacher Ansatzwinkel
- Mindestlänge 1,0 m (besser 1,30 m)
- Veredlungshöhe mind. 15 cm
- Länge der Unterlage mind. 30 cm

Zweijährige Bäume mit Krone aus vorzeitigen Trieben (Knipbäume)
- Anschnitthöhe mind. 50 cm (besser 60 cm)
- Stammdurchmesser 10 cm oberhalb der Veredlungsstelle mind. 13 mm
- mind. 4 vorzeitige Triebe (> 30 cm) auf einer Höhe von mind. 70–100 cm
- flacher Ansatzwinkel
- Mindestlänge 1,0 m (besser 1,30 m)
- Veredlungshöhe mind. 15 cm
- Länge der Unterlage mind. 30 cm

Zweijährige Bäume – normal
- Anschnitthöhe zwischen 80 cm und 100 cm
- Höhe der Verzweigung im Bereich von mind. 70–100 cm
- mind. 4 einjährige Triebe > 30 cm (Konkurrenztriebe zählen nicht)
- flacher Ansatzwinkel
- Stammdurchmesser 10 cm oberhalb der Veredlungsstelle mind. 13 mm
- Mindestlänge 1,30 m
- gerader Stamm mit guter Holzreife

PFLANZSYSTEME IM BIOLOGISCHEN OBSTBAU

Im biologischen Anbau gibt es noch nicht so viele spezialisierte Obstbaubetriebe, vorherrschend sind vielseitige Gemischtbetriebe mit in der Regel kleinen und extensiveren Obstflächen. Die Umstellung auf Niederstammanlagen setzte im Vergleich zur integrierten Produktion später ein. Die Pflanzdichte hat in den letzten Jahren ebenfalls zugenommen, liegt im Durchschnitt aber niedriger als in der integrierten Produktion.

Die weiteren Pflanzdistanzen zwischen den Reihen und innerhalb der Reihen haben zum Ziel, eine bessere Durchlüftung und Belichtung zu erreichen. Im biologischen Anbau mit extensiveren Anlagen sind die Erträge oft niedriger und der Handarbeitsaufwand ist höher, bedingt durch geringere Pflanzdichten und die hohen Baumformen.

Von modernen Pflanzsystemen, die grundsätzlich nicht im Widerspruch zu den Zielen des biologischen Landbaus stehen, sind deutliche Verbesserungen der absoluten und relativen Produktivität zu erwarten (Ertrag pro Fläche bzw. Kosten pro kg/Früchte). So kann z. B. der höhere Handarbeitsaufwand in Bioanlagen (vor allem Handausdünnung) mit kleinen Baumformen reduziert werden. Die Reduktion der Gerüstkosten (möglichst wenig Pfähle) und die Verwendung umweltfreundlicher Materialien (keine Tropenhölzer) sind wichtig.

Anlagen mit mehr als 4.000–5.000 Bäumen/ha verursachen sehr hohe Erstellungskosten und erhöhen das Produktionsrisiko. Sie erreichen die ökonomisch notwendigen Erträge in vielen Fällen nicht und sind für die Produktion von Qualitätsfrüchten problematisch. Bei der Erhöhung der Pflanzdichte auf schwachwachsenden Unterlagen sind neben wirtschaftlichen Kriterien auch die ökologischen Forderungen zu beachten. Im Bioanbau wird beispielsweise eine zeitlich beschränkte Begrünung des Baumstreifens angestrebt, was einen Trend zu robusteren Unterlagen einleiten könnte.

Mit kleinkronigen Baumformen und höheren Pflanzdichten werden in der biologischen, ähnlich wie in der integrierten Produktion, folgende Ziele angestrebt:

- früher Ertragseintritt
- regelmäßige Erträge durch Vermeidung von Alternanz
- Verbesserung der Fruchtqualität durch optimale Belichtung
- Verminderung des Handarbeitsaufwandes (Schnitt, Ausdünnen, Ernte usw.)
- effiziente Mechanisierung (Mulchen, Pflanzenschutz, Bodenpflege u. a.)
- erleichterter Schutz der Kulturen vor Frost und Hagel (Frostberegnung, Hagelnetze)
- Senkung der Produktionskosten
- rasche Anpassung des Sortimentes an die Konsumentenwünsche bzw. an Züchtungsfortschritte (resistente Sorten) ist möglich

Bei der **Wahl der Pflanzdistanzen** ist zu beachten:

- Je schwachwachsender die Unterlagen und je enger die Pflanzdistanzen, desto geringer wird das nutzbare Baumvolumen pro Baum und desto empfindlicher reagiert die Anlage auf Wasser- und Nährstoffknappheit (Weibel, 1995). Fertigation und Blattdüngung zur kurzfristigen Korrektur der Nährstoffversorgung sind im Bio-Anbau nur mit Einschränkungen zugelassen, und es dürfen nur zugelassene Biomittel eingesetzt werden.

- Die Bodenpflege ist entscheidend für die Wahl der Pflanzdistanzen. Die mechanische Bearbeitung des Baumstreifens in den ersten Standjahren ist bei zu engen Baumabständen (< 1,20 m) schwierig, ebenso das Mulchen begrünter Baumstreifen mit dem Tastarm. Engere Pflanzdistanzen in der Reihe erfordern andere, meist kostspielige Methoden der biotauglichen Bodenpflege, wie Abdecken mit organischen Materialien, Mulchfolie oder moderne Spezialgeräte.
- Maßnahmen zur vorbeugenden Krankheits- und Schädlingsregulierung sind im biologischen Anbau zu beachten. Dieser Punkt ist im Bioanbau besonders wichtig, daher sind lockere Pflanzungen vorteilhaft. Im wesentlichen kommt für die biologische Produktion ein Einzelreihensystem mit entsprechenden Pflanzabständen in Frage.
- Die **Reihenrichtung** und die **Pflanzsysteme** sind nach der bestmöglichen Besonnung auszurichten **(Nord-, Südrichtung)**. Auch Netze zur Hagelabwehr reduzieren den Lichteinfall und vermindern so die Ausbildung der Deckfarbe. Kleinere Bäume, als Spindeln erzogen, lassen eine geringe Beschattung entstehen. Dies vor allem dann, wenn der Fahrgassenabstand das Doppelte der gewählten Baumhöhe beträgt **(optimale Baumhöhe = Reihenabstand/2 + 1,0 m)**.

Empfohlene Pflanzweiten für verschiedene Obstarten

Apfel	
Schlanke Spindel/M 9, einreihig	3,0 – 3,5 m x 1,0 – 1,3 m
Schlanke Spindel/M 26, M 7, M 11, einreihig (stark wachsende Kombinationen)	3,5 – 4,0 m x 1,3 – 1,5 m
Birne	
Schlanke Spindel/Quitte M C, einreihig	3,0 – 4,0 m x 1,3 – 2,3 m
Quitte Adams, Quitte BA 29, OHF 333	4,0 – 4,5 m x 2,3 – 2,8 m
Pflaumen u. Zwetschken	
Schlanke Spindel (J. Fereley, INRA GF 655/2)	3,5 – 4,5 m x 1,5 – 2,5 m

UNTERLAGEN- UND SORTENWAHL IM BIOOBSTBAU

TAFELAPFELANBAU

Unterlagenwahl

Während vor 15–20 Jahren robuste, meist starkwachsende Unterlagen im Vordergrund gestanden sind (z. B. bei der Hohlkrone A 2 und Sämling), liegt heute aus betriebswirtschaftlichen Überlegungen der Schwerpunkt bei den schwachwachsenden Unterlagen, die ausschließlich vegetativ vermehrt werden. Für den Bioanbau können, neben den bekannten schwachwachsenden Unterlagen (M 9, M 26), auch mittelstarke bis starkwüchsige (M 7, M 4, M 11) Unterlagen interessant sein, da der Pflanzstreifen in bestimmten Vegetationsperioden begrünt wird. Stärker wüchsige Unterlagen sind ca. ab dem 3. Standjahr weniger anfällig gegenüber Wasser- und Nährstoffunterversorgung und somit konkurrenzfähiger. Dem gegenüber steht der Nachteil eines oft zu starken Triebwachstums und späteren Ertragseintrittes.

Schwachwüchsige Unterlagen

M 9 (Gelber Metzer Paradies)
M 9 ist die am meisten verwendete Unterlage im Erwerbsobstbau. Vorteile dieser Unterlage sind die frühe Fruchtbarkeit und der schwache Wuchs. Sie ist somit die idealste Unterlage für kleinkronige Baumformen. M 9 reagiert sehr empfindlich auf Sauerstoffmangel, und auf schlechten Standorten (Staunässe) neigt die Unterlage zum vorzeitigen Erschöpfen. M 9 braucht beste Böden. Es gibt eine Vielzahl von M 9-Klonunterlagen, die sich deutlich in der Wuchsstärke unterscheiden (siehe *M 9-Klone*).

M 26 Diese Unterlage stellt geringere Bodenansprüche als M 9 und hat eine etwas bessere Standfestigkeit. M 26 virusfrei wächst etwa 50% stärker als M 9, und somit erfolgt auch der verspätete Ertragseintritt.

Mittelstarkwüchsige Unterlagen

M 4 Für größere Kronen geeignet, nicht genug standfest und verträgt weder trockene noch wechselfeuchte bzw. staunasse Böden.

M 7 Geeignet auch für schwere, nasse Böden; Nachbauunterlage für bodenmüde Rotationsflächen; sowohl für die Spindelerziehung als auch für andere Kronenformen geeignet.

MM 106 Früher Ertragsbeginn; nur für trockene Standorte geeignet, da kragenfäuleanfällig.

Beschreibung der wichtigsten neuen Apfelunterlagen

Unterlage	Herkunft	Kreuzung	Wachstum	Vorteile	Nachteile
P 22	Polen	M 9 x Antonovka	< M 9	sehr frosthart, hohe Produktionskapazität, gute Fruchtqualität (Ausfärbung)	Wurzel sehr gefährdet gegenüber Austrocknung (Baumausfälle), juvenile und adulte Formen
P 16	Polen	M 9 x Antonovka	< M 9	sehr hohe Produktivität, Förderung der Fruchtgröße, virusfrei	Wurzelschoße im Jugendstadium
J 9 (Jork 9)	Deutschland	Sämling von M 9	ähnl. M 9	für feuchtere Standorte günstiger als M 9, hohe Produktivität, flacher Ansatzwinkel, standfester als M 9, gute Fruchtqualität, gute Verzweigung und Kronenbildung	sehr feuerbrandanfällig
Supporter Unterlagen (1, 2 und 3)	Deutschland	M 9 x M. baccata bzw. M 9 x M. micromalus	Zwischen M 9 und M 27	gute Vermehrbarkeit und früher Ertragseintritt, hohe Produktivität	
B 9 (Budagovsky)	Rußland	(M 8 x Red Standard)	> M 9	frosthart, bessere Ausfärbung, resistent gegen Kragenfäule	weniger produktiv als M 9, feuerbrand- und blutlausanfällig kleinere Früchte schnelle Frühjahrsentwicklung
MARK	USA	M-Typen x A 2 x Robusta	> M 9	sehr produktiv, früher Ertragsbeginn, gute Adaption, positiver Einfluß auf Fruchtfarbe, gute Affinität, keine Wurzelschosse	anfällig für A. tumefaciens sehr teuer
CG-Serie	USA	Sämlinge von M. prunifolia	> bzw. < M 9	Resistenzen gegen Feuerbrand, Kragenfäule und Winterkälte	kleinere Früchte
Ottowa 3 (O3)	Kanada	Rubin x M 9	> M 9	keine Luftwurzeln	schwierig zu vermehren
Bemali	Schweden	M 4 x Codlin	> M 9		

Starkwüchsige Unterlagen

M 11 Breitwüchsigere Krone, wurzelkropfanfällig, positiver Einfluß auf die Fruchtqualität, keine besonderen Bodenansprüche.

M 25 Wüchsigkeit 80% vom Sämling, früher Ertragsbeginn, positiver Einfluß auf Fruchtqualität und Ertragsbeginn; die Unterlage ist zuwenig standfest und eignet sich für extensivere Anlagen (Hausgarten, Mostobstproduktion).

Neue Unterlagen für den Erwerbsobstbau

Während bis vor kurzem beim Apfel fast ausschließlich M 9 als Unterlage Verwendung gefunden hat, ist in den letzten Jahren, ähnlich wie bei den Sorten, eine deutliche Belebung des Unterlagenangebotes eingetreten. Die Ursachen für die Entwicklung neuer Unterlagen liegen darin begründet, daß die M-Unterlagen, vor allem aber M 9, nicht nur Vorteile, sondern auch wesentliche Nachteile haben, wie z. B. schlechte Standfestigkeit, relativ geringe Frosthärte, Anfälligkeit für Trockenheit, Anfälligkeit für Feuerbrand, Blutlaus und Nagetiere, Auftreten von Luftwurzeln und Wurzelsprossen u. a. M 9 hat sich unter bestimmten Verhältnissen (jungfräulicher Boden, stark wachsende Sorten) vielfach als **zu stark,** manchmal aber auch als **zu schwach** erwiesen. Daher lauten die Ziele der heutigen Unterlagenzüchtung, möglichst viele positive Eigenschaften in einer Unterlage zu vereinen (Kontrolle des Triebwachstums, rascher Ertragsbeginn, Verminderung der Alternanz, Förderung der Fruchtqualität, Resistenzen gegen Winterkälte, Krankheiten und Schädlinge). Bei Feuerbrandgefahr sollte nicht nur die Sorte, sondern auch die Unterlage resistent gegen diese Krankheit sein.

M 9-Klonunterlagen

Züchterisch wird zur Zeit intensiv an der Unterlage M 9 gearbeitet. Es gibt heute bereits eine Serie von M 9-Selektionen, die in der Baumschule unterschiedliches Verhalten (Bewurzelung, Wachstum, in der Abrißleistung usw.) zeigen.

Beschreibung der wichtigsten M 9-Klonunterlagen

Unterlage	Herkunft	Wachstum	Bemerkungen
T337	Niederlande, NAKB	M 9	Standardunterlage in Europa
Fleuren 56	Niederlande, Baumschule Fleuren	< M 9 T337	sehr hohe Produktivität, Förderung der Ausfärbung, für jungfräuliche Böden
M 9 EMLA	England	> M 9 T337	erste virusfreie M 9-Unterlage
Pajam 1 (Lancep)	Frankreich, Ctifl	ähnl. M 9 T337	hohe Produktivität, jungfräuliche Böden

Unterlage	Herkunft	Wachstum	Bemerkungen
Pajam 2 (Cepiland)	Frankreich, Ctifl	> M 9 T337	stärker wüchsige M 9, für Nachbau
Nicolai-Klone (Nic 8, 13, 19, 29 u. a.)	Belgien	> M 9 T337	sehr produktiv, früher Ertragsbeginn, starkwüchsig, teilweise Wurzelausläufer
Burgmer-Klone (B 719, 751, 984, 756)	Deutschland, Baumschule Burgmer	> bzw. < M 9 T 337	gute Produktivität, virusfrei

Zwischen den einzelnen selektionierten M 9-Klonunterlagen bestehen **große Leistungsunterschiede.** Die Herkunft spielt eine große Rolle. M 9-Klone sind im allgemeinen leistungsfähiger und als Pflanzgut zu bevorzugen. Entscheidend für die Vitalität einer Unterlage ist die Virusfreiheit. **Virusfreie Unterlagen** zeigen sich in allen Belangen überlegen:

- sie sind gesundwüchsiger und besitzen eine bessere Nachbaueignung
- sie sind leistungsfähiger
- die Erträge setzen früher ein
- die Farbausbildung der Früchte beginnt früher und intensiver
- die Wurzelausläuferbildung wird eingeschränkt

Beispiel Elstar-Elshof; Pflanzung Winter 1992/93

Unterlage	kg pro Baum 94–96	Fruchtgewicht (g) Ø	Stammumfang in cm März 1997
T 337–15 cm*	43,0	180	15,1
Fl 56	34,1	177	13,3
Nicolai 29	40,0	181	15,2
Jork 9	28,2	162	10,8

* Veredlungshöhe

Sortenwahl

Im Rahmen des biologischen Obstbaues kommt der Sortenwahl besondere Bedeutung zu; sie ist für den Obstbauer, aufgrund der mehrjährigen Nutzungsdauer der Obstanlage, in erster Linie eine **wirtschaftliche Frage**. Die Sortenwahl wird zunächst stark beeinflußt vom Standort, von der Betriebs- und Verkaufsstruktur sowie den persönlichen Neigungen des Betriebsleiters. Um einen wirtschaftlichen Erfolg zu erzielen, müssen sich die Standortansprüche der Sorte mit den Standortbedingungen optimal decken (**standortgerechte Sortenwahl** = die richtige Sorte am richtigen Standort). Durch das Ausnützen spezifischer Sorteneigenschaften (Widerstandsfähigkeit gegenüber Krankheiten und Schädlingen sowie physiologischen Störungen und Witte-

Wertbeurteilung von Obstsorten

1. Gebrauchswert

äußere Qualität
Größe
Form
Farbe
Schalenbeschaffenheit (makellos)
frei von Krankheiten und Schädlingen

innere Qualität
ernährungsphysiologischer Wert
Genußwert (Geschmack, Aroma, Textur)
Fehlen schädl. Stoffe (Pestizide u. a.)
Gesundheitswert (Vitamine u. a.)
Verarbeitungswert (Obstprodukte)

2. Marktwert

Marktgängigkeit
Attraktivität schafft Begehren
Unterscheidbarkeit

Lagerfähigkeit
Haltbarkeit
Temperatur- und CO_2-Empfindlichkeit
Persistenz von Säure und Festigkeit

Manipulations- und Transportfähigkeit
Schalenfehler führen zu niedrigeren Qualitätsklassen (Druckstellen)
hohe Fruchtfleischfestigkeit
hohes Shelf-life (Nachlagerungsverhalten)

3. Anbauwert

- **Ertragsverlauf:** früh einsetzend, reich und regelmäßig (wenig Alternanz), wenig Pflückgänge
- **Anfälligkeit:** gering für Krankheiten (vor allem Schorf und Mehltau), Schädlinge und physiologische Störungen (Stippe, Fleischbräune u. a.), geringe Berostungsneigung, kein Fruchtfall vor der Ernte
- **Qualität:** hoher Anteil von Früchten der Handelsklasse I, Tropfer (nur 1–2 Früchte/Blütenstand) – daher wenig Aufwand zur Fruchtausdünnung
- **Erziehung:** leicht erziehbare Kronen; möglichst kleinkronig mit reicher und kurzer Fruchtholzgarnierung, keine Verkahlungs- und Vergreisungstendenz, mittelstarker bis schwacher Wuchs

$$\textbf{Anbauwert} = \frac{\textbf{Marktwert}}{\textbf{Produktionskosten}}$$

rungseinflüssen) soll die Verwendung von Hilfsstoffen vermindert werden **(„Biogerechte Sortenwahl").** Im biologischen Obstbau, mit eingeschränkten Möglichkeiten des Hilfsmitteleinsatzes, spielt die Krankheits- und Schädlingsanfälligkeit der Sorten eine entscheidende Rolle. Die Erfahrungen mit modernen Marktsorten im Bioobstbau sind noch sehr gering; auch zeigen die Sorten regional ein unterschiedliches Verhalten hinsichtlich ihrer Ertragsleistung, Qualitätsausprägung sowie Krankheits- und Schädlingsanfälligkeit. Deshalb ist zur Optimierung der Sortenwahl eine regionale Informationsbeschaffung über die spezifischen Sorteneigenschaften durch eine **intensive Versuchstätigkeit** besonders wichtig; d. h., bevor neue Sorten ausgepflanzt werden, sollten sie in regionalen Versuchsanstalten auf ihre Praxistauglichkeit geprüft werden.

Die Sortenwahl und das Sortenspektrum im Betrieb richten sich in erster Linie nach der Verkaufsart:

- Direktverkauf (Verkauf ab Hof und Lokalmarkt)
- Verkauf über den Großhandel an die Detailhandelsketten

Bei der Sortenwahl ist darauf zu achten, daß die Sorteneigenschaften in Einklang mit dem Standort und der Betriebsstruktur gebracht werden. Es sollten außerdem nur so viele Sorten angebaut werden, daß das Arbeitspensum zur Erntezeit bewältigbar ist. Andererseits sollte das **Marktrisiko auf mehrere Sorten verteilt** werden. Wichtig ist auch, daß jeder Betrieb einen seinem Standort entsprechenden Sortenspiegel (Früh-, Herbst- und Lagersorten) hat. Der Obstbauer muß auch damit rechnen, daß die Vermarktung seiner Bioprodukte nicht mehr nur im Bereich des Direktverkaufes möglich sein wird, sondern daß er sich vermehrt um die Detailhandelsketten als Kunden bemühen wird müssen. Das bedeutet, daß die Anforderungen an die Sorten in der Bioproduktion ähnlich der in der integrierten Produktion sein werden.

Bewertung der Frühsorten (Sommersorten) für den Bioanbau, Reifezeit Juli – August

Einteilung	Sorte	Marktchancen	Anbauempfehlung
Hauptsorten	Summerred	gut – gering	nein, schorfanfällig
	Delbarestivale	gut	ja, rote Mutanten (Celeste, Ambassy)
Nebensorten	Discovery	Lokalmarkt	
	Vista Bella	gering	nein, reduzieren
	Jerseymac	gering	nein, stark reduzieren
Neuzüchtungen	Astramel		nicht pflanzen
	Sommerregent	Lokalmarkt	ja, James Grieve Ersatz
	Early Gold	Lokalmarkt	beobachten
	Arkcham		Biosorte
	Sunrise		beobachten
	Piros		Biosorte
	Retina		resistente Sorte
rückläufige bzw. **auslaufende Sorten**	James Grieve	keine	roden
	Gravensteiner	Lokalmarkt	
	Mantet	keine	
	übrige Sommersorten		roden

Bewertung der Herbst- und Wintersorten für den Bioanbau, Reifezeit September

Einteilung	Sorte	Marktchancen	Anbauempfehlung
Hauptsorten	**Elstar**	gut	ja, ausdehnen
	Gala	sehr gut	nein, anfällig
	Kronprinz Rudolf	gut	ja, Lokalsorte
	McIntosh		nein (stark) reduzieren
Nebensorten	Arlet	Lokalmarkt?	nein, Schorf
	Roter Boskoop	gut	**ja, Spätlagen**
	Rubinette	gut	nein, Schorf
	Greensleeves	gering	Biosorte
	Alkmene	Lokalmarkt	robuste Sorte
	Fiesta	gering	ja, wenig anfällig
Neuzüchtungen	Ecolette		resistent gegen Schorf
	Santana		resistent gegen Schorf, prüfenswert
	Rubinola		resistent gegen Schorf, prüfenswert
	Rosana		resistent gegen Schorf
	Rajka		resistent gegen Schorf
	Resi		resistent gegen Schorf, prüfenswert
	Reanda	Verarbeitungssorte	resistent gegen Schorf
	Relinda	Mostobstsorte	resistent gegen Schorf
	Reglindis	Verarbeitungssorte	resistent gegen Schorf
	Remo	Mostobstsorte	
rückläufige bzw. **auslaufende Sorten**	Lobo	gering	nein, reduzieren
	Empire	gering	roden
	übrige Herbstsorten		roden

Bewertung der Herbst- und Wintersorten, Reifezeit Oktober

Einteilung	Sorte	Marktchancen	Anbauempfehlung
Hauptsorten	Golden Delicious	mäßig (Qualität)	nein, anfällig
	Idared	gut	ja, warme Lagen
	Jonagold	gut	bedingt, rote Mutanten
	Gloster		nein, reduzieren
Nebensorten	Granny Smith	gering	nein, nicht ausdehnen
	Florina	Lokalmarkt	Biosorte
	Delbard Jubile	Lokalmarkt	
	Braeburn	gut	nein, anfällig
	Fuji		nein, anfällig

Einteilung	Sorte	Marktchancen	Anbauempfehlung
Neuzüchtungen	Meran		Biosorte
	Elise	gut	prüfenswert
	Pinova	gut	prüfenswert
	Topaz	gut	Biosorte, prüfenswert
	Otava		prüfenswert
	Goldstar		prüfenswert
	Delorina		prüfenswert
	Enterprise		prüfenswert
	Goldrush		warme Lagen, Spätsorte
rückläufige bzw. **auslaufende Sorten**	Roter Delicious	gering	roden
	Jonathan	Lokalmarkt	reduzieren
	Mutsu	gering	roden

Beschreibung der wichtigsten Marktsorten für den biologischen Anbau

S Sorte mit Sortenschutz
® Sorte mit Markenschutz

Delbarestivale® (Delcorf)

Herkunft: Baumschule Delbard, Frankreich; Kreuzung Stark Jongrimes x Golden Delicious
Reifezeit: Mitte – Ende August, stark folgeartig, mehrere Erntegänge notwendig, Neigung zum Vorerntefruchtfall, oft mangelhafte Ausfärbung
Frucht: mittelgroß, walzige Form mit tiefer und breiter Kelchbucht, hellrot – rot gestreift mit gelblichgrüner Grundfarbe
Geschmack: sehr saftig, knackig, gutes Aroma, süß
Ertrag: früh einsetzend, mittelhoch, da alternanzgefährdet
Wuchs: mittelstark bis stark
Anfälligkeit: etwas Schorf und Mehltau, Vorerntefruchtfall
Haltbarkeit: befriedigend, im Kühllager bei 3 °C bis Ende Oktober
Rote Mutanten: Ambassy® (Dalili), Baumschule Davodeau Ligonniere (F)
Celeste (verbesserter Standard), Baumschule Herr (D)

Sommerregent

Herkunft: Deutschland; Kreuzung Anton Fischer x James Grieve
Reifezeit: Mitte – Ende August (5–6 Tage vor James Grieve), stark folgeartig, mehrere Erntegänge notwendig
Frucht: mittelgroß, freundlich gestreiftes Hellrot – Rot mit gelblichgrüner Grundfarbe
Geschmack: sehr saftig, knackig ohne besonderes Aroma

Ertrag: früh einsetzend, hoch, keine Alternanz
Wuchs: extrem schwach, stärkere Unterlagen verwenden
Anfälligkeit: gering, äußerst robuste Sorte
Haltbarkeit: befriedigend, im Kühllager besser als James Grieve

Piros (S)

Herkunft: Dresden Pillnitz, Deutschland; Kreuzung Helios x Apollo
Reifezeit: Ende Juli
Frucht: mittelgroß – großfrüchtig, freundlich gestreiftes Rot mit gelblichgrüner Grundfarbe
Geschmack: gut bis sehr gut, mittelfest, saftig, süß-säuerlich mit gutem Aroma
Ertrag: früh einsetzend, mittel – hoch, Alternanzneigung
Wuchs: schwach – mittelstark, geringe Verzweigung
Anfälligkeit: gering, äußerst robuste Sorte, mittel anfällig für Feuerbrand
Haltbarkeit: Kühllager 3–4 Wochen

Elstar (S)

Herkunft: CPRO-DLO Wageningen, Niederlande; Kreuzung Golden Delicious x Ingrid Marie
Reifezeit: Anfang – Mitte September, oft mangelhafte Ausfärbung zum optimalen Erntetermin
Frucht: mittelgroß mit leuchtend rot gestreifter Deckfarbe
Geschmack: sehr saftig, knackig, würzig-fruchtiges Aroma mit viel Zucker und erfrischender Säure, auch für die Verarbeitung bestens geeignet
Ertrag: früh einsetzend, mittelhoch, da sehr alternanzanfällig
Wuchs: stark bis sehr stark, stark verzweigt
Anfälligkeit: etwas Schorf und mäßig für Mehltau, Alternanz
Haltbarkeit: gut, im CA-Lager bis April, neigt nach dem Auslagern zum Weichwerden
Rote Mutanten: Elshof (S)
Red Elstar (S)
Red Elswout®

Fiesta (S)

Herkunft: East Malling, Großbritannien; Kreuzung Cox Orange x Idared
Reifezeit: Anfang – Mitte September, Neigung zum Vorerntefruchtfall
Frucht: mittelgroß mit leuchtend rot – orangerot gestreifter Deckfarbe, flachkugelig
Geschmack: befriedigend bis gut, fest, saftig-knackig, aromatisch
Ertrag: früh einsetzend, hoch, etwas alternanzanfällig
Wuchs: mittelstark, verzweigt gut
Anfälligkeit: Obstbaumkrebs und Feuerbrand
Haltbarkeit: gut, im CA-Lager bis Ende Mai, gutes Shelf-life

Delbarestivale®

Elstar-Elshof

Fiesta

Roter Boskoop

Jonagold Novajo

Pinova

Boskoop

Herkunft: Boskoop, Niederlande; Abstammung unbekannt
Reifezeit: Ende September
Frucht: groß mit matter, meist berosteter Haut
Geschmack: Fleisch mittelfest, kräftig säuerlich, gute Koch- und Backfrucht
Ertrag: mittelfrüh einsetzend, mittel – hoch, alternierend
Wuchs: stark bis sehr stark wachsend
Anfälligkeit: Blütenfrost, Stippe;
Haltbarkeit: gut, im CA-Lager bis Mitte Mai, nicht < 3 °C lagern
Rote Mutanten: Roter Boskoop Schmitz Hübsch
Bielaar®

Kronprinz Rudolf

Herkunft: Zufallssämling, Steiermark, etwa 1860
Reifezeit: Ende September
Frucht: klein- bis mittelgroß, flachkugelig, Deckfarbe 1/3 bis 2/3 leuchtend karminrot
Geschmack: Fleisch weiß, mittelfest, süß-säuerlich, saftig
Ertrag: mittelfrüh einsetzend, mittel – hoch, alternierend, gute Ausdünnung erforderlich
Wuchs: stark bis sehr stark wachsend
Anfälligkeit: schorfanfällig, druckempfindlich
Haltbarkeit: gut, im CA-Lager bis Mitte März, etwas Schalenbräune

Jonagold

Herkunft: Versuchstation Geneva, USA; Kreuzung Golden Del. x Jonathan
Reifezeit: Mitte – Ende September, folgeartig
Frucht: groß bis sehr groß, leuchtend rote Deckfarbe, je nach Typ gestreift bis verwaschen
Geschmack: Fleisch mittelfest, teils locker, saftig, sehr aromatisch und harmonisch im Geschmack
Ertrag: früher Ertragseintritt, manchmal leicht alternierend
Wuchs: anfangs stark, später mittelstark wachsend
Anfälligkeit: Stippe, etwas Schorf;
Haltbarkeit: gut, im CA-Lager bis Mitte Juni
Rote Mutanten: Jonagored (S)
Novajo (S)

Pinova (S)

Herkunft: Dresden Pillnitz, Deutschland; Kreuzung Clivia x Golden Delicious
Reifezeit: Anfang Oktober (ähnlich Golden Del.), mehrere Erntegänge notwendig, verzögerte Ausfärbung
Frucht: mittelgroß, freundlich gestreiftes Hell-Orangerot mit gelblichgrüner Grundfarbe

Geschmack: sehr fest, saftig, knackig mit befriedigendem Aroma
Ertrag: früh einsetzend regelmäßig und sehr hoch, keine Alternanz
Wuchs: schwach, gut verzweigt
Anfälligkeit: gering für Schorf, robuste Sorte, außer Feuerbrand (Nachblüher) und Mehltau
Haltbarkeit: sehr gut, im CA-Lager 6–7 Monate, langes Shelf-life

Elise (S)

Herkunft: CPRO-DLO Wageningen, Niederlande; Kreuzung Septer x Cox Orange
Reifezeit: Anfang Oktober, nicht zu früh pflücken
Frucht: mittelgroß – groß, hochgebaut, 3/4 der Frucht flächig dunkelrot
Geschmack: fest, saftig, aromatisch
Ertrag: früh einsetzend, regelmäßig und hoch
Wuchs: mittelstark, verzweigt gut
Anfälligkeit: Obstbaumkrebs, Lentizellenflecken
Haltbarkeit: gut, im CA-Lager 6–7 Monate

Delbard Jubile®, Dellgollune (S)

Herkunft: Baumschule Delbard, Frankreich; Kreuzung Golden Delicious x Lundbytrop
Reifezeit: Ende September – Anfang Oktober, folgeartig, mehrere Erntegänge notwendig
Frucht: groß – sehr groß, leuchtend rot verwaschen
Geschmack: Fleisch mittelfest – weich, saftig, süß, gutes Aroma,
Ertrag: früh einsetzend, mittelhoch, da alternanzgefährdet
Wuchs: stark wachsend, mäßig garniert
Anfälligkeit: wenig Schorf und Mehltau, schwefelempfindlich
Haltbarkeit: gut, im CA-Lager bis Ende Mai

Idared

Herkunft: Versuchsstation Idaho, USA; Kreuzung Jonathan x Wagener
Reifezeit: Anfang Oktober, nicht zu früh pflücken
Frucht: mittelgroß – groß, Deckfarbe leuchtend rot
Geschmack: fest, saftig, feinzellig mild, gute Koch- und Backfrucht
Ertrag: früh einsetzend, regelmäßig und hoch
Wuchs: mittelstark bis schwachwachsend
Anfälligkeit: Mehltau, sehr feuerbrandanfällig
Haltbarkeit: gut, im CA-Lager bis Ende Mai, nicht < 3 °C lagern

Meran (S)

Herkunft: Südtirol, Zufallssämling
Reifezeit: Anfang Oktober; mehrere Erntegänge notwendig, verzögerte Ausfärbung
Frucht: mittelgroß – klein mit leuchtend marmorierter Deckfarbe

Geschmack: sehr fest, saftig, feinzellig-knackig mit befriedigendem Aroma
Ertrag: früh einsetzend regelmäßig und sehr hoch, keine Alternanz
Wuchs: mittelstark, gut garniert
Anfälligkeit: gering, robuste Sorte unter steirischen Produktionsbedingungen
Haltbarkeit: sehr gut, im CA-Lager bis Ende Juni

Resistente Apfelsorten

Als Träger der Resistenzen werden bei der Züchtung verschiedene Wildarten der Gattung Malus sowie resistente Sorten genutzt.

Resistenzquellen: Wild- und Zieräpfelarten

- **Mehltau:** Malus zumi
  Malus robusta
- **Schorf:** Malus floribunda (V_f)
  M. pumila (V_r)
  M. micromalus (V_m)
  Antonovka (V_a)
- **Feuerbrand:** M. floribunda
  M. robusta
  Old Home (Birne)
- **Blattläuse:** M. robusta
- **Blutlaus:** Northern Spy
- **Nagetiere:** M. prunifolia
  M. sieboldii

Bei den schorfresistenten Apfelsorten sind die sogenannte **V_a-Resistenz** (Antonovka), die **V_r-Resistenz** (Malus pumila) und vor allem die **V_f-Resistenz** (Malus floribunda) eingekreuzt. Die meisten Sorten mit V_f-Resistenz gehen auf eine in den USA am Anfang dieses Jahrhunderts durchgeführte Kreuzung aus Malus floribunda Klon 821 mit Rome Beauty (Morgenduft) zurück. In früheren Jahren wurde davon ausgegangen, daß die V_f-Resistenz monogen (nur durch ein Gen bestimmt) bedingt sei, während die anderen Resistenzen polygen (durch viele Gene bestimmt) seien. Nach den neueren Erkenntnissen ist auch die V_f-Resistenz nicht monogen bedingt. Auf verschiedenen Sorten, die die V_f-Resistenz tragen, wurde auf verschiedenen Standorten bereits Schorfbefall gefunden. Es wird davon ausgegangen, daß bei der Züchtungsarbeit ein Teil des genetischen Grundmateriales, das für die hohe Resistenz von Malus floribunda verantwortlich ist, verdrängt und durch das anfälliger Sorten ersetzt wurde. Die Resistenzgene wurden sozusagen aufgeweicht. Die Wahl einer anfälligen Muttersorte bei der Züchtung schorfresistenter Sorten erhöht die Zahl der nichtresistenten Nachkommen. Daher sollten nur robuste Sorten als Kreuzungspartner Verwendung finden. Weiters zeigte sich in verschiedenen Untersuchungen, daß sich die virulenten Schorfstämme durch starke Selektionsprozesse auf bestimmte Sorten spezialisieren. Ein großflächiger Anbau weniger schorfresistenter Sorten mit nur einem Resistenzmechanismus erhöht deshalb das Risiko, daß sich Schorfrassen herausbilden, die diese Resistenzen zu umgehen vermögen. KELLERHALS und GESSLER schlagen deshalb **Mischpflanzungen von Sorten** mit verschiedenen Resistenzmechanismen vor. Es wären auch Mischpflanzungen von wenig anfälligen und schorfresistenten Sorten ähnlicher Reifezeit denkbar.

Mit zunehmender Ausbreitung des Anbaues schorfresistenter Sorten ist es jedoch sinnvoll, das Risiko einer Anpassung des Schorfpilzes zu berücksichtigen. Der Anbau von schorfresistenten Sorten ist auch im ökologischen Anbau nicht mit einem völligen Verzicht von Fungizidbehandlungen gleichzusetzen. In den meisten Regionen tritt die Regenfleckenkrankheit stark auf, wenn auf das Behandeln gegen Schorf zur Gänze verzichtet wird.

Züchtungsprogramm Inra Angers (Frankreich)

Florina (S)

Herkunft **Frankreich,** Markenname Querina®, Kreuzungspartner Malus floribunda 821, Morgenduft, Starking Del., Golden Del. und Jonathan; V_f-resistent, wenig mehltauanfällig; mäßig bis gut gefärbt, dunkelrote Färbung, sortentypische Bereifung (Wachsbelag); mäßige bis gute Geschmacksqualität, süß und leicht parfümiert; gute Produktion und Fruchtgröße, alternanzanfällig; viele Früchte mit Kernhausschimmel

Delorina (S)

Herkunft **Frankreich,** Markenname Harmonie®, Kreuzung aus Blushing Golden x Florina; V_f-resistent, wenig mehltauanfällig, ziemlich gute Ausfärbung, leicht gestreift, festfleischig und gute Lagerfähigkeit, etwas kälteempfindlich (soft scald), reichtragend und gute Fruchtgröße; mäßiges Triebwachstum, einfache Erziehung

Züchtungsprogramm CPRO – DLO (Niederlande)

Ecolette ®

Herkunft **Niederlande,** Kreuzung aus Elstar x Prima; V_f-resistent und geringe Mehltauanfälligkeit; mäßige bis gute, leicht gestreifte hellrote Deckfarbe, gute Geschmacksqualität, säurebetont, festfleischig und gut lagerfähig; mäßige Produktion und Fruchtgröße, vor allem Früchte auf einjährigem Holz neigen zur Kleinfrüchtigkeit; kräftiges Triebwachstum mit ausgeprägter Apikaldominanz

Santana ®

Herkunft **Niederlande,** Kreuzung aus Elstar x Priscilla (CPRO 78038-9); gut gefärbte Früchte mit guter Fruchtgröße, süß-säuerlicher Geschmack; Erträge hoch und regelmäßig, starkes Triebwachstum mit Neigung zur Verkahlung, etwas mehltauanfällig

Idared

Florina

Delorina

Ecolette® im Vergleich mit Golden Delicious (ohne Fungizidanwendung)

Santana®

Rubinola

Neue tschechische schorfresistente Sorten

Topaz

Goldstar und Rajka, neue tschechische Sorten

Enterprise

Goldrush

Retina

Züchtungsprogramm Strizovice u. Holovousy (Tschechien)

Otava (S)

Herkunft **Tschechien,** Kreuzungspartner Shampion x Jolana; V_f-resistent, gelbgrüne Grundfarbe mit leicht rosaroter Backe, gute Geschmacksqualität, etwas säuerlich; hohe Produktivität mit Neigung zur Kleinfrüchtigkeit, geringes Triebwachstum; anfällig für Magnesiummangel

Rubinola (S)

Herkunft **Tschechien,** Kreuzung aus Prima x Rubin; V_f-resistent, gestreifte rote Deckfarbe, gute Geschmacksqualität; geringe Produktion und Fruchtgröße, kräftiges Triebwachstum mit starker Neigung zur Verkahlung, schwierig zu erziehen

Rosana (S)

Herkunft **Tschechien,** Kreuzung aus Jolana x Lord Lambourne; V_f-resistent, leicht gestreifte, rotbraune Deckfarbe, geringe Eßqualität, säurebetont; gute Produktion und Fruchtgröße

Topaz (S)

Herkunft **Tschechien,** Kreuzung von Rubin x Vanda, 1984; orangerote, mittelgroße festfleischige und aromatische Sorte mit guter Lagerfähigkeit; reift etwa 1 Woche vor Golden Delicious; früh einsetzende, gute und regelmäßige Erträge, V_f-Schorfresistenz, wenig Mehltau

Rajka (S)

Herkunft **Tschechien,** Kreuzung von Shampion x Katka (Jolana x Rubin), 1983; leuchtendrote, mittelgroße, festfleischige süßsäuerliche Sorte mit guter Lagerfähigkeit, Reifezeit ca. 10 Tage vor Golden Delicious; früh einsetzende, gute und regelmäßige Erträge, V_f-Schorfresistenz, wenig mehltauanfällig

Goldstar (S)

Herkunft **Tschechien,** Kreuzung von Rubin x Vanda; Reifezeit Oktober, grünlichgelbe, mittelgroße, festfleischige süß-säuerliche Sorte mit guter Lagerfähigkeit, sonnseits rosa angehaucht; früh einsetzende, gute und regelmäßige Erträge, V_f-Schorfresistenz, tolerant gegenüber Mehltau

COOP Selektionen (USA)

Von den vielen Coop Selektionen scheinen zur Zeit **Goldrush** (Coop 38), **Pristine** (Coop 32) und **Enterprise** (Coop 30) die interessantesten zu sein. Leider reift Goldrush sehr spät und dürfte für viele Gebiete in Österreich nicht geeignet sein. Pristine ist eine Sommersorte, Enterprise eine Lagersorte.

Enterprise (S)

Herkunft **USA,** Selektionsnummer Coop 32; Mehrfachkreuzung aus Malus floribunda 821, Golden Delicious und McIntosh, V_f-resistent, etwas krebsempfindlich;

dunkelrote Deckfarbe und mäßige Geschmacksqualität, hohe Fruchtbarkeit und Fruchtgröße, mäßiges Triebwachstum, im Lager kälteempfindlich

Goldrush (S)
Herkunft **USA,** Selektionsnummer Coop 38; Mehrfachkreuzung aus Malus floribunda 821 und Golden Del.; V_f-resistent, etwas mehltauanfällig, stark anfällig für Rußfleckenkrankheit; gelblichgrüne Grundfarbe mit braunroter Backe (ähnlich Golden Del.), Neigung zur Fruchtberostung; gute Geschmacksqualität bei guter Fruchtreife, späte Reifezeit; hohe Produktion und ziemlich gute Fruchtgröße, alternanzanfällig; mäßiges Triebwachstum und einfach zu erziehender Baum, später Blattfall

Pristine (S)
Herkunft **USA,** Selektionsnummer Coop 32; Mehrfachkreuzung aus Malus floribunda 821 und anderen Sorten; V_f-resistent, wenig mehltauanfällig; gelbe Grundfarbe mit oranger Backe, mäßige Eßqualität, säuerlich; reichtragend, geringe Fruchtgröße; starkwachsende Sorte

Selektionen aus Ahrensburg (Deutschland)

Anfang der 80er Jahre sind in Ahrensburg (Deutschland) Kreuzungen mit TSR 15T3 und Elstar bzw. mit Prima x Klon 40 durchgeführt worden. Drei Selektionen daraus haben inzwischen einen Sortennamen erhalten: **Ahra, Ahrista** und **Gerlinde**

Ahrista (S)
Herkunft **Deutschland,** Selektionsnummer BFA 80/2-62, Kreuzung aus TSR 15T3 x Elstar; V_f-resistent, wenig mehltauanfällig; kräftige, mäßig gestreifte rote Deckfarbe, gute Geschmacksqualität, geringe Fruchtfleischfestigkeit; hohe Produktion und gute Fruchtgröße, schwaches bis mäßiges Triebwachstum

Gerlinde (S)
Herkunft **Deutschland,** Selektionsnummer BFA 80/4-34, Kreuzung aus Elstar x TSR 15T3; V_f-resistent, wenig mehltauanfällig; dunkelrote, leicht gestreifte Deckfarbe, gute Geschmacksqualität, reichtragend mit guter Fruchtgröße, leider etwas kälteempfindlich (soft scald); starkes Triebwachstum, hängendes Holz; nur für den Hausgarten

Züchtungsprogramm Dresden-Pillnitz (RE-Sorten®, Deutschland)

Retina (S)
Kreuzung Appolo x BX 44/2; Reifezeit Anfang September, Ertrag mittel, früh einsetzend; Früchte mittel – groß, hochgebaut, hell-, bis dunkelrote Deckfarbe (marmoriert bis gestreift), Geschmacksqualität mittel – gut, mittelfest, saftig, süß-säuerlich; Wuchs mittel bis stark, V_f-schorfresistent, wenig Mehltau, Haltbarkeit 2 Monate im Kühllager

Reanda (S)
Clivia-Abkömmling; Reifezeit Anfang – Mitte September, Ertrag mittel–hoch, früh einsetzend und regelmäßig; Früchte mittelgroß, kugelig hochgebaut, $^3/_4$ leicht marmorierte rote Deckfarbe, Geschmacksqualität mäßig; festfleischig und sehr saftig, Wuchs schwach mit Neigung zur Verkahlung, V_f-schorfresistent, wenig Mehltau, Haltbarkeit im Kühllager bis Ende Jänner; gute Verarbeitungssorte

Remo (S)
Kreuzung James Grieve x BX 44/14; Reifezeit Mitte September, Ertrag sehr hoch, früh einsetzend und regelmäßig; Früchte mittelgroß, länglich, weinrote Deckfarbe (marmoriert bis gestreift), Fruchtfleisch sehr saftig, festfleischig, stark säuerlich, Geschmack mäßig; Wuchs schwach, mittlere Garnierung, V_f-schorfresistent, wenig Mehltau, feuerbrandresistent, Haltbarkeit 2 Monate im Kühllager; als Mostapfelsorte interessant

Reglindis (S)
Kreuzung James Grieve x BX 44/18; Reifezeit Mitte September, Ertrag mittel – hoch, früh einsetzend; Früchte mittelgroß, kugelig, leuchtend rote Deckfarbe (leicht marmoriert), Fruchtfleisch saftig, feinzellig-festfleischig, süß-säuerlich, Geschmack mittel; Wuchs mittelstark mit guter Garnierung, V_a-schorfresistent, wenig Mehltau, wenig anfällig für Spinnmilben, Haltbarkeit 3 Monate im Kühllager; als Verarbeitungssorte interessant

Relinda (S)
Kreuzung Undine x BX 44/14; Reifezeit Mitte – Ende September, Ertrag hoch und regelmäßig, früh einsetzend; Früchte mittelgroß, kugelig, leuchtend rote Deckfarbe, Fruchtfleisch saftig, mittelfeinzellig, fest, säuerlich, Geschmack mäßig – mittel, wenig Aroma; Wuchs mittelstark mit guter Garnierung, dünntriebig; V_a-schorfresistent, wenig Mehltau, wenig anfällig für Spinnmilben, Haltbarkeit im Kühllager bis Februar; als Mostobstsorte interessant

Resi (S)
Clivia-Abkömmling; Reifezeit Ende September, Ertrag mittel – hoch, früh einsetzend; Früchte klein–mittelgroß, $^3/_4$ rote Deckfarbe (marmoriert bis gestreift), Geschmacksqualität mittel; Wuchs schwach–mittelstark, V_f-schorfresistent, wenig Mehltau, Haltbarkeit im Kühllager bis März

Regine (S)
Kreuzung Cox Orange frei abgeblüht x schorfresistenter Zuchtstamm; Reifezeit Anfang Oktober, schwach – mittelstark wachsend, gut garniert, resistent gegen Schorf, früher Ertragseintritt, Frucht mittelgroß, $^2/_3$ rot gefärbt, markante Lentizellen

Züchtungsprogramm der Versuchsstation für Obstbau Vigalzone di Pergine, Trentino (Italien)

Golden Lasa (S)
Kreuzung Ed Gould Golden x P.R.I. 1956-6; Reifezeit Ende September, schorfresistent, wenig anfällig für Apfelmehltau, kräftiges Triebwachstum, früher Ertragsbeginn

Reanda

Remo

Reglindis

Relinda

Resi

Golden Lasa, Golden Mira, Golden Orange
(von links nach rechts)

mit mittlerer Produktivität, Frucht groß, gelblich-grüne Grundfarbe (Goldenersatz), Geschmack süß-sauer, mittelfestes Fruchtfleisch

Golden Mira (S)

Kreuzung Coop 17 x Perleberg; Reifezeit Anfang Oktober, schorf- und mehltauresistent, kräftiges Triebwachstum, früher Ertragsbeginn mit mittlerer Produktivität, Frucht mittelgroß – groß, gelblich-grüne Grundfarbe (Goldenersatz) mit sonnseits orangerot angehauchter Deckfarbe, Geschmack sehr süß, saftiges, mittelfestes Fruchtfleisch, parfümiert

Golden Orange (S)

Kreuzung Ed Gould Golden x P.R.I. 1956-6; Reifezeit Anfang Oktober, schorfresistent, Frucht mittelgroß – groß, gelblich-grüne Grundfarbe (Goldenersatz) mit orangeroter Deckfarbe auf der Sonnenseite der Frucht, Geschmack süß-sauerlich, mittelfestes Fruchtfleisch, geringe Lagerfähigkeit

TAFELBIRNENANBAU

Der Anbau von Birnen ist in vielen Obstregionen recht stiefmütterlich behandelt worden. In letzter Zeit ist die Nachfrage nach Birnen jedoch deutlich gestiegen, da einerseits die Preise gut waren und andererseits den Betriebsleitern die Apfelproduktion allein zu risikoreich erschien. Zudem hat sich in der Kulturtechnik – ähnlich wie im Apfelanbau – ein Wandel vollzogen.

Standortwahl

Zur Ausbildung einer optimalen Fruchtqualität benötigen fast alle Birnensorten einen warmen Standort, der in etwa dem Weinklima entspricht. Wo diese Voraussetzungen nicht gegeben sind, haben die Früchte sehr häufig kein schmelzendes Fruchtfleisch und wenig Aroma; im Extremfall schmecken sie „rübig". Das gilt besonders für Spätsorten. Im Holz ist die Birne etwas empfindlicher gegen Winterfrost als der Apfel, durch die etwa 10 Tage frühere Blüte ist die Gefährdung durch Spätfrost groß.

Die Bodenansprüche sind ähnlich wie beim Apfel. Auf hohe pH-Werte reagiert die Birne, besonders auf der Quittenunterlage, mit Chlorosen.

Ohne Kühllager lassen sich alle Birnensorten, auch die Lagersorten, nur wenige Wochen lagern. Nach einer kurzen Phase der Genußreife werden sie mehlig oder fleischbraun. Ganz kurz ist diese Zeit bei Sommer- und Herbstsorten. Aus diesem Grund werden Birnen, neben ihrer Verwendung zum Frischverzehr, in erheblichem Umfang als Naßkonserve haltbar gemacht. Zur Saftgewinnung und zur Herstellung von Obstbränden dienen einige spezielle Sorten. Der gesundheitliche Wert (Vitamingehalt) ist geringer als beim Apfel, dennoch sind vollreife, gut entwickelte Birnen sehr wohlschmeckend.

Unterlagenwahl

Auch im Birnenanbau hängt die Unterlagenwahl von den Wuchseigenschaften der zu veredelnden Sorten ab. Allerdings scheiden auf jungfräulichen, guten Standorten Quitte A und Quitte Adams schon fast aus, wenn es darum geht, eine möglichst hohe Intensität zu erreichen. Allenfalls die Kombination mit schwachwachsenden Sorten, wie Conference, Gute Luise oder Alexander Lukas, wäre bei einer etwas höheren Veredlung – etwa 20 cm – zu verantworten. Das gleiche gilt für die Unterlage Quitte BA 29, der auf alkalischen Böden der Vorzug zu geben ist. Einen Überblick über die wichtigsten Unterlagen gibt nachstehende Tabelle.

Auf geeigneten Standorten bietet eigentlich nur die Quitte C die Voraussetzung für hohe Pflanzdichten bei befriedigenden Belichtungsverhältnissen. Leider ist die Unterlage wegen der hohen Frostempfindlichkeit oft nicht genügend verfügbar und auf zahlreichen Standorten risikoreich. Dies trifft insbesondere auf die Baumschulanzucht, aber auch auf die ersten beiden Standjahre zu. Prinzipiell muß diese Unterlage so tief wie möglich gepflanzt werden. Da alle Quittenunterlagen frostempfindlich

Birnenunterlagen

Unterlage	Resistenz			Verträg-lichkeit	Wuchs-stärke	Ausläufer-bildung	Kalkto-leranz	Produktion pro Baum
	Feuerbrand	Pear decline	Kälte					
Sämling	0	3	gut	5	5	groß	gut	3
Provence-Quitte	0	5	mäßig	3	3	mittel	schlecht	4
BA 29	0	5	mäßig	3	3	mittel	gut	4
Quitte A	0	5	mäßig	2–3	2–3	mittel	schlecht	4
OHF-Sämling	5	5?	gut	5	4	selten	gut	3
Quitte Sydow	0	5	mäßig	3	2–3	mittel	schlecht	4
Quitte Adams	0	5	gering	3	2	viel	schlecht	4
Quitte C	0	5	gering	3	1,5–2	wenig	schlecht	4–5
Pyrodwarf	2	?	mittel	5	2,5	wenig	gut	4
1 = unbefriedigend 3 = befriedigend 5 = sehr gut, sehr stark								

sind, ist die Veredelungshöhe nicht zu hoch zu wählen. Dadurch kann auch bei den graduell etwas frosthärteren Quitten, wie Quitte A, Quitte Adams oder BA 29, das Problem der etwas zu starken Wuchskraft nicht allein durch Hochveredelung umgangen werden. In jüngster Zeit treten bei der Kombination Alexander Lukas mit OHF-Hybriden verstärkt Verträglichkeitsprobleme auf. Die Ursachen sind bisher nicht geklärt. Aus diesem Grund sollte mit der Pflanzung von OHF-Unterlagen vorsichtig umgegangen werden.

Zwischenveredlung

Bekanntlich gibt es bei Birnen mit Quitten bei einigen Sorten Probleme bei der Verträglichkeit. Dies hängt damit zusammen, daß Birne und Quitte zwar zur gleichen Familie (Rosaceae), aber zu verschiedenen Gattungen gehören. Besonders ausgeprägt ist diese Unverträglichkeit bei virusinfizierten Sorten und z. B. bei Williams, Clapps oder Charneux. In diesen Fällen ist eine Zwischenveredlung unumgänglich. Darüber hinaus kann sie eine deutliche Wuchsbremse sein und dadurch die Ertragssicherheit verbessern. In einem Versuch mit der Sorte Vereinsdechant konnte bis zum 5. Jahr festgestellt werden, daß eine Zwischenveredlung mit Conference zum Beispiel deutlich bessere Ergebnisse gebracht hat als die Kombination Quitte A und Vereinsdechant direkt. Diese Tatsache ist sicherlich zukünftig mehr zu beachten. Derzeit werden die Sorten Gellerts Butterbirne (B. Hardy) und Vereinsdechantsbirne (D. du Comice) verwendet.

Pflanzmaterial

Als optimales Pflanzgut betrachten wir derzeit einen zweijährigen, gut entwickelten, virusfreien, auf Quitte C veredelten Baum. Bei einigen Sorten, wie z. B. Williams

Christbirne, ist eine Zwischenveredlung notwendig. Auf etwas schlechteren Standorten oder beim Nachbau ist es vielleicht ratsam, Quitte A oder Quitte Adams zu verwenden. In den meisten Fällen sollte jedoch Quitte C bevorzugt werden. Diese Bäume sind schneller in der Produktion, wachsen dadurch schwächer, und der Baumaufbau ist somit einfacher.

Die zweijährige Veredelung sollte in ±75 cm 4–6 gleichwertige Triebe von ±40 cm Länge haben. Diese Triebe werden dann als Basisäste verwendet. Bei der Pflanzung sollte die Veredlungsstelle höchstens 20 cm über der Erde sitzen (Quitte A). Bei Quitte C reichen 2 cm aus, um sie so besser vor Winterfrösten zu schützen.

Erziehungsmethoden

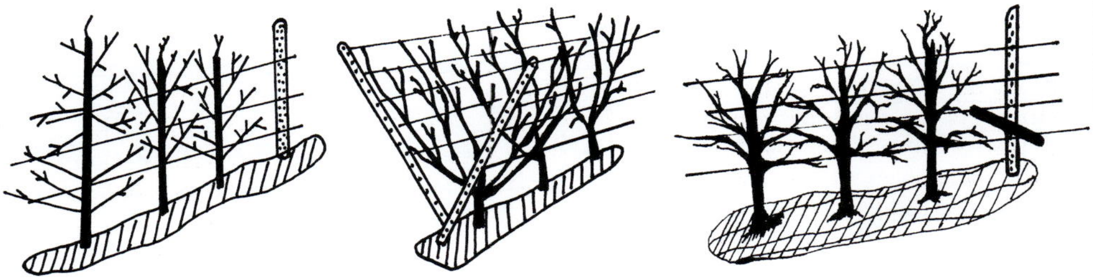

Spindelerziehung *V-Erziehung* *Spindel mit Querjoch*

Wichtig bei allen Baumformen und Erziehungsmethoden ist der Leitsatz: „Je langsamer und je kontrollierter die Mitte nach oben wächst, um so geringer ist die Gefahr der Überbauung".

Ohne Zweifel ist die schlanke Spindel eine Baumform, die bei Pflanzdichten von 2.000–3.000 Bäumen je ha noch eine optimale Belichtung gewährleistet. Andere Möglichkeiten sind die V-Erziehung oder die Erziehung mit einem Querjoch in ca. 100 cm Höhe, um die Seitenäste besser formieren zu können. Alle sortenspezifischen Aufbaumaßnahmen müssen darauf abzielen, Überbauung und Beschattung zu verhindern, um möglichst optimales Fruchtholz zu produzieren.

Sorten

Die heutigen Kultursorten stammen in erster Linie von der Holzbirne *(Pyrus pyraster)* und einigen anderen Wildformen ab, die ihr Hauptverbreitungsgebiet in Mittel- und Südeuropa bis hin nach Kleinasien haben. Sie werden seit altersher kultiviert; besonders intensive Züchtungsarbeit erfolgte im 18. und 19. Jahrhundert in Frankreich und

Belgien. Die meisten unserer heutigen Sorten gehen auf diesen Zeitraum zurück. Erst in den letzten Jahren entstanden einige neue, wichtige Sorten.

Bestand früher eine Birnenpflanzung aus einer Vielzahl von Sorten, so müssen wir uns heute und wohl auch zukünftig mit weit weniger Sorten begnügen. Dabei kommt es darauf an, welchen Vermarktungsweg der Betrieb gewählt hat. Bei privat vermarktenden Betrieben ist das Sortenspektrum sicherlich größer als bei Genossenschaftsbetrieben, die fast ausschließlich Winterbirnen vermarkten. Bei Privatvermarktern können und werden auch wesentlich schneller Neuheiten Einzug ins Sortiment halten. Die Tabelle gibt Einblick in eine Auswahl von Sorten. Conference, Alexander Lukas sowie die feuerbrandresistente Neuzüchtung Harrow Sweet sind am ehesten für den Bioanbau geeignet. Aus der Vielzahl der hier genannten Sorten werden derzeit für die Genossenschaftsvermarktung nämlich nur wenige, wie Williams Christbirne, Alexander Lukas und Conference, favorisiert. Bei den Privatvermarktern sollten auf jeden Fall eine Frühsorte und die Vereinsdechantsbirne mit ins Sortiment aufgenommen werden, da durch diese Vermarktungsform die Birnen länger verkauft werden können.

Reifezeit und Lagerfähigkeit wichtiger Birnensorten

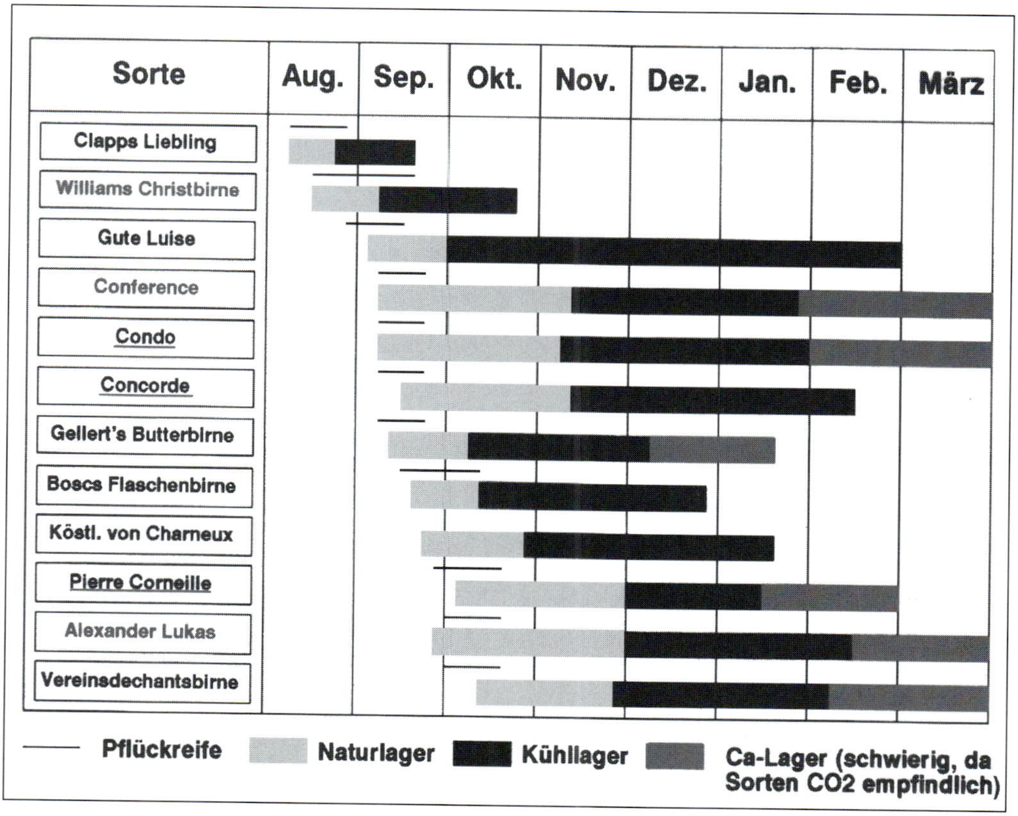

Merkmale wichtiger Birnensorten

Sorte	Vorteile	Nachteile	Verträglichkeit mit Quittenunterlagen	Feuerbrand	Bemerkung
Frühe von Trevoux	gute Erträge Parthenokarpie wenig Schorf	Fruchtgröße schnell mehlig	besser mit ZV	xxx	auch für Höhenlage intersteril mit Gute Luise
Clapps Liebling	Fruchtgröße mäßig Schorf Winterfrosthärte	starkwüchsig Fruchtfall schnell teigig	mit ZV	xx	trägt am langen Holz
Williams Christbirne	gute Erträge Frucht vielseitig verwendbar Parthenokarpie	Fruchtfall Schorf Birnblattsauer	mit ZV	xx	intersteril mit Trevoux und Gute Luise
Gute Luise	sehr ertragreich Haltbarkeit Parthenokarpie	Fruchtgröße Alternanz Schorf	ja, gut	xx	intersteril mit Trevoux und Williams, für den Bioanbau nicht zu empfehlen
Bosc's Flaschenbirne (Kaiser Alexander)	hoher Ertrag transportfest	steinfrüchtig Schorf schwefelempfindlich	nur mit ZV	?	neigt etwas zur Alternanz
Concorde	ertragreich wenig Berostung	ähnlich Conference nach Lagerung grünlich – gelb	ja	xx	neue interessante Sorte
Conference	ertragreich gute Qualität kaum Schorf	Fruchtform	ja, mit ZV besser, z. B. mit Vereinsdechantsbirne	xx	Selektion beachten! M 202 aus NL **biotaugliche Sorte**
Alexander Lukas	hohe Erträge lagerfähig kaum Schorf	Geschmack Bakterienbrand	ja	x	druckempfindlich, **biotaugliche Sorte**
Vereinsdechantsbirne (D. du Comice)	sehr guter Geschmack	späte, geringe Erträge schorfanfällig schwefelempfindlich	ja	xx	Weinbaulagen, nicht für den Bioanbau
Verdi	früh einsetzende, hohe Erträge	Frostringe Bakterienbrand Fruchtausdünnung	nur mit ZV	x	erinnert an Gute Luise
Harrow Sweet	Feuerbrandresistenz wenig anfällig für Schorf und Birnblattsauer blüht am einjährigen Holz	Fruchtgröße unbedingt Fruchtausdünnung	ja	resistent	einzige zu empfehlende feuerbrandresistente Sorte, **biotauglich**

Erklärung: ZV = Zwischenveredlung; x = mäßig anfällig; xx = mittel anfällig; xxx = hochanfällig

Williams

Alexander Lucas

Concorde

Vereinsdechantsbirne (D. du Comice)

Conference

Verdi

Birnen sind wie Äpfel in der Regel selbst unfruchtbar. Daher ist auf eine gute Befruchtung viel Wert zu legen. Aus Beobachtungen ist bekannt, daß z. B. Conference eine bessere Fruchtform erhält, wenn Vereinsdechant als Bestäubersorte vorhanden ist. Einen groben Überblick über die Möglichkeiten der Bestäubung gibt nachstehende Tabelle. Sicherlich gäbe es eine Reihe weiterer Sorten, die als Befruchter in Frage kämen, wie z. B. Gräfin von Paris, die sind aber meist nur schwer vermarktbar.

Mögliche Bestäubersorten für Birnen

Hauptsorte	Bestäuber
Conference[2]	Gellert's Butterbirne Vereinsdechant[1] Williams Christbirne
Vereinsdechant	Conference Gellert's Butterbirne Gute Luise
Alexander Lukas	Conference Vereinsdechant Williams Christbirne Köstliche von Charneu

1 blüht später, aber gute Fruchtform

2 teilweise selbstfruchtbar

ANBAU VON STEINOBST (KIRSCHEN UND ZWETSCHKEN)

Jeder Fachmann weiß, daß der biologische Apfelanbau viel Pionierarbeit erfordert, wie groß aber der tatsächliche Aufwand beim biologischen Steinobstanbau ist, kann derzeit nicht gesagt werden. Die Gründe dafür sind, daß man im Rahmen des biologischen Obstbaus wenig Erfahrung mit diesen Kulturen hat und daß auch im Versuchswesen der biologische Steinobstanbau kaum beachtet wurde, da die Bedeutung des Steinobstes eine wesentlich geringere ist als die des Apfels. Da aber die Käufer von Biowaren immer mehr werden, hat mittlerweile das Interesse am biologischen Steinobst auch immer mehr zugenommen. Das zunehmende Interesse aber bewirkt, daß die Qualitätsansprüche des Konsumenten beim Bio-Obst immer „konventioneller" werden und daß die Verkaufswege immer professioneller werden müssen. Das heißt, der Erzeugerbetrieb muß versuchen, eine auch äußerlich hochwertige Frucht nach biologischen Richtlinien zu produzieren. Geringe Krankheits- und Schädlingsanfälligkeit ist dabei oberstes Gebot, denn die zur Verfügung stehenden Möglichkeiten einer Schaderregerbekämpfung bei Befall sind sehr begrenzt.

Standortwahl

Da Zwetschken und Süßkirschen grundsätzlich früher blühen als Äpfel, ist eine frostsichere Lage, die windgeschützt ist, zu bevorzugen. Frostschutzberegnung ist beim Steinobst nicht möglich. Der Boden sollte gut dräniert sein. Er darf bei Pflaumen etwas schwerer als bei Kirschen sein. Durch die Wahl der Unterlage können jedoch Nachteile ausgeglichen werden.

Anbau von Süßkirschen

Selbst in Norwegen werden erfolgreich Süßkirschen angebaut. Weniger als der Breitengrad ist ein Kleinklima mit geringer Spätfrostgefahr wichtig. Dieses gibt es z. B. in Hanglagen nach Nordwesten, Westen, Osten oder Südosten, wo die Kaltluft abfließen kann und der Blühbeginn durch Erwärmung nicht allzu sehr verfrüht wird. Auch die Nähe großer Wasserflächen ist günstig. Entscheidend ist aber nicht nur, daß die Blüten vor Frost geschützt sind, sondern daß es auch zu einer Befruchtung kommt. Für die Bestäubung ist zunächst **Bienenflug** notwendig, da Windbestäubung nicht ausreicht. Niedrige Temperaturen in der Blüte schränken nicht nur den Bienenflug ein, sondern verzögern auch das Pollenschlauchwachstum in den Fruchtknoten; diese Verzögerung ist oft so stark, daß es nicht mehr zu einem befriedigenden Fruchtansatz kommt. Und dabei sollte man berücksichtigen, daß für einen Normalertrag ein um den Faktor 10 höherer Fruchtansatz notwendig ist als bei Äpfeln. Eine Standorteinschätzung in Gebieten, wo kaum Obstbau betrieben wird, ist sehr schwierig. Wenn man in Erfahrung bringen kann, ob in solchen Gebieten früher tragende Steinobstbäume gestanden sind, so kann dies bei der Standorteinschätzung eine kleine Hilfe sein.

Kirschenunterlagen

Prunus avium (starkwachsend)

Generelle Eigenschaften:
Leichte Anzucht, gute Stammbildner, mit allen Süß- und Sauerkirschensorten verträglich, Großfrüchtigkeit, Nachbauprobleme

Limburger Vogelkirsche
Generativ vermehrte geradschäftige Standardunterlage

Hüttners Hochzucht 170 x 53
Generativ, sehr gesunde und leistungsfähige Bestände. Verbreitung hauptsächlich in Norddeutschland; stärkste P. avium-Unterlage

F 12-1
Englischer Klon, vegetativ vermehrt; etwas schwächer als die übrigen; Wurzelschosse, unter Grenzbedingungen schlechtere Verträglichkeit und Produktivität; besonders wegen der leichten Vermehrbarkeit noch von Bedeutung

Charger, Pontaris, Pontavium
Versuchsstadium, in Deutschland keine Bedeutung

Prunus mahaleb (mittelstark – stark)

Generelle Eigenschaften:
Nur für leichte Böden, ansonsten Absterben einzelner Bäume nach 6 – 10 Jahren, auch bei Sauerkirschen. Stark mäusefraßanfällig, wenig Wurzelschosse, frosthart.

Saint-Lucie 64 (vegetativ)
Auf geeignetem Standort 80–90% Wuchsstärke im Vergleich zu Limburger; wichtigste Kirschenunterlage in Frankreich.

Typ Heimann
Bekanntester Klon in Deutschland

Prunus cerasus (sehr schwach – mittelstark)

Generelle Eigenschaften:
Wuchsbremse, frosthart, Verträglichkeit nicht immer gegeben, mittlere bis hohe Ansprüche an den Boden, gute Fruchtgröße durch Schnitt und Zusatzbewässerung fördern. Für den Nachbau nach P. avium oder nach sich selbst nicht geeignet.

Tabel = Edabriz

Herkunft:	Iran, in Frankreich selektiert
Verträglichkeit:	bisher mit allen Sorten gegeben (lt. Literaturangabe); nur leichte Wulstbildung
Ertragsverhalten:	sehr gut
Beginn des Fruchtens:	sehr früh

Wuchsreduzierung: ca. 70% von Limburger, für den Bioanbau wahrscheinlich zu schwach
Sonstiges: gutes Baumschulverhalten, chloroseanfällig, Pfahl
Empfehlung: versuchsweise für Dichtpflanzungen; in niederschlagsärmeren Gebieten nur auf Böden mit mehr als 70 Bodenpunkten ohne Tropfbewässerung; für starkwüchsige Sorten

Weiroot-Klone

Frühe und hohe Erträge (ab 3. Standjahr), (verzögerte) Unverträglichkeiten – wenn nicht absolut virusfrei – bei Van, Sam, Charmes, diversen Schweizer Sorten, hohe Bodenansprüche

- W72, W53 (Wuchsreduktion 70–80% im Vergleich zur Vogelkirsche)
- W158 (Wuchsreduktion 50% im Vergleich zur Vogelkirsche)
- W154 (Wuchsreduktion 40% im Vergleich zur Vogelkirsche)
- W13 (Wuchsreduktion 25% im Vergleich zur Vogelkirsche)

Hybriden

Colt

Kreuzung: *P. mahaleb* x *P. pseudocerasus*, England
Verträglichkeit: mittel, häufig Luftwurzeln, Wulstbildung
Ertragsverhalten: gut
Beginn des Fruchtens: früh
Wuchsreduzierung: 10–30% schwächer als Vogelkirsche
Sonstiges: flaches Wurzelsystem, trotzdem gute Verankerung, kann Winterfrostschäden erleiden
Empfehlung: auf guten, feuchten Böden anstatt Vogelkirsche, gute Entwicklung in der Jugendphase; in der Baumschule sehr gut; nicht auf Trockenstandorten, sonst Gefahr von Kleinfrüchtigkeit; für Nachbau geeignet

Maxma Delbard 14

Kreuzung: *P. mahaleb* x *P. avium*, Oregon, USA
Verträglichkeit: gut, kein oder nur geringer Wulst
Ertragsverhalten: gut
Beginn des Fruchtens: früh
Wuchsreduzierung: 30–40% schwächer als Vogelkirsche
Sonstiges: kaum Chlorosen, mittlere Phytophthoraanfälligkeit, Verzweigung etwas schwächer, wurzelt tief
Empfehlung: versuchsweiser Anbau, da in Frankreich sehr gute Anbauerfahrungen; dort große Anbaubreite (Boden, Klima); eher auf leichteren als auf sehr schweren bzw. staunassen Böden pflanzen

GI-SEL-A 5 (frühere Bezeichnung: 148/2)

Kreuzung: *Prunus cerasus* x *Prunus canescens*
Verträglichkeit: bisher gut, wenn virusfreies Material

Kirschenspindel – Regina auf Weiroot 158

Merchant – Frühsorte für den Bioanbau

Hanita

Kirschensorten

Sorte	Herkunft	Reifewoche	Blüte	Wachstum	Etragsbeginn	Platzanfälligkeit	Fäulnisanfälligkeit	Bemerkungen
Frühe Meckenheimer	Pfalz	2.	früh	mittelstark, aufrecht	früh	gering	gering	ziemlich weich, mittelgroß
Moreau (S. des Charmes)	Frankreich	2.	früh	stark, sparrig	spät	mittel	mittel	erste interessante Marktsorte, Reife folgeartig
Merchant	England (FA 'Merton Glory')	3.	mfr	mittel, gut verzweigend	mittel	gering	gering	gute Marktsorte, mittelgroß
Johanna	Jork, Deutschland	3.	mfr	mittelstark, halb aufrecht	mittel	gering	gering	eher kleinfrüchtig, aber sehr platzfest
Geisepitter	Mittelrhein	3.	mfr	stark, hängendes Seitenholz	früh	gering	gering	hellfrüchtige Sorte, weich, Druckstellen
Giorgia	Italien	3.–4.	mfr	achsenbetont	früh	rel. hoch	mittel	im feuchten Klima zu platzanfällig; sehr fest
Starking Hardy Giant	Wisconsin (USA)	4.	mittel	mittelstark, breit	früh	mittel	mittel	feste, mittelgroße Frucht; unbedingt auf vf-Material achten!

Ertragsverhalten:	Erträge früh einsetzend, ab dem 3. Standjahr bei fruchtbaren Sorten Neigung zum Überbehang (overcropping)
Wuchsreduzierung:	50–60% schwächer als Vogelkirsche
Sonstiges:	flach und gleichmäßig verzweigend; schwierig zu vermehren, bisher nur über Gewebekultur; empfindlich gegenüber virusbefallenem Material, dann verkahlend
Empfehlung:	besonders für starkwachsende, schwache Träger, wie Summit oder Regina, geeignet; ohne Tropfbewässerung nur auf guten Böden mit diesen Sorten; auf traditionellen Kirschenstandorten ab 5.–6. Jahr Winterschnitt zur Anregung des Neutriebes

Kirschensorten

Solange eine Bekämpfung der Kirschfruchtfliege im biologischen Anbau nicht befriedigend möglich ist, beschränkt sich die Sortenwahl auf die Reifezeit 1.–4. Kirschenwoche. Es kann jedoch auch Standorte geben, auf denen ein Befall früher auftritt. Das Alte Land bei Hamburg ist bisher noch frei von der Kirschfruchtfliege, sie kommt aber bereits in den umliegenden Regionen vor. Bei einer Empfehlung spielt weiters die Platzanfälligkeit und in der Folge die Moniliaanfälligkeit eine große Rolle. Auch die Anfälligkeit für Schrotschußkrankheit und Bitterfäule sollte bei der Sortenwahl mit berücksichtigt werden. Leider sind viele platzfeste Sorten weichfleischig. Bis auf Geisepitter sind alle angegebenen Sorten dunkelrote Tafelkirschen (siehe Tabelle Seite 84).

Anbau von Zwetschken

Zwetschkenunterlagen

Myrobalanen (starkwachsend)

Generelle Eigenschaften:
Gute Verträglichkeit, generativ vermehrbar, für trockene und leichte Standorte, im Nachbau und für reichtragende Sorten geeignet; standfest

Selektionen mit verbesserter Fruchtbarkeit:	**Myruni, Hamyra** u. a.
Ertragsverhalten:	spät einsetzend
Wurzelschosse:	wenig
Scharkaanfälligkeit:	gering
Trockenheit:	gute Resistenz
hoher pH-Wert:	geeignet
Staunässe:	mittel bis gut

St. Julien-Unterlagen *(P. insititia)*

Generelle Eigenschaften:
Wuchsstärke 70–80%, flach und gut verzweigend, scharkatolerant, aber ziemlich viele Wurzelschosse; bis auf INRA 2 generativ vermehrt; gute Standfestigkeit

Selektionen:	GF 655/2, St. Julien A.
Ertragsverhalten:	mittelfrüh einsetzend
Wurzelschosse:	viele, aber sorten- und standortabhängig, St. Julien A etwas weniger als GF 655/2
Scharkaanfälligkeit:	gering
Trockenheit:	relativ gute Resistenz, GF 655/2 etwas besser als St. Julien A
hoher pH-Wert:	geeignet
Staunässe:	auch für schwere Böden geeignet

GF 8/1 *(P. cerasifera x P. munsoniana)*

Generelle Eigenschaften:
Starkwüchsig (100%), aber wesentlich fruchtbarer als Myrobalane, ziemlich resistent gegen Nematoden und Wurzelfäulen, scharkaanfällig

Ertragsverhalten:	früh einsetzend
Wurzelschosse:	relativ viele, die im Wuchs spät abschließen
Scharkaanfälligkeit:	hoch, Neuinfektion über Schosser im Herbst
Trockenheit:	relativ gute Resistenz
hoher pH-Wert:	geeignet
Staunässe:	gute Resistenz

Fereley (= 'Jaspi®') ('Methley' x *P. spinosa)*

Generelle Eigenschaften:
Wuchsstärke vergleichbar mit St. Julien, also mittelstark; höhere Anfangsfruchtbarkeit und kaum Wurzelschosse; bedingt durch die Mikrovermehrung können Schosse aus der Stammbasis entstehen; geeignet für ertragsschwache Sorten, wie Hauszwetschken oder Mirabellen

Ertragsverhalten:	früh einsetzend
Wurzelschosse:	wenige, unterirdisch aus der Stammbasis wachsend
Scharkaanfälligkeit:	bisher gering
Trockenheit:	bisher gute Resistenz
hoher pH-Wert:	geeignet
Staunässe:	sehr gute Toleranz (in Frankreich unter diesem Aspekt selektiert)

Ishtara *([P. cerasifera] x [P. persica x P. belsian])*

Generelle Eigenschaften:
Mittelstarke, sehr ertragsverfrühende und reichtragende Unterlage; trotzdem gute Fruchtgröße; brüchiges Wurzelwerk, etwas steilerer Astabgangswinkel; hohe Bodenansprüche; Alterspotential der Unterlage noch ungeklärt; nicht für Massenträger, sondern für spät einsetzende, kleinfrüchtige Sorten, wie Nancy-Mirabelle oder Hauszwetschke

Ertragsverhalten:	sehr früh
Wurzelschosse:	keine
Scharkaanfälligkeit:	bisher gering
Trockenheit:	nur bedingt geeignet
hoher pH-Wert:	über pH 7,0 nicht geeignet
Staunässe:	nicht geeignet

Zwetschkensorten

Ein großes Problem des europäischen Zwetschken- und Pflaumenanbaus ist die nicht direkt bekämpfbare Scharkavirose. Sie ist im Norden Europas wenig ausgeprägt, bestimmt im Süden und Südwesten jedoch die Sortenwahl. In Deutschland und Osteuropa werden hauptsächlich Zwetschken bevorzugt, während in den übrigen Ländern eher Pflaumen und Renekloden eine Rolle spielen. Bei der Wahl des lokalen Sortiments sollte auf jeden Fall eine fachliche Beratung in Anspruch genommen werden.

Zwetschkensorten für den Bioanbau (Auswahl)

Sorte	Reifezeit	Frucht	Baum	Scharka	Bemerkung
Herman	1.–2. Woche	rund, dunkelblau, süß, 35 g	schwachwüchsig, breit	tolerant	Vorerntefruchtfall, sehr gute Backfähigkeit, besser als R. Gerstetter
St. Hubertus	2.–3.	rundlich, blau, gelbl. Fleisch	mittelstark, breit	tolerant	nur in frühen Lagen eher als Ersinger reif, nicht jedes Jahr steinlöslich
Katinka	2.–3.	länglich, Färbung wie Hauszwetschke, 32 g	steil, schwachwüchsig	anfällig bei hohem Befallsdruck	reine Backzwetschke, sehr ertragreich, eng pflanzen, Neuheit
Ersinger	3.	eiförmig, würzig, Schale rötlich	mittelstark, flachverzweigend	nur Blattsymptome	Frischverzehr u. backen, manchmal ausdünnen, wird schnell weich, Schwachpunkt: Färbung
Cacaks Schöne	4.	rundoval, schwarzblau, Fleisch grünlich, 40 g	steil, schwachwüchsig	Blattsymptome möglich	Backzwetschke für die Großmarktschiene, sehr ertragreich, vom Handel gesucht
Julia	4.	flachoval, Farbe wie Hauszwetschke, säuerlich – aromatisch	starkwüchsig, steil	nur Blatt-, wenig Fruchtsymptome	Erträge spät einsetzend, vom Bäcker geschätzt, Frischverzehr
Auerbacher	6.	rundlich – tropfenförmig, nicht immer blau, Fleisch gelb, 32 g	mittelstark, breit, innen oft verkahlend	hoch anfällig	Backzwetschke vom Handel gesucht, valsa-anfällig, daher nur für leichte Böden, Neigung zur Kleinfrüchtigkeit
Hanita	6.	länglich, dunkelblau, 40 g	steil, wenig verzweigt, mittelstark	tolerant	gleichmäßiger Ertrag, Backen noch möglich, nicht immer steinlöslich, Anbau dort, wo Auerbacher nicht funktioniert
Ortenauer	7.	länglich, hell, 32 g	mittelstark, flach verzweigend	hoch anfällig	Backzwetschke, Massenträger, gut lagerbar
Cacaks Fruchtbare	7.	oval, blau, 35 g	steil, schwachwüchsig	anfällig bei hohem Befallsdruck	bei Überbehang fuchsigrot, wohlschmeckend, mittlere Backqualität
Nancy-Mirabelle	6.–7.	rund, gelb	breit, stark, wenig verzweigend	hoch tolerant	brennen, backen, Frischmarkt, bester Typ: 1510
Hauszwetschke 1. Meschenmoser 2. Schüfer 3. Etscheid od. Purpurgold	7.–8.	oval, würzig süß, 32 g	sehr stark, breit	hoch anfällig	beste Sorte zum Backen, Brennen, Frischmarkt; ertragsverfrühende Unterlagen wählen: Ferely oder Ishtara
President	8.	eiförmig, groß, rötlich, fad	mittelstark, sehr steil	nur Blatt-, wenig Fruchtsymptome	Frischmarkt, beste Lagersorte
Elena	9.–10.	breit tropfenförmig, Fleisch grünlich, 35 g	mittelstark, gut verzweigend	tolerant	späte Hohenheimer Neuheit, die würzig schmeckt und gut backfähig ist; etwas unregelmäßige Fruchtgröße.

BIOLOGISCHER BEERENOBSTANBAU*

Biologische Beeren sind gefragt. Das heißt aber nicht, daß jede Bio-Beere auch einen Abnehmer findet. Nur wer frühzeitig die Vermarktung regelt und einwandfreie Qualität anbietet, sichert sich seinen Markt. Der Anbau von Bio-Beeren verlangt nebst guten Fachkenntnissen und viel Fingerspitzengefühl ständige Weiterbildung. Allen voran ist die Erdbeerkultur bezüglich Anbautechnik einem raschen Wandel unterworfen. Aber auch bei den Strauchbeeren ist vieles in Bewegung, so werden zum Beispiel immer mehr Kulturen durch Regendächer vor negativen Witterungseinflüssen geschützt.

Wahl des Standortes

Exposition

Vollsonnige, luftige, jedoch vor starken Winden und Spätfrösten geschützte Lagen eignen sich für sämtliche Beerenarten am besten.

Bodenqualität

Die Bodenqualität ist von besonderer Bedeutung. Um Einblick in den Boden zu erhalten, sollten vor Neupflanzungen immer Spatenproben entnommen werden.

Hinweise zur Spatenprobe:

- falls verfügbar, Drainagespaten verwenden;
- Spatenprobe mindestens 40 cm tief graben;
- Rostflecken und schwarze Mangankonkretionen deuten auf Durchlüftungsstörungen und somit ungeeignete Böden hin.

Erdbeeren und Himbeeren
stellen die höchsten Ansprüche an den Boden. Anbau nur auf mittelschweren bis leichten, durchlässigen Böden; Parzellen mit Verdichtungen oder Vernässungen sind ungeeignet; Mindererträge und Probleme mit Wurzelkrankheiten wären auf ungünstigen Böden vorprogrammiert. Eine Hügelpflanzung ist bei nicht ganz optimalen Bodenverhältnissen zu empfehlen.
Brombeeren, Johannis- und Stachelbeeren
sind weniger anspruchsvoll als Himbeeren.
Heidelbeeren
gedeihen nur auf sauren, salzarmen und leichten Böden; je nach Autor und Meßmethode schwankt der ideale pH-Wert im Boden zwischen 3,5 und 5,5; um diesen zu erreichen, ist auf vielen Standorten eine spezielle Strauchstreifen-Bearbeitung erforderlich.

---

* Auszug aus den FiBL-Merkblättern: Biologischer Erdbeer- und Strauchbeerenanbau.

Höhenlage

- Für Anbau in Höhenlagen sind frostempfindliche Sorten nicht geeignet.
- Strauchbeeren müssen durch besonders stabil gebaute Erziehungssysteme vor Schneedruck geschützt werden.
- Je nach Exposition ergibt sich eine 3 bis 5tägige Ernteverspätung pro 100 m Höhendifferenz.

Erdbeeren: Anbau bis ca. 1600 m über dem Meeresspiegel möglich

Himbeeren, Johannis- und Stachelbeeren: Anbau bis zirka 1.400 m über dem Meeresspiegel, je nach Exposition

Brombeeren und Heidelbeeren: Anbau bis zirka 1.000 m über dem Meeresspiegel, je nach Exposition

Vorkultur

Je weiter entfernt die botanische Verwandtschaft von Vorkultur und geplanter Beerenart ist, desto kleiner ist in der Regel das Risiko der Übertragung von Schadorganismen.

Erdbeeren

Nach Erdbeeren sollte eine mindestens 3 bis 4jährige, bei Verseuchung mit der Roten Wurzelfäule *(Phytophthora fragariae)* eine mindestens 15jährige Anbaupause eingeschaltet werden. Damit genügend Zeit für eine sorgfältige Vorbereitung des Pflanzbeetes bleibt, wird die Vorkultur 4–6 Wochen vor der Pflanzung geräumt. Geeignete Vorkulturen sind einjährige Kunstwiesen, Ölrettich, Raps, Senf, Buchweizen, Wintergetreide, Gemüse außer Schmetterlingsblütler *(Fabaceae)*. Ungeeignete Vorkulturen sind Naturwiesen, die vor weniger als drei Jahren umgebrochen wurden (wegen Unkraut, Engerlingen, Drahtwürmern und Älchen), Kartoffeln und Tomaten (wegen Rhizoctonia und *Verticillium sp.*), Schmetterlingsblütler, wie z. B. Hülsenfrüchte (wegen Rhizomfäule und *Verticillium sp.*), Phacelia (wegen Rhizomfäule) und verunkrautete Kulturen.

Strauchbeeren

Eine 1 bis 2jährige Zwischenkultur, z. B. Ölrettich, Kunstwiese mit Luzerne oder eine andere tiefwurzelnde Einsaat, verbessert die Struktur der unteren Bodenschichten. Beim Anbau nach Naturwiese ist auch bei den Strauchbeeren vermehrt mit Verunkrautung und Befall durch Drahtwürmer zu rechnen.

Düngung

Die Düngung erfolgt aufgrund der Bodenanalyse, bei Neupflanzungen unter Berücksichtigung der Wuchskraft der Vorkultur, die vor allem Auskunft über die Stickstoffversorgung gibt. Bodenanalysen sollten mindestens alle 5 Jahre in Auftrag gegeben werden. Um die Vergleichbarkeit der Resultate zu gewährleisten, wählt man am besten immer dasselbe Labor.

Versorgung mit Stickstoff (N)

Im Biolandbau dürfen lediglich organische Stickstoffdünger eingesetzt werden. Damit der Stickstoff den Pflanzen zum Zeitpunkt des erhöhten Bedarfs zur Verfügung steht, muß die Dauer für die Umsetzung des Stickstoffs in pflanzenverfügbare Form (Wirkungsgeschwindigkeit) berücksichtigt werden. Die Wirkungsgeschwindigkeit hängt vom Düngemittel, den Bodenverhältnissen und der Witterung ab. Außer bei Heidelbeeren können auch Hofdünger eingesetzt werden. Bei Kompost sind lediglich 10%, beim Rindermist 50% des Gesamtstickstoffs im ersten Jahr in der Nährstoffbilanz zu berücksichtigen. Die restlichen Nährstoffe werden zu 100% angerechnet.

Erdbeeren

Unverdünnte Gülle oder frischer Mist sollten bereits der Vorkultur verabreicht werden, um Verbrennungen der Erdbeerpflanzen zu vermeiden. 2–3 Wochen nach der Pflanzung ist der Bedarf an Stickstoff besonders hoch. Eine optimal eingesetzte Grunddüngung setzt zu diesem Zeitpunkt genügend Stickstoff frei. Während dieser Zeit kann auch durch Hacken die Mineralisierung und Pflanzenverfügbarkeit von Stickstoff gefördert werden. Für allfällige stickstoffbetonte Ergänzungsdüngungen bieten sich Blut- und Hornmehl oder schnell wirksame Handelspräparate an (siehe *Liste der zugelassenen Hilfsstoffe für den biologischen Landbau im Anhang II*).

Vorsicht: Zu hohe Mengen Stickstoff fördern Schadorganismen, vermindern Ertrag und Fruchtqualität und belasten das Grundwasser. Außerdem entstehen durch zu hohe Stickstoffgaben auch unnötige Kosten.

Versorgung mit Phosphor (P), Kali (K) und Magnesium (Mg)

Phosphor, Kali und Magnesium werden in der Regel in ausreichenden Mengen mit organischem Material (Kompost oder Mist) zugeführt. Gezielte Gaben dieser Nährstoffe sind lediglich bei den Versorgungsstufen A, B und C (arm, mäßig und genügend) oder bei Mangelerscheinungen angebracht.

Pflanzmaterial

Erdbeeren

Grünpflanzen (Frischsetzlinge)

Grünpflanzen sind getopft oder ungetopft (mit nackten Wurzeln) erhältlich. Die Hitzeempfindlichkeit und der Wasserbedarf von ungetopften Setzlingen sind im Gegensatz zu Topfpflanzen höher. Da sie 7–10 Tage früher als getopfte Setzlinge gepflanzt werden müssen, stehen sie häufig nicht termingerecht zur Verfügung; ihre Bedeutung ist dementsprechend gering.

Frigopflanzen

Frigopflanzen werden während der Vegetationsruhe gerodet und bei –1,5 bis –2 °C gelagert. Am Tag vor der Pflanzung werden sie bei 4 bis 8 °C aufgetaut und anschließend sofort gepflanzt. Diese Setzlingsart wird in der Regel mit nackten Wurzeln angeboten.

Besonders kräftige Frigopflanzen werden als Wartebeet- oder A+ Frigopflanzen bezeichnet. Bei allen anderen Qualitäten ist es vorteilhaft, die Blüten im Pflanzjahr auszubrechen. Frigopflanzen sind anfälliger auf Schadorganismen. Deshalb sind Grünpflanzen in der Regel den Frigopflanzen vorzuziehen.

Strauchbeeren

Himbeeren:	Grünpflanzen (getopft, unverholzt)
Brombeeren:	Topfpflanzen
Johannis- und Stachelbeeren:	wurzelnackte Freilandpflanzen (je nach Erziehungssystem 1–4triebig)
Heidelbeeren:	Ballenware, dreijährig, 40–60 cm hoch Containerware, zweijährig, 30–40 cm hoch

Sortenwahl

Die wichtigsten Kriterien bei der Sortenwahl sind hohe innere Fruchtqualität, hohe Widerstandskraft gegenüber Schadorganismen sowie hohe Ertragssicherheit. Da sich das Sortenkarussell bei Beeren, allen voran bei den Erdbeeren, sehr rasch dreht, sind die folgenden Angaben mit entsprechender Vorsicht zu interpretieren. Zudem verhalten sich die Sorten nicht an allen Standorten gleich, so daß Abweichungen von den gemachten Angaben durchaus möglich sind.

Erdbeeren

Wädenswil 6: frühe, äußerst aromatische Sorte, aufgrund der mangelhaften Transportfestigkeit jedoch nur für den Hausgarten, Selbstpflücke und die Direktvermarktung geeignet.

Darline: frühe, aromatische Sorte, große, helle und feste Früchte; lockerer Pflanzenaufbau und eher niedrige Erträge (Pflanzabstand verringern).

Thuriga: mittlere Reifezeit, sehr aromatische, große und sehr feste Früchte. Etwas anfällig auf Blattflecken.

Majoral: mittlere Reifezeit, aromatische, feste Früchte. Trotz der etwas erhöhten Anfälligkeit auf Mehltau und Blattflecken beliebte Sorte im Schweizer Bioanbau.

Himbeeren

Meeker: mittlere Reifezeit, mittelgroße, aromatische und transportfeste Früchte. Sehr starkwüchsige Sorte mit erhöhter Frostanfälligkeit. Wenig anfällig auf das Wurzelsterben.
Nootka: mittlere Reifezeit, mittelgroße, sehr aromatische, nur mäßig transportfähige Früchte. Wenig anfällig auf das Wurzelsterben.
Rubaca: mittlere Reifezeit, mittelgroße, aromatische, nur mäßig transportfähige Früchte. Äußerst robust gegenüber dem Wurzelsterben.
Autumn Bliss: herbsttragende Sorte, große, mäßig aromatische, transportfeste Früchte. Äußerst robust gegenüber dem Wurzelsterben.

Brombeeren

Theodor Reimers: frühe, kleinfruchtige, sehr aromatische Sorte, schlecht transportfähig.
Loch Ness: frühe, dornenlose, großfruchtige und aromatische Sorte, sehr gut transportfähig. In der Schweiz erhöhte Anfälligkeit auf den Falschen Mehltau.
Navaho: mittlere Reifezeit. Dornenlose, aufrecht wachsende Sorte mit großen, aromatischen und sehr gut transportfähigen Früchten.

Rote Johannisbeeren

Jonkheer van Tets: sehr früh, erhöhte Neigung zum Verrieseln
Rolan: mittlere Reifezeit, etwas regenempfindlich
Rovada: späte, weitverbreitete Sorte, sehr robust

Schwarze Johannisbeeren

Bona, Ceres und Titania: allgemein robuste Sorten, jedoch nur mäßig für Handernte geeignet.

Stachelbeeren

Invicta: grüne, großfruchtige, robuste Sorte
Rokula: rote, robuste Sorte mit mittelgroßen Früchten
Hinnonmäki gelb: gelbe, robuste Sorte mit mittelgroßen Früchten

Heidelbeeren

Duke: frühe Reifezeit
Bluecrop: mittlere Reifezeit mit langer Ernteperiode, bisherige Standardsorte
Coville: späte Reifezeit

Thuriga

Darline

Bei den neuen Sorten, wie Puru, Nui oder Reka, mangelt es noch an Erfahrungen in der Schweiz.

Pflanzzeitpunkte

Erdbeeren

Bei der Normalkultur mit Grünpflanzen liegt der Pflanzzeitpunkt zwischen Ende Juli und Mitte August. Schwachblühende, großfruchtige Sorten sollten 2–3 Wochen vor reichblühenden, kleinfruchtigen Sorten gepflanzt werden. Späte Pflanztermine haben eine geringere Bestockung und damit eine leicht verfrühte Ernte zur Folge. Bei Pflanzungen nach Mitte August ist eine engere Pflanzdistanz nötig, um die geringeren Erträge pro Pflanze auszugleichen.

Strauchbeeren

Grundsätzlich erfolgt die Pflanzung nur in nicht zu nassem, ungefrorenem Boden.
Himbeeren: Grünpflanzen (getopft, unverholzt), 20. Mai – Ende Juni
Brombeeren: Topfpflanzen, Ende März – Ende Juni
Johannis- und Stachelbeeren: wurzelnackte Freilandpflanzen, Anfang November – Ende April
Heidelbeeren: Container, Anfang September – Ende Oktober; Ballenware, Anfang November – Ende April

Pflanzabstände

Erdbeeren

Die Pflanzabstände richten sich nach dem Kultursystem, der Mechanisierung und den

Wuchseigenschaften der Sorten. Eine gute Durchlüftung der Bestände vermindert den Befallsdruck durch Schadorganismen, wie z. B. Graufäule. Deshalb sollten sich die Nachbarpflanzen bei voller Laubentwicklung innerhalb der Reihe nur leicht berühren. Zweckmäßige Abstände bei der Normalkultur liegen bei 80–110 cm zwischen und 25–50 cm in den Reihen. Bestocken die Pflanzen schwach (sortenabhängig), so kann der Flächenertrag erhöht werden, indem ein Ausläufer pro Pflanze in die Reihe gelegt und wie die Mutterpflanze weitergepflegt wird.

Strauchbeeren

Himbeeren: 2,50 m Reihenabstand, 0,40–0,70 m Pflanzabstand
Brombeeren – horizontal wachsende Sorte:
2,50–3 m Reihenabstand, 3–4 m Pflanzabstand
Brombeeren – vertikal wachsende Sorte:
2,50–3 m Reihenabstand, 1,60–2 m Pflanzabstand
Johannis- und Stachelbeeren: 2,50–3 m Reihenabstand, 0,60–1,20 m Pflanzabstand
Heidelbeeren: 2,50–3 m Reihenabstand, 1–1,50 m Pflanzabstand

Pflanztechnik

Erdbeeren

Bei Flächen ab zirka 10a lohnt sich der (überbetriebliche) Einsatz einer Pflanzmaschine.

Achtung: Setzlinge nie mit trockenen Topfballen oder Wurzeln pflanzen. Damit die Pflanzen möglichst gut anwachsen, sollten die Wurzeln von ungetopften Jungpflanzen im Boden nicht umgebogen werden. Sind die Wurzeln zu lang, können sie etwas eingekürzt werden.

Bei **Strauchbeeren** erfolgt die Pflanzung in der Regel von Hand.

Kulturdauer bei Erdbeeren

Bei Erdbeeren ist sowohl die ein- wie die zweijährige Kultur verbreitet. Im Bioanbau weisen **einjährige Kulturen** gegenüber zweijährigen folgende **Vorteile** auf:

- weniger Probleme mit Wurzelkrankheiten, Graufäule, Blattflecken, Erdbeermehltau
- größere, besser kelchlösende Früchte und somit höhere Pflückleistung
- geringerer Aufwand für die Unkrautregulierung
- früherer Erntebeginn

Zweijährige Kulturen sind dagegen sinnvoll bei:

- Anbau in Höhenlagen ab 1.000 m
- Sorten mit schwacher Blütenbildung und großen Früchten
- Selbstpflückanlagen

Nacherntepflege der zweijährigen Kultur

In dichten Beständen ist jede zweite Pflanze zu entfernen oder von Anfang an ein weiterer Pflanzabstand zu wählen. Nach der Ernte sollte das Laub, noch vor dem Aussamen der Unkräuter, mit einem Balkenmäher oder einem Schlegelmulchgerät gemäht werden. Wird das Schlegelmulchgerät eingesetzt, kann das Laub liegenbleiben, andernfalls wird es aus der Parzelle entfernt.

Achtung: Die Vegetationsspitzen (Herzen) der Erdbeerpflanzen müssen unversehrt bleiben. Stark mit Erdbeermilben befallene Pflanzen beseitigen. Bei Bedarf wird eine Ergänzungsdüngung durchgeführt. Anschließend werden die Bestände wie frisch gepflanzte Kulturen weiter gepflegt.

Erziehungssysteme im Strauchbeerenanbau

Die Wahl des geeigneten Erziehungssystems trägt entscheidend zur Gesundheit der Kultur sowie zur Ertrags- und Pflückleistung bei.

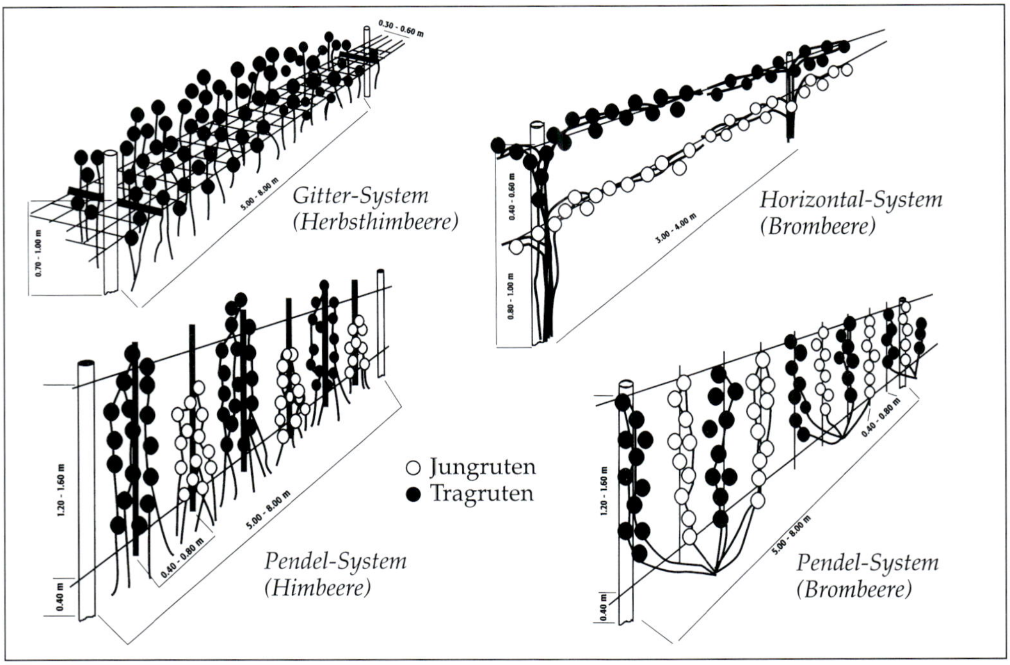

Sommerhimbeeren

Sommerhimbeeren können sowohl als **Hecke** wie auch im **Pendel-System** erzogen werden.

Herbsthimbeeren

Herbsthimbeeren tragen im Gegensatz zu Sommerhimbeeren an den Jungruten (Sommertrieben). Das **Gittersystem** ist das einfachste Erziehungssystem.

Brombeeren

Das Erziehungssystem richtet sich nach dem Wuchscharakter der Sorte. Horizontal wachsende Sorten werden nach dem **Horizontal-System,** Sorten mit aufrechtem Wuchs werden vertikal nach dem **Pendel-System** erzogen. Das Ablegen der Ruten (Frostschutz) ist nur bei horizontal erzogenen Sorten möglich.

Johannisbeeren und Stachelbeeren

Johannisbeeren (weiß, rot) werden als **Hecken** erzogen. Pro Leitast sind in der Reihe 0,30–0,40 m Abstand vorzusehen. Die Durchlüftung und Abtrocknung ist beim Heckensystem deutlich besser als bei Buscherziehung. Kräftige einjährige Seitentriebe aus den Leitästen bringen die beste Fruchtqualität. Beim Schnitt der abgetragenen Seitentriebe wird ein Stummel von 2–3 cm belassen. Daraus entwickeln sich üblicherweise gute Fruchtruten. Leitäste sollten nach 3–4 Jahren erneuert werden.

Schwarze Johannisbeeren

Schwarze Johannisbeeren werden generell als **Busch** erzogen (Vorteil bei der mechanischen Ernte). Die Büsche sollen für eine ausreichende Bildung von Bodentrieben tief gepflanzt werden. Vorteil der Buscherziehung sind die geringen Erstellungskosten, Nachteil die geringe Pflückleistung bei der manuellen Ernte. Pro Busch sollten zwecks besserer Belüftung nur 6–8 Tragruten belassen werden; die Ertragsruten dürfen nicht länger als drei Jahre beerntet werden.

Heidelbeeren

Die Erziehung erfolgt als **Busch.** Bei nachlassender Fruchtgröße oder zu dichtem Bestand sind ganze Tragruten zu entfernen.

Unkrautregulierung

Erdbeeren

Die Vorkultur beeinflußt den Unkrautdruck der Erdbeerparzellen wesentlich. Zur Unkrautregulierung wird der Boden offen gehalten oder abgedeckt.

Offener Boden

Das auflaufende Unkraut wird möglichst früh durch Hacken und/oder Abflammen zwischen den Reihen und Hacken von Hand in den Reihen entfernt. Im selben Arbeitsgang werden auch die Ausläufer weggeschnitten. Allzu intensives Hacken zerstört die Bodenstruktur und schafft Probleme mit Verschlämmung und Erosion. Entscheidend ist, daß die Kulturen unkrautfrei in den Winter gehen, da viele Kräuter und Gräser auch bei tiefen Temperaturen weiterwachsen und bis im Frühjahr dichte Bestände bilden können.

Bodenabdeckung

Abdeckungen mit Mulchfolien oder organischem Material sind Alternativen zum offenen Boden. In niederschlagsreichen Gebieten mit schweren Böden führt dieses System jedoch vermehrt zu Bodenvernässungen.

Strauchbeeren

Sämtliche Strauchbeerenarten, mit Ausnahme starkwüchsiger Brombeersorten, reagieren empfindlich auf Begleitpflanzen im Pflanzstreifen. Dennoch kann eine gezielte Begrünung des Strauchstreifens einem zu starken Triebwachstum oder einem zu späten Triebabschluß entgegenwirken und so einen positiven Einfluß auf das physiologische Gleichgewicht der Pflanzen haben. Solch eine Begrünung bindet über den Winter Stickstoff und macht diesen nach dem Hacken im Frühjahr wieder pflanzenverfügbar. Zum Hacken bieten sich Unterstockräumer aus dem Obst- und Rebbau an, wobei Rutenverletzungen vermieden werden sollten (Eintrittspforten für Schadorganismen). Besondere Vorsicht ist beim Hacken von Himbeerkulturen angebracht, da diese ihre Wurzeln durch das Hacken vermehrt in tiefere Bodenschichten verlegen. Damit nimmt die Gefahr des Wurzelsterbens zu.

Stroheinlage bei Erdbeeren

Damit die Früchte sauber bleiben und um die Ausbreitung von Grau- und Lederfäule einzudämmen, werden die Erdbeerpflanzen mit einer Strohschicht unterlegt. Zusätzlich konserviert die Stroheinlage Bodenfeuchtigkeit (kann auch ein Nachteil sein), unterdrückt das Unkraut und ermöglicht eine bessere Begehbarkeit des Feldes. Das Stroh (80–100 kg/a) wird ausgebracht, kurz bevor sich die Früchte auf den Boden senken. Wird diese Arbeit vor oder während der Blüte durchgeführt, besteht eine erhöhte Gefahr von Spätfrostschäden (niedrigere Bodenerwärmung und nächtliche Wärmerückstrahlung). Um die Menge Auflaufgetreide auf ein Minimum zu reduzieren, sollte nur gut gedroschenes Weizenstroh verwendet werden. Chinaschilf stellt eine unkrautsamenfreie Alternative zum Weizenstroh dar, ob es sich für den Erdbeeranbau eignet, wird momentan abgeklärt. In kleineren Parzellen wird das Stroh von Hand unterlegt, auf größeren Feldern mit Einstreumaschinen.

Achtung: Zu fein gehäckseltes Stroh bleibt bei nasser Witterung an den Beeren kleben.

Rubaca – robuste Sommerhimbeersorte

Heckenerziehung bei Johannisbeeren

Meeker – aromatisch, robust, starkwüchsig

Loch Ness – stachellos und trotzdem aromatisch

Abdeckung bei Strauchbeeren – wichtige vorbeugende Maßnahme gegen Botrytis

Bewässerung

Während der Fruchtbildung ist der Wasserbedarf am größten, eine ausreichende Wasserversorgung während dieser Zeit schlägt sich direkt in der Fruchtgröße und im Ertrag nieder. Unerläßlich ist die Bewässerung in den meisten Gegenden beim Himbeeranbau auf Dämmen und beim Heidelbeeranbau in Substrat. Um dem Wurzelsterben entgegenzuwirken, sind Himbeeren bei tiefen Bodentemperaturen im Frühjahr und Herbst nur in Ausnahmefällen zu bewässern. Bei Heidelbeeren erfolgt die Bewässerung am besten mit weichem Wasser, zum Beispiel mit gesammeltem Regenwasser. Johannisbeeren und Stachelbeeren erreichen dank Bewässerung die optimale Laubwandhöhe leichter. Eine Tropfbewässerung ist im Strauchbeerenanbau der Überkronenberegnung vorzuziehen, da damit Wasser gespart wird, die Früchte trocken und die Anlagen befahrbar bleiben.

Bieneneinsatz

Wichtig für die Fruchtqualität bei Erdbeeren, Himbeeren und Brombeeren und für die Ertragsleistung bei Johannis- und Stachelbeeren ist der optimale Besatz mit Bienenvölkern. 4–6 kräftige Völker pro ha sind in der Regel ausreichend.

Regendach zur Vorbeugung gegen Krankheiten

Unter Regendächern sind Strauchbeeren vor diversen Krankheiten (wie z. B. der Graufäule) zumindest teilweise geschützt. Zudem liefern überdeckte Kulturen besser haltbare Früchte, und der Pflücktermin kann – etwa bei den Johannisbeeren – etwas hinausgeschoben werden. Nachteile der Regendächer sind die recht hohen Erstellungskosten, der relativ hohe Energie- und Ressourcenverbrauch bei der Herstellung sowie die Beeinträchtigung des Landschaftsbildes. Eine Zusammenstellung gängiger Regendachsysteme ist am FiBL in Frick erhältlich.

Applikationstechnik

Im Gegensatz zum Kern- und Steinobst besteht bei der Applikationstechnik im Beerenanbau noch viel Forschungsbedarf. Die Spritzungen erfolgen in kleineren Parzellen mit Rückenspritzen oder Gun, in größeren Parzellen mit Gebläsespritzen.

Ein zu hoher Spritzdruck oder zu starke Luftströme können die Pflanzen schädigen. Die zur Zeit empfohlenen Brühemengen gehen je nach Entwicklungsstadium der Kultur, den zu bekämpfenden Schadorganismen und dem gewählten Applikationsgerät weit auseinander und können von 200 l pro Hektar im Pflanzjahr bis 2.000 l pro Hektar bei Vollentwicklung des Laubes reichen. Mit Hilfe von wassersensitivem Papier – an verschiedenen Stellen im Bestand plaziert – läßt sich der Applikationserfolg prüfen. Um Bodenverdichtungen auf ein Minimum zu reduzieren, sollten die Felder nur bei gut abgetrocknetem Boden und mit Geräten, die einen geringen Bodendruck verursachen, befahren werden.

KULTURMASSNAHMEN IM BIOLOGISCHEN OBSTBAU

BODENSCHONENDER MASCHINENEINSATZ

Ein bodenschonender Maschineneinsatz ist besonders im ökologischen (biologischen) Obstbau zu beachten. Die im Boden vorhandenen Grobporen sind für die Durchlüftung und Wasserspeicherung des Bodens verantwortlich und dienen als Lebensraum für die Bodentiere. Es sind vor allem die Grobporen, die infolge des Bodendruckes verringert werden. Ein bodenschonender Maschineneinsatz berücksichtigt nicht nur die **vorbeugende Vermeidung von Verdichtungen durch den Bodendruck von Fahrzeugen,** sondern auch das **Nichtaufreißen der Grasnarbe in den Fahrspuren** der Obstanlagen mit Dauerbegrünung. Die Bodenschonung wird von der Traktorbauart, den Traktorreifen und der Anzahl der Fahrten im Obstgarten beeinflußt.

Traktorbauart

Die Höhe der Bodenbelastung durch den Traktor hängt vom Gewicht ab, das auf die Reifenaufstandsfläche verteilt wird. Dabei gilt, daß trotz gleicher spezifischer Bodenbelastung (Kontaktflächendruck) der schwerere Traktor (auch wenn er eine größere Bereifung hat) trotzdem einen höheren Bodendruck erzeugt.

Als Grundregel gilt: mit dem Traktor ***so wenig und so leicht als möglich*** in den Obstgarten fahren. Nur ein leichter Traktor mit einer Eigenmasse unter 2.000 kg, in Verbindung mit einer breiten Bereifung (mind. 35 cm), schont die Grobporen des Bodens.

Von der Bauart kommen vor allem Knicktraktoren in Frage, die zum niederen Gesamtgewicht auch eine günstige Gewichtsverteilung (60% auf der Vorderachse und 40% auf der Hinterachse) aufweisen. Diese Bauart ermöglicht die Verwendung von 40 cm breiten Reifen der gleichen Größe vorne und hinten. Gleichzeitig kann die max. Außenbreite des Traktors von 135 bis 140 cm eingehalten werden, die von modernen Bio-Obstanlagen vorgegeben wird. Ein weiterer Vorteil dieser Bauart liegt in der guten Wendigkeit und der hohen Geländetauglichkeit.

Zu beachten ist, daß Knicktraktoren für schwere Zug- und Transportarbeiten nicht geeignet sind. Diese Arbeiten müssen mit Standardtraktoren (Kompakttraktoren) durchgeführt werden.

Daher steht vor dem Traktorkauf die Entscheidung, welche Bauart in das Entwicklungskonzept des Bio-Betriebes besser hineinpaßt: der **universell einsetzbare Kompakttraktor oder der bodenschonende Knicktraktor** als Zweittraktor für den Obstgarten.

Bereifung

Die Traktorreifen haben zu den Federungseigenschaften vor allem Antriebs- und Bremskräfte auf den Boden zu übertragen, ohne die Grasnarbe zu verletzen. Im ebenen Gelände ist ein bodenschonender Maschineneinsatz wesentlich leichter zu verwirklichen als in Obstgärten am Hang, wo mit steigender Geländeneigung die Sicherheit für den Fahrer einen höheren Stellenwert bekommt. Beide Anforderungen – bestmögliche Übertragung der Antriebs- und Bremskräfte und Grasnarbenschonung – können von einer Reifenart vor allem am Hang nicht optimal erfüllt werden. In diesem Fall müssen bei der Reifenwahl Kompromisse zugunsten der Antriebs- und Bremskräfte gemacht werden, um die Obstgärten mit dem Traktor für Pflanzenschutzarbeiten auch nach Niederschlägen befahren zu können.

Für Obstbautraktoren kommen folgende Reifenbauarten in Frage:

Radialreifen (Gürtelreifen)

Zur Übertragung der Antriebs- und Bremskräfte sind vor allem Radialreifen in der Grünlandausführung geeignet. Das Profil zeichnet sich im Vergleich zu Ackerreifen durch niedere Stollenhöhe und engen Stollenabstand aus. Diese auch als Universalreifen bezeichneten Grünlandreifen haben den Vorteil, daß sie am Hang ausreichend „griffig" sind und daher genügend Sicherheit bieten, mit dem Nachteil, nicht immer grasnarbenschonend zu sein.

Breitreifen

Als Breitreifen werden sowohl Terra-Reifen als auch Twin-Reifen bezeichnet.

Terra-Reifen sind Niederquerschnitt-Niederdruck-Breitreifen für wenig tragfähige Böden. Sie sind sehr weiche Reifen, die sich sehr gut an die Bodenoberfläche anpassen und besonders grasnarbenschonend sind. Bei geschlossener Grasnarbe kann dieser Reifen auch am Hang eingesetzt werden. Ein kurzes Stück offener Boden macht aber aus dem Traktor ein manövrierunfähiges Fahrzeug. Außerdem werden diese weichen Reifen laufend durch das gehäckselte Schnittholz verletzt.

Twin-Reifen sind Niederquerschnitt-Breitreifen für den normalen Einsatz und können in verschieden harten Gummimischungen mit grasnarbenschonendem oder griffigem Profil gewählt werden. Diese Breitreifen benötigen in der Regel Spezialfelgen.

Reifendruck

Für die Bodenschonung ist auch der Reifendruck verantwortlich. Mit niederem Reifendruck wird die Reifenaufstandsfläche größer und gleichzeitig der spezifische Bodendruck (kg/cm^2) verringert. Grundsätzlich sollte die Bereifung so großvolumig wie möglich gewählt werden, um unter Beachtung der Tragfähigkeitsgrenze den Reifendruck so niedrig als möglich (<1 bar) halten zu können. Vor allem die Bereifungen der Vorderräder bei Kompakttraktoren sind meist zu klein dimensioniert, mit dem Ergebnis einer zu kleinen Reifenaufstandsfläche und einer nicht genügenden Bodenschonung.

Anzahl der Fahrten

Die Wahl des **Pflanzenschutzmittel-Ausbringverfahrens** mit der Gebläsespritze und die gewählte Erntetechnik beeinflussen sehr stark die Anzahl der Fahrten und damit die Bodenschonung. Von den beiden Ausbringverfahren für Pflanzenschutzmittel – Normalsprühen (mit Wassermengen von 1.000 bis 1.500 l/ha) und Feinsprühen (mit Wassermengen von 150 bis 300 l/ha) – ist das Feinsprühen das bodenschonendere und effizientere. Nicht nur die Fahrtstrecke im Obstgarten wird durch die weniger häufigen Leerfahrten für das Befüllen geringer, auch das niedere Wassertransportvolumen und die Nutzung der oft sehr kurzen Zeitspanne für eine optimale Mittelausbringung am Morgen oder am Abend sprechen für das Feinsprühen im Bio-Obstbau. Voraussetzung dafür ist die Wahl geeigneter Düsen und Filter, verbunden mit einer guten Geräteeinstellung (an die Blattmasse der Bäume angepaßte Brüheverteilung und an den Durchdringungswiderstand der Bäume angepaßte Gebläseluftgeschwindigkeit).

Die Bodenschonung durch die **Erntetechnik** wird vor allem durch den Transport der Großkisten bestimmt. Das Pflücken in die Großkisten auf Erntewägen verringert sehr stark die Anzahl der Fahrten und damit die Bodenbelastung gegenüber dem Transport der vollgepflückten Großkisten mit dem Traktorstapler aus der Obstanlage.

BODENPFLEGE

Ziele der Bodenpflegemaßnahmen im Bioobstbau

- Unterstützung der Baumleistung (vegetative und generative) und der Qualitätsbildung
- Förderung oder Erhaltung einer gesunden Bodenstruktur und Bodenaktivität auf hohem Niveau

Die mit schwachwüchsigen Unterlagen und mit engeren Pflanzabständen gepflanzten Bäume haben ein geringes, vorwiegend oberflächennahes Wurzelwerk, das entsprechend empfindlich auf Wasser- und Nährstoffkonkurrenz reagiert. Die Regulierung der Begleitpflanzenkonkurrenz muß – da keine Herbizide und leichtlösliche synthetische Düngemittel erlaubt sind – mit anderen Methoden bewerkstelligt werden. Nebst dem Hacken, das auf Biobetrieben die weitverbreitetste Methode der Bodenpflege ist, können die Baumstreifen auch mit keimunterdrückenden organischen Materialien, wie **Rindenmulch** oder **Rapsstroh** abgedeckt werden. Auch robuste Folien aus Kunststoff (Bändchengewebe) haben sich in etlichen Bioanlagen bewährt. Im biologischen Anbau sind sämtliche Herbizide verboten – selbst wenn es dazu natürliche Substanzen gäbe.

Grundregeln der biologischen Bodenpflege

1. Optimaler Bodenschutz ist nur durch begrünte Böden gewährt. Der Obstbauer muß entscheiden, wann es Ausnahmephasen braucht. Die Konkurrenz des Obstbaumes durch die Begrünung ist stark vegetationsabhängig und je nach Klima, Boden und Baumform äußerst variabel.

	Frühjahr	Sommer	Herbst
Wasser	**-**	**+ bis ++**	**-+**
Stickstoff	**+ bis ++**	**- +**	**-**

2. Das Ausschalten der Baumstreifenbegrünung richtet sich nach der momentanen Konkurrenzkraft. Was wann zu tun ist, muß situationsspezifisch beurteilt werden.
- Kontrolle der Wasserkonkurrenz: Fühlproben, Tensiometer etc.
- Kontrolle der N-Konkurrenz: Nmin Bodenproben im Stadium C (Grünspitze-Mausohrstadium), Blattanalysen im T-Stadium, optische Beurteilung

Im Frühjahr nach der Blüte bis zum T-Stadium der Früchte besteht für den Obstbaum der höchste Stickstoffbedarf. In dieser Phase ist eine Begrünung besonders konkurrenzierend, da die Begleitpflanzen den meisten Stickstoff für sich beanspruchen. Das gleiche gilt bei Sommertrockenheit. Auch hier sind die Wurzeln der Gräser und Kräuter konkurrenzstärker als die Obstbaumwurzeln. Vielfach ist daher in diesen für die Baum- und Fruchtentwicklung kritischen Perioden der Pflanzstreifen unkrautfrei zu halten. Im Herbst – einer Phase mit geringem Stickstoffbedarf – ist eine Begrünung des Pflanzstreifens mit einer Reihe positiver Wirkungen, vor allem auf die Fruchtqualität, verbunden:
- verbesserte Ausfärbung der Früchte
- bessere Haltbarkeit (weniger Stickstoff und Kalium in den Früchten)
- Verminderung von Übergrößen
- Verhinderung der Stickstoffauswaschung
- ganze Bodenfläche sollte ökologisch möglichst wertvoll sein

Die Baumstreifen und die Fahrgassen sollten so gepflegt werden, daß für Nützlinge und Artenvielfalt gute Bedingungen geschaffen werden. Mähen ist nützlingsschonender als Mulchen. Die Fahrgassen bzw. Baumstreifen sollten alternierend gemäht werden. Blumenwiesen sind nach der Aussaat kaum zu etablieren.

Bodenpflege nach dem Sandwichsystem

Das „Sandwichsystem" ist ein am Forschungsinstitut für biologischen Landbau Frick entwickeltes, noch in Prüfung befindliches Verfahren zur Bodenpfege, das im wesentlichen 4 Ziele verfolgt:
- Einsatz einfacher und damit billiger Geräte ohne Tastarm
- Erhalt der erwiesenermaßen sehr günstigen Wirkung von Begleitpflanzen auf den Boden und indirekt auch auf die Fruchtqualität
- Vermeidung von Stamm- und Wurzelverletzungen
- Vermeidung bzw. Verringerung des Handarbeitsaufwandes im Stammbereich

Das Prinzip des Sandwichsystemes ist ein beidseitiges Hacken des Baumstreifens außerhalb des Stammbereiches von je ca. 50 cm Breite, bei gleichzeitigem Vorhandensein eines niedrig wachsenden, nicht zu mulchenden Begrünungsstreifens von 35–50 cm Breite in der Mitte des Pflanzstreifens. Das totale Bodenvolumen ohne Bewuchskonkurrenz pro Baum bleibt damit gleich groß wie bei ganzflächigem Hacken bzw. ist bedarfsgerecht variierbar.

Vergleich verschiedener alternativer Bodenpflegeverfahren im Bioobstbau (Kernobst), nach den Pflanzenschutzempfehlungen für den Erwerbsobstbau (modifiziert) der Eidg. Forschungsanstalt für Obst-, Wein- und Gartenbau, Wädenswil

Verfahren	Bemerkungen	Wo geeignet?
begrünte Baumstreifen	Begrünter Boden ist günstig für die Bodenstruktur, verhindert Erosion und Nährstoffverluste. Positiver Einfluß auf die Fruchtqualität. Einsaaten sind sehr arbeitsaufwendig und zuwenig lang beständig, deshalb wird eine natürliche Begrünung empfohlen. Im Frühjahr, wenn die Bäume einen hohen Stickstoffbedarf haben (April, Mai), oder im Sommer bei Trockenheit kann der Baumstreifen mechanisch bearbeitet werden, damit die Unkrautkonkurrenz vorübergehend ausgeschaltet wird. Die Mulch- bzw. Mäharbeit an der Stammbasis ist bei den zur Zeit auf dem Markt erhältlichen Geräten nicht ganz befriedigend. Der Bewuchs muß über Winter tiefer geschnitten sein. Zudem ist auf Mäuse regelmäßig und exakt zu kontrollieren.	ca. ab dem 4. Standjahr in Lagen mit ausreichendem Wachstum und genügend Niederschlägen
winterbegrünte Baumstreifen	Wie permanente Begrünung, jedoch generell im Frühjahr (vor der Blüte der Bäume) und bei Bedarf im Sommer mechanische Bearbeitung des Baumstreifens, um Konkurrenz zu vermindern.	ca. ab dem 4. Standjahr, auch in trockenen Lagen
mechanische Unkrautbekämpfung	Nur bei geringem Unkrautdruck ist gute Arbeit möglich (früh beginnen). Konserviert wirksam Bodenwasser, Unkraut bleibt in Stammnähe. Junge Obstbäume evtl. beiderseits mit Pflock schützen und möglichst flach bearbeiten, um Wurzelschäden zu vermeiden.	auf leichteren Böden mit wenig Steinen
abdecken mit Rinde	Gute Unterdrückung von Samenunkräutern, Dauerwirkung 3–4 Jahre. Fördert Dauerhumusbildung und verhindert Austrocknung sowie extreme Temperaturschwankungen im Boden. Nur auf gut abgetrocknete Böden ausbringen. Schichtdicke 10 cm, Streifenbreite 1,20 m.	humusarme, eher sommertrockene Lagen mit leichten Böden
abdecken mit Rapsstroh	Unkrautwirkung nur 1–2 Jahre. Einfaches Ausbringen von Hand oder mit der Maschine. Ähnlich günstige Effekte auf Boden wie Rinde, erhöht den Humusgehalt aber wenig. Einmal abedecken liefert ca. 100 kg Kali/ha und Jahr. Schichthöhe 15–25 cm, Streifenbreite 1,20 m; 20 Ballen pro 100 lfm.	nicht auf Böden mit Kaliumüberschuß
abdecken mit wasserdurchlässiger Mulchfolie	100%ige Unkrautwirkung, Verlegen ist mechanisierbar. Erhöht den Wassergehalt im Boden ähnlich wie Hacken. Wasserdurchlässige, strapazierfähige Folien erhältlich. Entsorgungsproblem der Folien, relativ hohe Kosten.	nur in Anlagen mit gutem Mäuseschutz, v. a. 1.–4. Standjahr
Holzschnitzel, diverse Kompostmaterialien	ungeeignet	

Perfekt-Reihenkehrer

Ladurner-Krümler

Müller – RPM-Reihenputzer

Humus Planet-Krümler

Clemens – Radius 859-Flachschar

Spedo TPE-Scheibenegge

Geräte zur Unterbaum-Bodenpflege

Baumstreifenmulcher

Als Baumstreifenmulcher kann jeder schnell reagierende Mulchtaster (z. B. elektrohydraulisch gesteuert) verwendet werden. Mit zunehmender Pflanzdichte ergeben sich allerdings Schwierigkeiten mit der Fahrgeschwindigkeit und Probleme mit Stammschäden.

Reihenkehrer

Durch das Herauskehren und Zerkleinern des Laubes kann das Schorfsporenangebot verringert werden. Außerdem kann die gekehrte Erde während der Spätfröste in der Nacht mehr Wärme abstrahlen, was eine Temperaturerhöhung um einige Grad ermöglicht.

Die Reihenkehrer werden vorzugsweise als Frontgeräte angebaut und mit einem Schnittholzhäcksler kombiniert.

Mechanische Baumstreifengeräte

Um den Bewuchs der Gräser zu regulieren, werden drei verschiedene Gerätetypen angeboten.

Flachschare mit hydraulischem Antrieb, die den Bewuchs knapp unter der Bodenoberfläche abschneiden und mit einem zusätzlichen Rotor zerkleinern. Bei nassem Boden kann es zum Verschmieren des Bodens kommen. Anhaltende Nässe nach dem Geräteeinsatz kann zum erneuten Anwachsen der unerwünschten Pflanzen führen. Bei zu engen Pflanzabständen ist die Wirkung ungenügend.

Kreiselgeräte erzielen z. T. sehr gute Ergebnisse bei der Unkrautregulierung. Der Boden wird durch rotierende Kreisel mit schrägstehenden Messern oder Sternen fein gekrümelt und mit den abgeschnittenen Unkräutern zur besseren Verrottung vermischt. Diese Geräte arbeiten auch bei hohem Bewuchs noch zufriedenstellend. Da diese Geräte mit hohen Anschaffungskosten verbunden sind, ist der Einsatz über Maschinenringe oder Investitionsgemeinschaften empfehlenswert.

Scheibeneggen mit Taster arbeiten den Boden entweder vom Baum weg oder zum Baum hin. Dabei kommt es zu einer starken Bodenverlagerung. Die einfache Technik sowie der günstige Anschaffungspreis haben in letzter Zeit zu einer zunehmenden Verbreitung dieser Geräte geführt. Scheibeneggen sind eher für leichte Böden geeignet.

Gerätebeschreibungen siehe *Anhang* Seite 298.

DÜNGUNG

Nach den Bio-Richtlinien dürfen Handelsdünger und wirtschaftseigene Dünger nur aufgrund von Bodenanalysen und gemäß dem Bedarf der Kulturen eingesetzt werden. Erst dann kann die zusätzlich noch benötigte Menge berechnet und in Form einer Düngung mit erlaubten Hilfsstoffen zugeführt werden. Die ausgewogene Düngung ermöglicht dem Boden, den Obstbäumen die Nährstoffe in harmonischem Verhältnis in genügenden Mengen zur rechten Zeit zur Verfügung zu stellen und hilft mit, die Bäume im physiologischen Gleichgewicht zu halten. Der Obstproduzent muß, will er bedarfsgerecht düngen, vor Beginn der Düngung den Nährstoffgehalt seines Bodens kennen.

Nährstoffbedarf von Kernobstanlagen

Die Nährstoffe, die die Pflanzen für das Wachstum und die Fruchtproduktion dem Boden entziehen, müssen durch Nachlieferung des Bodens und durch Düngung wieder ersetzt werden. Die Nährstoffaufnahme einer Apfelanlage im Vollertrag ist relativ gering. Bei einem Ertrag zwischen 25 t/ha und 50 t/ha werden 20–30 kg N, 5–15 kg P_2O_5, 50–80 kg K_2O, 17–20 kg CaO und 6–8 kg MgO von den Bäumen aufgenommen (Greenham, 1980). Die gedüngten Nährstoffe kommen nicht in vollem Umfang den Obstgewächsen zugute, weil Nährstoffe durch Auswaschung, Abschwemmung und Festlegung verloren gehen können. Durch Mineralisierung und Verwitterung werden andererseits ständig Nährstoffe aus dem Bodenkörper pflanzenverfügbar gemacht.

Eigenregulierung der Nährstoffaneignung

Im wurzelnahen Bereich **(Rhizosphäre)** erfolgt eine wesentlich höhere Freisetzung von Kalium, Phosphor und Stickstoff als im wurzelfernen Boden. Hierbei sind chemische und mikrobiologische Prozesse gleicherweise von Bedeutung. Beim Apfel ist eine Infektion der Baumwurzel mit den im Boden allgemein verbreiteten **Mycorrhizapilzen** für die Phosphorversorgung von besonderer Bedeutung. Aber nicht nur mit Hilfe des Mycorrhizapilzes kann sich der Apfel an eine verminderte Nährstoffverfügbarkeit anpassen. Grundsätzlich besitzen die Pflanzen hierzu zwei Möglichkeiten:

- durch ein verbessertes Wurzelwachstum: vergrößerte Wurzeloberfläche und damit verbesserte räumliche Verfügbarkeit der Nährstoffe
- durch **pH-Wertveränderungen** oder **Wurzelabscheidungen** in der Rhizosphäre

Methoden der Nährstoffbedarfsermittlung

Bodenuntersuchungen

Die Bodenuntersuchung ist ein gebräuchliches Mittel, um die spezifischen Eigenschaften und den Nährstoffzustand eines Bodens kennenzulernen und über die Zeit zu verfolgen (siehe Kapitel *Planung und Erstellung einer Bioobstanlage*). Aufgrund der Ergebnisse einer Bodenanalyse kann ein Düngungsplan erstellt werden.

Die Verfügbarkeit der Nährstoffe im Boden ist abhängig vom Wasserhaushalt, von der pflanzennutzbaren Tiefe, von der Bodenart, vom Steinanteil und von der biologischen Aktivität. Die Bodenanalyse gibt jedoch kaum Aufschluß über den physikalischen und biologischen Zustand des Bodens. Trotz hoher Nährstoffgehalte können Bodenverdichtungen und Staunässe die Nährstoffverfügbarkeit beeinträchtigen. Eine

Begutachtung des Bodenprofiles oder von Spatenproben ist deshalb zur Abklärung der Notwendigkeit von Bodenverbesserungsmaßnahmen besonders wichtig (siehe Kapitel *Bodenvorbereitung*). Bodenanalysen können in 2 Gruppen eingeteilt werden. Die erste Gruppe ermöglicht die Erstellung einer Visitenkarte des Bodens: **Bodenart** (Tongehalt), **Humusgehalt** und **pH-Wert.** Die zweite Gruppe erfaßt den Nährstoffzustand des Bodens: die wasserlöslichen, pflanzenverfügbaren Nährstoffe **Phosphor** (P), **Kalium** (K), **Magnesium** (Mg) und **Kalzium** (Ca) und die **Reserven an P, K, Ca und Mg** durch eine **CAL-, DL- oder AL-Extraktion.** Die Resultate beider Analysen werden für die Düngungsberechnung verwendet. In den biospezifischen Routineuntersuchungen wird zusätzlich die **biologische Aktivität des Bodens** untersucht.

Die Nmin-Methode zur N-Bedarfsermittlung

Zu den mineralischen Stickstoffen **(Nmin)** zählen **Nitrat** (NO_3^-), **Nitrit** und **Ammonium** (NH_4^+). Nitrit ist ein Zwischenprodukt bei der Nitrifikation und Denitrifikation und tritt im Boden nur in Mengen auf, die vernachlässigt werden können. Die Ammoniummenge hängt stark vom pH-Wert des Bodens ab und steigt mit zunehmendem Säuregrad.

Zeitpunkt der Nmin-Analysen

Die Nmin-Analysen sollten ca. **Ende März bis Anfang April** durchgeführt werden. Der ertragsbegrenzende Faktor ist das Nmin-Angebot im Frühjahr. Während der Hauptwachstumsphase von Mitte Mai bis Mitte Juli reicht die N-Nachlieferung nicht immer aus, um den Bedarf der Bäume vollständig zu decken. Deshalb sollte zur Apfelblüte ein ausreichender Nmin-Vorrat vorhanden sein.

Probenahme

Die Bodenprobe sollte im Pflanzstreifen von zwei Horizonten (0–20 cm, 20–40 cm) gezogen werden. Die Hauptmasse der Baumwurzel befindet sich in einer Tiefe von 0–40 cm. Nach der Probenziehung muß die Probe rasch ins Untersuchungslabor gebracht werden. Für den Transport der Proben sind Kühltaschen zweckmäßig. Die Analyse wird von den Landesuntersuchungsanstalten oder von mobilen Beratungslabors der Landwirtschaftskammern durchgeführt. Die Interpretation der Analyseergebnisse erfolgt in graphischer Form.

Für den Praktiker gibt es die Möglichkeit einer halbquantitativen Analyse über Nitrat-Teststreifen (Firma Merck), die sich je nach Nitratgehalt in der Bodenlösung unterschiedlich stark verfärben. Der Nitratgehalt wird durch den Vergleich mit einer Referenzfarbskala ermittelt. Eine genauere Bestimmung des Nitratgehaltes ist mit Hilfe eines Photometers (z. B. Reflektoquant-Analysengerät), das auf dem Prinzip der Reflektometrie beruht, möglich.

Nährstoffbedarfsermittlung durch Blattanalysen

Neben der Bodenuntersuchung kann unter bestimmten Voraussetzungen auch eine Pflanzenanalyse Auskunft über den Ernährungszustand der Obstpflanzen geben. Sie zeigt die direkt aufgenommenen Nährstoffmengen an und erlaubt damit eine Aussage über den eigentlichen Ernährungszustand der untersuchten Obstgewächse. Die Blattanalysen sollten die Bodenanalysen nicht ersetzen, sondern nur ergänzen.

	Bodenanalyse	**Blattanalyse**
Methoden	unterschiedlich	einheitlich
Extraktion	pflanzenverfügbare Nährstoffe	Gesamtnährstoffe
Vergleichbarkeit	nur teilweise gegeben	ist gegeben
Standorteinflüsse auf Nährstoffaufnahme	teilweise berücksichtigt	werden berücksichtigt
Probenahme	aufwendig	einfacher durchführbar
Analyse	länger als 1 Woche	kürzer als 1 Woche
Nährstoffbedarfsermittlung	für mehrere Jahre	Momentaufnahme

Zeitpunkt der Blattanalysen

In der Praxis haben sich zwei Zeitpunkte der Probennahme für die Blattanalysen herauskristallisiert:
1. frühe Blattanalyse (Ende Mai – Anfang Juni)
2. späte Blattanalyse (Ende Juli – Anfang August)
Aufgrund der relativ späten Analyseergebnisse (im August) sind kaum mehr Korrekturmaßnahmen für dieselbe Vegetationsperiode möglich. Aus diesem Grund ist die Akzeptanz der späten Blattanalysen in der Praxis relativ gering, so daß die Präferenz heute eindeutig bei der frühen Blattanalyse liegt.

Was spricht für die frühe Blattanalyse?
- Die Blattanalyse zum Zeitpunkt des höchsten Nährstoffbedarfes gibt bessere Hinweise über Unter- oder Überversorgung.
- Ein Ungleichgewicht in der Nährstoffversorgung wirkt sich in dieser Wachstumsphase stärker aus als zu einem späteren Zeitpunkt.
- Der Obstbauer kann noch in der selben Vegetationsperiode über Düngungsmaßnahmen auf allfällige Nährstoffmängel reagieren.

Interpretation der Analyseergebnisse
- die Auswertung der Ergebnisse von Blattanalysen darf nicht nach einem starren Schema erfolgen
- es existieren verschiedene PC-unterstützte Interpretationsschemen
- die Interpretation sollte durch oder gemeinsam mit dem Berater erfolgen
- die graphische Darstellung der Ergebnisse erleichtert die Interpretation
- unterschiedliche Sortenansprüche sollten mitberücksichtigt werden
- folgende Faktoren sind bei der Interpretation miteinzubeziehen:
  - Witterung der letzten 14 Tage
  - Triebwachstum – Schnittintensität
  - Behangdichte
  - Blattdüngungsmaßnahmen

- Bodenanalyseergebnisse
- Beobachtungen im Bestand (Blattentwicklung, Blattfarbe etc.)

Probenahme

Eine Probe umfaßt 100 Blätter, wobei immer die 2 mittleren Blätter von Kurz- bzw. Langtrieben entnommen werden sollten. Je Baum sind von 2 Trieben die Blätter zu entnehmen, das ergibt in der Summe 25 Bäume pro Anlage. Auszuwählen sind Durchschnittsbäume mit normaler Behangdichte. Die Triebe sind aus dem mittleren Bereich der Baumkrone auszuwählen, die Blätter müssen gut belichtet sein (Sonnenblätter). Die Probenahme darf nicht nach stärkeren Regenfällen, intensiver Beregnung und nach Blattdüngungsmaßnahmen erfolgen. Die Probe sollte in Säckchen mit Luftführung verpackt, mit einem Begleitschreiben versehen und rasch an das Untersuchungslabor gebracht bzw. geschickt werden. Eine sorgfältige Probennahme bestimmt wesentlich die Aussagekraft der Blattanalyse.

Praktische Düngung im Bioobstbau

Grundsätzlich müssen im biologischen Landbau alle Maßnahmen zur Förderung der Bodenfruchtbarkeit ausgeschöpft werden. Dazu zählen eine sorgfältige Bodenvorbereitung, schonende Bodenbearbeitung, Optimierung der Humusversorgung und die Düngung mit aufbereiteten Wirtschaftsdüngern. Mit Hilfe einer optimalen Bodenfruchtbarkeit wird die Kulturpflanze ausreichend mit Nährstoffen versorgt. In der biologischen Obstproduktion sind keine leicht löslichen N-, P- und Ca-Dünger oder chlorhaltige K-Dünger erlaubt. Die biotauglichen Handelsdünger lt. EG-VO 2092/91 Anhang II dürfen nur bei ausgewiesenem Mangel, nicht aber zur Entzugsdüngung eingesetzt werden. Die im Bioanbau erlaubten Düngemittel und Bodenverbesserer sind im Anhang des Buches angeführt.

Stickstoffdüngung im biologischen Obstanbau

Der jährliche Stickstoffbedarf der Obstbäume ist mit etwa 30 kg N/ha relativ gering. Eine Unterversorgung mit N in der kritischen Phase nach der Blüte (Zellteilungsphase) kann die Holzbildung, den Fruchtansatz sowie die Bildung und die Qualität von Blütenknospen erheblich reduzieren. Andererseits kann bereits eine geringe N-Überversorgung zu übermäßigem Triebwachstum führen und das Auftreten von physiologischen Störungen, verbunden mit Haltbarkeitsproblemen, fördern. Auch das Schädlings- und Krankheitsauftreten wird durch eine übermäßige Stickstoffdüngung verstärkt.

Der N-Bedarf der Obstgehölze schwankt innerhalb der Vegetationsperiode und ist in erster Linie auf die Monate April bis Juli, mit einem Maximum im Juni, beschränkt. Der N-Bedarf im Frühjahr wird zur Hälfte aus den baumeigenen Reserven gedeckt. Eine dem Bedarf angepaßte N-Versorgung ist somit eher eine Terminfrage als eine Frage der Stickstoffmenge. Im Bioanbau sind nur wenige, relativ schnell mineralisierbare N-Dünger erlaubt. Daher ist hier der Zeitpunkt der N-Düngung exakt zu terminisieren. Eine allfällige Konkurrenz durch Begleitpflanzen im Baumstreifen ist rechtzeitig, z. B. durch mechanische Bearbeitung, zu regulieren, damit die Mineralisierung gefördert wird und der Stickstoff den Bäumen zugute kommt. Die N-Versorgung einer Obstanlage sollte über **Nmin-Analysen** optimiert werden.

Richtlinien für die Stickstoffdüngung nach Nmin

Nmin-Wert	Stickstoffnachlieferung	Empfohlene Düngung N kg/ha
< 30 kg/ha	mäßig	30–50 kg
	gut	< 30 kg
30–50 kg/ha	mäßig	0–30 kg
	gut	0 kg
> 50 kg/ha	gut	0 kg

Allgemeine Bemerkungen zu den Nmin-Untersuchungen

Zwischen den Nmin-Werten und dem Humusgehalt des Bodens gibt es eine enge Beziehung. Je höher der Humusgehalt, desto mehr mineralischer Stickstoff steht der Pflanze zur Verfügung. Die Mineralisierung des Stickstoffs setzt im allgemeinen ab Mitte April verstärkt ein. Ist der Nmin-Gehalt im Boden im Frühjahr niedrig (< 30 kg/ha), liegen auch die Blatt- und Fruchtstickstoffwerte im unteren Bereich. Im Gegensatz dazu bedingen hohe Nmin-Werte im Frühjahr (> 50 kg/ha) auch hohe Stickstoffgehalte in Blatt und Frucht. Je nach Humusgehalt sind im Boden pro ha 2.000 bis 10.000 kg Reinstickstoff organisch gebunden. Durch die Mineralisierung werden im Durchschnitt 70–140 kg/Reinstickstoff (N) pro ha und Jahr frei und stehen den Kulturen zur Verfügung. Die Natur liefert uns demnach jährlich ca. 300–500 kg eines 27%igen Stickstoffdüngers, der bei der Gesamstickstoffbemessung berücksichtigt werden muß (Faustregel: **1% Humus kann ca. 30–40 kg Stickstoff/ha und Jahr liefern**).

Leider ist das saisonale Angebot oft nicht auf den Bedarf abgestimmt, so daß es trotzdem in bestimmten Vegetationsabschnitten, speziell in der Phase nach der Blüte, zu einer Unterversorgung mit Stickstoff kommt.

Kalk- und Kalziumdüngung

Die genügende Versorgung der Obstbäume mit Calcium (Ca) ist für die Produktion von lagerfähigem Qualitätsobst von enormer Bedeutung. Es werden zwar nur ca. 3 kg Ca pro ha und Ernte im Fruchtfleisch, vor allem in die Zellwände der Früchte, eingelagert, aber schon geringe Ca-Defizite führen zu labilen Zellwänden und zu physiologischen Störungen. Im Bioanbau sind nur langsam wirkende Kalkdünger erlaubt, wie z. B. das Calciumcarbonat (kohlensauerer Kalk, Kalkmergel, Meeresalgen), Calcium-Magnesiumcarbonat (Dolomit) und Calciumsilikat (Hüttenkalk). Zur Ca-Versorgung werden in erster Linie Kalkdünger ($CaCO_3$) eingesetzt. Sie dienen vorwiegend zur Erhöhung des pH-Wertes im Boden sowie zur Strukturverbesserung und Strukturerhaltung. Die schnell wirkenden Kalkdünger, wie Lösch- und Branntkalk ($Ca[OH]_2$ bzw. CaO), sind wegen ihrer ätzenden Wirkung auf die Bodenorganismen nicht erlaubt. Bei nachweislichem Calciummangel darf auch Calciumchlorid ($CaCl_2$) als Blattdünger eingesetzt werden.

Wichtige biologische Düngemittel für den Obstbau

Organische Düngemittel zur Bodenverbesserung

Wirtschaftseigene organische Düngemittel sind in erster Linie Bodendünger und wegen ihres Gehaltes an organischer Substanz, Ausgangsstoffe für die Humusbildung. Sofern die Bodenanalyse zu niedrige Humuswerte ausweist, ist eine **organische Düngung** unbedingt zu empfehlen. Sinnvoll im Sinne einer funktionierenden Kreislaufwirtschaft ist der Einsatz wirtschaftseigener organischer Düngemittel. Die Verwendung organischer Düngemittel ist unbedingt im Düngungsplan zu berücksichtigen.

Wirtschaftseigene Humusdünger

Stallmist

Gut verrottet, Ausbringung Spätherbst, Winter; ca. **20–30 t/ha.** Besonders dankbar für Stallmistgaben sind **Beerenobst** und **alle flach wurzelnden Unterlagen** (M 9, M 27, Quitte C bei Birne). Bei **Jungbäumen** hat sich das Abdecken der Pflanzstreifen mit Stallmist bewährt.

Kompost

- ideale Humusquelle
- Humusaufbau durch organische Substanz
- reich an Nährstoffen und Bodenlebewesen
- Steigerung der biologischen Aktivität im Boden
- langsame Freisetzung der Nährstoffe
- Verminderung der Nährstoffauswaschung
- Zuerwerb durch Übernahme von biogenen Abfällen
- Einsparung bzw. Verzicht von Mineraldünger

Ganzflächige Ausbringung bzw. Pflanzstreifendüngung

Nach Planierarbeiten mit viel freigelegtem totem Boden bewirkt das eine Humuszufuhr und eine rasche Bodenbelebung. Nach Schubarbeiten ist es sinnvoll, die **gesamte Fläche** mit Stallmist bzw. **Kompost** (30–40 m^3/ha, 2–3 kg/m^2) zu „impfen“ und damit für die **Bodenbelebung** zu sorgen. Wegen der variablen Zusammensetzung von Komposten sollten diese vor der Anwendung analysiert werden und die Nährstoffgehalte in der Düngungsbilanz miteinbezogen werden.

Pflanzlochdüngung: Beim Pflanzen 10–20 Liter je Pflanzstelle verwenden.

Organische Düngemittel zur Nährstoffversorgung

Neben den wirtschaftseigenen organischen Düngern werden bevorzugt Produkte angeboten, die von Tierabfällen stammen. In letzter Zeit werden – aus Mangel an genügend Tierabfällen – auch Pflanzenrückstände, besonders von ölhaltigen Früchten, verwendet. Es handelt sich dabei um Preßrückstände von Ölsaaten (Raps, Sonnenblumen, Rizinus, Weintraubenkerne, Oliven, Erdnüsse u. ä). Auch Meeresalgen gewinnen aufgrund ihres hohen Spurenelementeanteiles und des Gehaltes an Aminosäuren ständig an Bedeutung.

Rizinusschrot
Preßrückstand aus den Saaten der Rizinuspflanze. Rizinusschrot wird bevorzugt als Stickstoffdünger und als Bodenaktivator eingesetzt. Die Aufwandsmengen richten sich nach den Ergebnissen der Nmin-Untersuchungen und dem Bedarf der Kulturpflanzen und liegen zwischen 800–1.500 kg/ha.

Ölraps-, Erdnuß-, Sonnenblumenschrot u. a.
Sie besitzen auch nach dem Pressen noch einen hohen Ölanteil; der Ballaststoffanteil wird später in Humus umgesetzt. Alle diese Dünger gelten als stickstoffreich.

Düngerart	Eiweiß%	Gesamt N%
Rapskuchen	35	5,2
Leinkuchen	32–36	4,7–5,3
Distelkuchen	32–35	4,7–5,2
Sonnenblumenkuchen	35–38	5,2–5,6
Hanfkuchen	30–40	4,4–5,9
Mohnkuchen	30–40	4,4–5,9
Kürbiskernkuchen	57–60	8,4–8,8
Sesamkuchen	35–40	5,2–5,9
Erdnußkuchen	60–65	8,8–9,6
Wal-, Haselnußkuchen	50–55	7,4–8,1

Kalke, Gesteinsmehle und Ton
Diese Substanzen werden ebenfalls im Bereich der biologischen Düngung eingesetzt. Sie dienen in erster Linie der Bodenverbesserung. Außerdem können sie die Komposte auf natürlichem Wege verbessern.

Düngemittel aus Tierabfällen

Tier- und Blutmehle
Tiermehle bzw. Blutmehle werden in feinpulverisierter Form angeboten und stellen einen hochwertigen, relativ rasch wirkenden organischen Stickstoffdünger (9 bzw. 12% N) dar. Probleme bereitet die Staubentwicklung bei der Ausbringung. Die Düngung sollte nur bei Windstille erfolgen. Weiters ist beim Düngen das Tragen von Staubmasken bzw. die Verwendung von Traktoren mit klimatisierten Kabinen empfehlens-

wert. Für die Ausbringung geeignet sind alle Düngerstreuer, die staubförmige Düngemittel exakt verteilen können.

Hornmehle, Horngries, Hornspäne

Sie werden aus vermahlenen Tierhörnern und -hufen gewonnen und sind ebenfalls relativ schnell wirksam, wobei die Feinheit der Vermahlung für den jeweiligen Einsatz wichtig ist. Allerfeinste Vermahlungsgrade (Hornmehle) sind sehr rasch wirksam (10–14 Tage, Problem: Abtrift bei Wind), mittlere (Horngriese) in etwa 4 und gröberer Schrot (Hornspäne) in ca. 8–10 Wochen. Bei einer Mischung aller drei Fraktionen hat man eine über die gesamte Saison hinfließende Stickstoffquelle.

Knochenmehle

Sie sind besonders für die Phosphor- und Kalkversorgung des Bodens geeignet. Knochenmehle werden aus Knochenabfällen der Schlachthäuser hergestellt. Vor der Vermahlung werden sie mit Heißdampf behandelt und entfettet. Allerdings sollte diese Entfettung nicht mit Tetrachlorkohlenstoff oder ähnlichen giftigen Substanzen erfolgt sein. In diesem Fall ist das Knochenmehl nicht für einen Einsatz in biologischen Kulturen geeignet.

Organische Dünger (Gehalte in Prozent der Trockenmasse)

Dünger	Organ. Substanz	N	P_2O_5	K_2O	MgO
Hornspäne	80–90	12–14	5	0,2–0,8	0,6–1,2
Rizinusschrot	75	5– 6	2	1	0,3
Rapskuchen	70	5	0,9	1,5	
Vinasse	50	3,5	0,4	7,5	
Tiermehl	90	9	5	0	
Biosol kaliarm	85	6,5	1	1,5	
Blutmehl	85	12	0,2–2,5	0,4–1,7	0,2–0,5
Haar- oder Federmehl	75–80	13	–		–
Knochenmehl:					
entfettet	45	6	15	0,1	0,6
entleimt	15	1	31	0,3	0,6
Stroh	60	0,4	0,2	1	0,1
Rindenkompost	50	0,3	0,1	0,2	0,1
Stallmist	20–25	0,5	0,3	0,5	0,2
Trester	60	0,45	0,35	0,13	–
Schnittholz	60	0,8	0,25	0,8	0,2
Grünschnitt-kompost	25	0,2	0,1	0,15	0,4
Guano	50	6– 7	4–6	2,0–3,0	3–4,5
Hühnermist getr.	60	4	5	3	

BLATTDÜNGUNG IM BIOOBSTBAU

Tierische Eiweiße in flüssiger Formulierung

Aminoblattdünger enthalten 55% Aminosäuren, Peptide und 9% organisch gebundenen Stickstoff sowie die von Natur aus in tierischem Eiweiß enthaltenen Haupt- und Spurennährstoffe. Durch die Anwendung dieser Blattdünger in der Phase des höchsten N-Bedarfes (abgehende Blüte T-Stadium) können kurzfristige Unterversorgungen überbrückt werden. Sinnvoll ist eine Anwendung nur, wenn Blatt- bzw. Bodenanalysen Stickstoffmangel ausweisen. Diese Produkte sind nicht mit mineralölhältigen Produkten und mit Kupfer mischbar. Der Vorteil dieser Präparate liegt auch in der Verbesserung der Haftfähigkeit von Pflanzenschutzmitteln und Blattdüngern.

Mittel/Handelsname	Anwendungsempfehlung (lt. Hersteller)
Aminosol (Fa. Lebosol)	Kern-, Stein- und Beerenobst: 0,5–1,0% (Nachblüte Kernobst nur 0,2%)
Siapton (Fa. Siapa)	Anwendung: 0,3–1,0%

Vinasse Flüssigdünger

Vinasse ist ein organischer Flüssigdünger, der als Nebenprodukt in der Zuckerrübenaufbereitung anfällt. Er enthält 3–5% Stickstoff, 0,14–2,0% Phosphat und 5,0–7,5% Kalium sowie Spurenelemente, Vitamine und Enzyme. Vorsicht ist bei Mischungen mit Schwefel und Kupfer in hohen Konzentrationen angebracht.

Mittel/Handelsname	Anwendungsempfehlung (lt. Hersteller)
BioTrissol (Fa. Neudorff)	Anwendung: 1–2mal in die Vorblüte, 2–3mal in die Nachblüte, Aufwandsmenge 5 l/ha
Provita-Naturprodukt Vinasse	Anwendung: 0,3–0,5%

Bei nachweislichem Mangel können weiters folgende Blattdünger eingesetzt werden:

- **Kalziumchlorid** bei Calciummangel, gegen Stippe und u. a. physiologische Störungen
- **Magnesiumsulfat** (Bittersalz) bei Magnesiummangel
- **Spurennährstoffe:** Bor, Zink, Eisen, Kupfer, Mangan und Molybdän in Form von Sulfaten und Chelaten

AUSDÜNNEN IM BIOOBSTBAU

Unter Ausdünnen versteht man das Entfernen überzähliger Blüten oder Früchte. Die **Ziele des Ausdünnens** sind zum einen die **Verhinderung der Alternanz** und zum anderen **die Verbesserung** der **inneren und äußeren Fruchtqualität.**

Verhinderung der Alternanz

Eines der wichtigsten Ziele des Ausdünnens ist die Verhinderung der Alternanz, d. h. die Erhaltung einer regelmäßigen Fruchtbarkeit.

Ein Baum setzt in günstigen Jahren (Assimilatüberschuß, geringer Fruchtbehang) viele Blütenknospen an. Im folgenden Jahr **(Tragjahr)** fehlen ihm dann die Assimilate, da sie von den jungen Früchten zur Gänze verbraucht werden. Gleichzeitig bilden die Jungfrüchte Phytohormone (Auxine, Gibberelline), die ebenfalls die Bildung der Blütenknospen hemmen. Der Baum setzt daher keine bzw. zu wenig Blütenknospen an. Die Folge ist ein **Rastjahr,** in dem er nur wenige Früchte trägt. Dadurch entsteht ein Assimilatüberschuß, der den Baum wieder zur Bildung von übermäßig vielen Blütenknospen veranlaßt.

Alternanz kann auch durch **Spätfrost** ausgelöst werden, der in einem Frühjahr den gesamten Blütenknospenansatz vernichtet. Besonders häufig alternieren **Äpfel, Birnen** und **Zwetschken.** Bei Kirschen ist sie dagegen kaum zu finden.

Dieser Zustand der Alternanz hält sich oft sehr hartnäckig über viele Jahre, falls der Mensch nicht regulierend eingreift. Durch das Entfernen überflüssiger Blüten oder Früchte wird der Baum entlastet. Er hat dadurch noch genügend Assimilate zur Bildung von Blütenknospen für das nächste Jahr, und auch die Blütenknospen hemmende Wirkung der Phytohormone, die in den Samen der Jungfrüchte synthetisiert werden, fällt weg. Gelingt es durch das **Ausdünnen** alternierende Sorten zum gleichmäßigen Tragen zu bringen, so können bei gleichzeitiger **Qualitätsverbesserung** die **Durchschnittserträge um 15–20% erhöht** werden. Zur Behebung der Alternanz wird meistens zu schwach ausgedünnt. Bei guter Blüte genügen für einen Vollertrag **5–10% der Blüten,** die sich zu Früchten entwickeln. Entscheidend für ein gleichmäßiges Ertragsverhalten der Obstbäume ist das Verhältnis der Blätter zur Fruchtzahl. Das optimale Verhältnis Blatt : Frucht zur Verhinderung der Alternanz liegt bei ca. **30–40:1 (d. h. mind. 30–40 Blätter je Frucht).** Um stark alternierende Sorten zum Ertragsausgleich zu bringen, ist **eine größere Blattmasse** erforderlich. In zahlreichen Versuchen hat sich ein vollständiges Ausdünnen der halben Baumseite als sehr effiziente Maßnahme zur Alternanzbrechung erwiesen.

Förderung der Fruchtqualität

Die äußere Qualität der Früchte und somit der Preis hängen wesentlich von der Größe der Früchte ab. Ein Produzent, der gute Erlöse aus seinem Obst erzielen will, muß Partien mit qualitativ guten Früchten und hohem Anteil an großen Kalibern erzeugen.

Alternanz ist eines der größten Probleme im Bioobstbau

Das Obst erzielt im Normalfall auf dem Markt mit steigender Qualität und Größe einen höheren Preis. Sortentypische Fruchtgrößen können aber nur bei optimalem Fruchtbehang erzielt werden.

Da die Ernährung der Frucht weitgehend von den verfügbaren Assimilaten abhängt, muß auch für die Ausbildung einer optimalen Fruchtqualität für **jede Frucht eine Mindestanzahl an Blättern** vorhanden sein. Beim Apfel sind z. B. für eine gute Qualität der Früchte etwa **20–30 vollentwickelte Blätter** je Frucht erforderlich, und zwar am dazugehörigen Fruchttrieb. Die Blätter an Langtrieben zählen dabei nicht. Bei großfrüchtigen und kleinblättrigen Sorten und schlecht belichteten Kronenteilen ist im allgemeinen eine größere Blattzahl notwendig. Bei weniger Früchten am Baum wird sich das Verhältnis Blatt : Frucht positiv entwickeln. Überzählige Früchte müssen entfernt werden, da die Fruchtgröße sonst stark leidet. Aber nicht nur die Fruchtgröße ist für die Qualität entscheidend, sondern auch die morphologische und biochemische Vollentwicklung einer Frucht. Schlecht entwickelte Früchte werden beim Dünnen entfernt. **Qualitätssteigerung** wird in erster Linie durch **Handausdünnung** erzielt. Zahlreiche Versuche haben die wirtschaftliche Bedeutung des Ausdünnens zur Steigerung der Qualität deutlich bewiesen. Je mehr Früchte ein Baum zu versorgen hat, desto geringer wird auch die innere Qualität (Gehalt an Inhaltsstoffen, Geschmack) dieser Früchte sein.

Zeitpunkt des Ausdünnens

Der Zeitpunkt kann je nach beabsichtigtem Zweck sehr verschieden sein. Ein **Einfluß auf die Alternanz** ist **nach dem Junifruchtfall** nur mehr in **sehr geringem Umfang** möglich. Am günstigsten ist es, schon **die Blüten** (Blütenausdünnen) zu **entfernen.** Dadurch können viele Assimilate, die sonst zur Entwicklung der Jungfrüchte benötigt würden, eingespart werden. Ein frühes Ausdünnen bedeutet aber ein Risiko, weil man das Ausmaß von eventuellen Spätfrostschäden und des natürlichen Fruchtfalles noch nicht absehen kann. Leider kann man aber zur Behebung der Alternanz dieses zweifellos bedeutende Risiko nicht vermeiden.

Wenn durch das Ausdünnen **nur die Fruchtqualität verbessert** werden soll, kann es auch nach dem Junifall erfolgen. Eine beachtliche Qualitätsverbesserung ist aber selbst bei einer Ausdünnung bis einige Wochen vor der Ernte festzustellen. Sie wirkt sich bei Apfel und Birne bis etwa 4 Wochen vor der Ernte noch günstig aus; bei Frühsorten kann selbst das Auspflücken der ersten reifen Früchte 2 Wochen vor der Haupternte den verbleibenden Behang merklich fördern.

Methoden des Ausdünnens

Die Blütenbeschränkung kann schon **beim Baumschnitt** durch stärkeres Auslichten des älteren Fruchtholzes erfolgen. Der Baum darf aber nicht zu stark geschnitten werden, um nicht das Wachstum unnötig anzuregen. Die Durchführung des Ausdünnens kann im Bioobstbau verschieden gehandhabt werden:

- **Handarbeit (manuell)**
- **Ausdünnmaschine (mechanisch)**
- **chemische Ausdünnung mit Bioausdünnmittel (Biofungizide und -insektizide)**

Handausdünnung (Manuelle Ausdünnung)

Blütenausdünnung

Die sicherste Methode, um die Regelmäßigkeit der Erträge bei alternierenden Sorten zu fördern, ist die **manuelle Blütenausdünnung**. Vor dem Entfernen der Blütenbüschel (Schere oder händisches Ausbrechen) ist jedoch eine **Bonitur der Blühstärke** empfehlenswert (Boniturschema 1–9). Nur Bäume mit einer Blühstärke 7 bis 9 sollten einer Blütenausdünnung unterzogen werden. Der beste Zeitpunkt für diese sehr effektive Maßnahme ist das **Rotknospen- bis Ballonstadium**. Mindestens die Hälfte bis zu drei Viertel der Blütenbüschel sollten zur Erzielung eines alternanzbrechenden Effektes entfernt werden. Sinnvoller Weise ist diese Maßnahme nur bei kleineren Bäumen zu empfehlen, da ab einer bestimmten Baumgröße der Handarbeitsaufwand zu groß wird. Bäume mit einer **Blühstärke von 5** bedürfen keiner Ausdünnung und zeigen im nächsten Jahr die gleiche Blühintensität (**blühstabile Bäume** im physiologischen Gleichgewicht).

Blühboniturschema zur Beurteilung der Ausdünnintensität

Blühstärke	Blütenbesatz	Ausdünnung
1	keiner	keine
2	sehr gering	keine
3	gering	keine
4	gering – mittel	keine
5	mittel	eventuell
6	mittel – hoch	ja
7	hoch	ja
8	sehr hoch	ja
9	Weißblüte	ja

Fruchtausdünnung

Die **Handausdünnung nach dem Junifruchtfall** dient in erster Linie der **Qualitätsverbesserung** (äußere und innere Qualität) der Früchte. Die **alternanzbrechende Ausdünnung** (mechanisch, chemisch oder händisch) um oder kurz nach der Blüte kann eine **manuelle Ausdünnung** nach dem Junifruchtfall **nicht** ersetzen. Folgende **positive Effekte** werden durch das händische Ausdünnen erreicht:

- **bessere Fruchtgröße**
- **höherer Deckfarbenanteil**
- **mehr Inhaltsstoffe, wie Zucker, Säure und Vitamine (mehr Geschmack)**
- **höhere Fruchtfleischfestigkeit**
- **steigende Blühwilligkeit der Bäume**
- **größere Ernteleistung**
- **Verminderung des Sortieraufwandes**

Vorteile des Handausdünnens	Nachteile des Handausdünnens
geringes Risiko schlecht entwickelte Früchte können entfernt werden Zeitpunkt kann nach Bedarf gewählt werden	sehr arbeitsaufwendig bei spätem Zeitpunkt keine Wirkung gegen Alternanz

Neuerdings werden im Bioobstbau bei starkem Blütenansatz mechanisches und händisches Ausdünnen **kombiniert:**

- Vor der Blüte erfolgt die Entfernung überzähliger Knospen bzw. Blütenbüschel mit **Hilfe der Ausdünnmaschine.** Dadurch werden die Bäume frühzeitig entlastet **(Brechung der Alternanz)**.
- Um hohe Fruchtqualitäten zu erreichen, ist **ein zusätzliches Ausdünnen mit der Hand** unmittelbar nach dem Junifall erforderlich.
- Im August ist ein weiteres Auspflücken unterentwickelter Früchte vorteilhaft.

Die Handausdünnung allein kommt wegen des hohen Arbeitsaufwandes von **100–300 Stunden/ha** wohl kaum in Frage. Sie bleibt aber in Junganlagen, bei stippeanfälligen Sorten mit nicht zu starker Blüte sowie zum Nachdünnen bei reichtragenden Sorten und unbefriedigender Wirkung der chemischen bzw. mechanischen Ausdünnung das einzig richtige Ausdünnverfahren.

Beim Handausdünnen von Kernobst ist zu beachten:
- Die **Fruchtstiele** sollten **am Baum** verbleiben.
- Vielfach wird je Blütenbüschel nur eine Frucht belassen. Es ist aber besser, einige Blüten- bzw. Fruchtbüschel ganz zu entfernen (weil dann dort eher Blütenknospenbildung zu erwarten ist) und auf den verbleibenden **Büscheln** dafür **2 bis max. 3 Früchte** stehen zu lassen. Die ganz entlasteten Sprosse haben dadurch alle Assimilate für die Blütenknospenbildung zur Verfügung. Auch der hemmende Einfluß der Phytohormone (synthetisiert in den Samen der Jungfrüchte) auf die Blütenknospenbildung fällt weg. Durch frühzeitiges Handausdünnen kann somit die **Alternanz** vermindert werden.
- Aus der Zentralblüte entstehen oft **unförmige Früchte,** die beim Dünnen entfernt werden sollten.
- Ebenso werden die kleinsten und **in der Entwicklung nachhinkenden Früchte** (an der spitzen Kelchpartie erkenntlich) ausgedünnt. Sie können den Entwicklungsvorsprung der größeren Früchte bis zur Ernte nicht mehr aufholen.
- **Schlecht entwickelte Früchte** (besonders vom Bauminneren) sollten beim händischen Dünnen entfernt werden. Im besonderen sind dies:
  beschädigte, berostete und von **Krankheiten** (Schorf, Mehltau) bzw. Schädlingen befallene Früchte (mit Fraßstellen von Insekten, Scheuerstellen durch Wind, Hagelschäden u. a.);
  schlecht befruchtete, unsymmetrische Früchte;
  schlecht besonnte Früchte **(Schattenfrüchte)**;
  Früchte auf zu stark abwärtshängenden Ästen.

Die Folge schlechter Besonnung und mangelnder Saftzufuhr sind **unterentwickelte Früchte**. Sie können zwar durchaus gleichzeitig mit vollentwickelten Früchten reifen, sind aber qualitativ minderwertig. Ihre Form ist meist nicht sortentypisch. Durch exaktes händisches Ausdünnen erntet man schon die Nachernte nach dem Junifall. **Große Früchte** sollte man **schonen,** auch wenn mehrere in einem Fruchtstand stehen (2–3). Bei stippeanfälligen Sorten, wie Braeburn, ev. Gloster, Boskoop, Jonagold u. a., ist darauf zu achten, daß die Fruchtausdünnung nicht zu stark ausfällt. Dadurch würden sich **nur zu große Früchte** entwickeln, die verstärkt **physiologischen Störungen** (mit verminderter Lagereignung) unterworfen sind. Bei solchen Sorten sollten an gut besonnten kräftigen Sprossen, die mehr als nur eine Frucht ernähren können, keine Einzelfrüchte vorhanden sein, weil diese zu groß werden und von schlechterer Qualität sind.

Wie sollte beim Handausdünnen vorgegangen werden?

In der Tabelle ist dargestellt, wieviel ein Baum tragen muß, um die angestrebten Erträge bei unterschiedlichen Pflanzabständen zu erreichen. Dabei wurde von Erntemengen von 20 t/ha bis 50 t/ha ausgegangen. Jeder Praktiker kann für höhere Ertragserwartungen die Zahlen selbst einsetzen.

Einzelbaumerträge in Abhängigkeit von Standfläche und Erntemenge

Pflanzabstand	Standfläche in m²	Bäume pro ha (9.000 m²)	Erntemenge in kg/ha			
			20.000	30.000	40.000	50.000
4,0 m x 2,0 m	8,00	1.125	17,8	26,7	35,6	44,4
4,0 m x 1,5 m	6,00	1.500	13,3	20,0	26,7	33,3
3,5 m x 1,25 m	4,38	2.057	9,7	14,6	19,4	24,3
3,0 m x 1,0 m	3,00	3.000	6,7	10,0	13,3	16,7
3,0 m x 0,75 m	2,24	4.000	5,0	7,5	10,0	12,5

Beziehungen zwischen Fruchtdurchmesser, Fruchtgewicht und Fruchtzahl/kg bei verschiedenen Sorten

Fruchtdurchmesser in mm	Fruchtgewicht in Gramm	Anzahl Früchte pro kg	Sorten
60	92	11	
65	120	8	
70	145	7	Rubinette
75	180	6	Gala, Arlet, Elstar
80	215	5	Golden Del., Gloster, Idared
85	260	4	Boskoop, Jonagold

Nachstehend ein **Beispiel für Golden Delicious** bei 3.000 Bäumen/ha

Pflanzabstand:	3 m x 1 m
Ernteerwartung:	30.000 kg/ha
Einzelbaumertrag:	10 kg/Baum
Fruchtgröße:	75–80 mm = 5–6 Früchte je kg
Früchte je Baum:	55 Stück

D. h., für eine Fruchtgröße von 75–80 mm werden 55 Früchte benötigt, um bei einem Pflanzabstand von 3 m x 1 m 30 t/ha zu ernten. Sicherlich ist dies eine **Modellrechnung**; bei anderen Pflanzabständen, Sorten, Fruchtgrößen und Erntemengen müssen die entsprechenden Daten eingesetzt werden. Bei der Handausdünnung hilft daher nur eines: **„Zählen der Früchte"!** Der Obstbauer muß abschätzen können, wieviele Früchte pro Baum hängen sollen.

Ferner ist zu beachten, daß mit **abnehmender Baumzahl** pro ha der **Einzelbaum mit einer wesentlich höheren Fruchtzahl** belastet werden muß, um auf die ge-

Händische Fruchtausdünnung (vorher)

Händische Fruchtausdünnung (nachher)

Konkurrenz zwischen Triebwachstum und Fruchtansatz

Mechanische Ausdünnung mit der Ausdünnungsmaschine

wünschten Erträge zu kommen. Das kann aber nur unweigerlich auf Kosten der Qualität der Früchte gehen, im besonderen auf die innere Qualität (Zucker- und Säuregehalt, Fruchtfleischfestigkeit). Bei weniger Früchten am Baum wird das Verhältnis Blatt : Frucht zum Positiven hin verschoben. Somit erhöht sich die Qualität **(Mengen-Gütegesetz).** Die **spezifische Behangdichte** (Anzahl der Früchte pro cm^2 Stammquerschnittsfläche) ist der entscheidende Faktor für die Fruchtqualität.

Mechanische Ausdünnung (Ausdünnungsmaschine)

Eine interessante Alternative zur manuellen oder chemischen Fruchtausdünnung könnte eine mechanische Blütenausdünnung mittels einer am Traktor anbaubaren Ausdünnungsmaschine sein. Ein dringender Bedarf für neue Ausdünnungsmöglichkeiten ergibt sich aus folgenden Gründen:

- im Bioobstbau sind bisher keine chemischen Ausdünnmittel bewilligt worden
- ungenügende Wirkung biologischer Ausdünnmittel
- frühzeitiges Ausdünnen hat die größte alternanzbrechende Wirkung

Funktionsweise

Die Maschine besteht aus einem Träger, an dem eine senkrecht rotierende Spindel verankert ist. Auf dieser Spindel sind Kunststoffäden montiert, die sich leicht anbringen und wieder entfernen lassen. Durch ihren verstellbaren Neigungswinkel kann die Spindel an verschiedene Baumformen angepaßt werden. Sie wird hydraulisch angetrieben und mit dem Traktor an den beiden Baumseiten entlanggeführt. Durch die rotierende Bewegung der Spindel schlagen die Kunststoffäden einzelne Blüten oder Blütenbüschel ab, vor allem an der Peripherie des Baumes. Es besteht die Möglichkeit des Heck- oder Frontanbaus. Die Ausdünnintensität wird über die Fahrgeschwindigkeit, die Drehzahl der Spindel und die Anzahl der verwendeten Kunststoffäden bestimmt. Die Ausdünnungsmaschine bewirkt bei kleinen Baumformen (Superspindel, Kronenformen mit nicht zu starken Gerüstästen in der Fahrgasse) und Bäumen mit geringem Triebwachstum (mit viel Quirlholz) eine gleichmäßige und gute Ausdünnung. Nach heutigen Erfahrungen kann von einer idealen Fahrgeschwindigkeit von 6–8 km/h und von einer Spindelumdrehgeschwindigkeit von 300 U/min ausgegangen werden.

Einsatzzeitpunkt der Ausdünnungsmaschine

Grünknospen–Rotknospenstadium; spätere Behandlungen führen zu Fruchtverletzungen, frühere Behandlungen zu verstärkten Holzschäden und zeigen oft ungenügende Wirkung.

Mögliche Nachteile

- nur für bestimmte Baumformen anwendbar (schlanke Spindel ohne starke Seitenäste)
- Holzschäden
- früher Einsatzzeitpunkt (Problem bei nachfolgenden Blütenfrösten)

- Förderung und Verschleppung von Krankheiten und Schädlingen (Feuerbrand, Krebs, Blutlaus)
- Beeinflussung des Triebwachstums

Chemische Blüten- und Fruchtausdünnung

Im Bioanbau stehen für die Blüten- bzw. Fruchtausdünnung keine registrierten chemischen Ausdünnmittel zur Verfügung. Gewisse Biofungizide bzw. -insektzide haben aber eine mehr oder weniger ausdünnende Wirkung, indem sie durch Ätzwirkung einen verstärkten Fruchtfall induzieren.

Neudosan

Bei Neudosan handelt es sich um ein Präparat auf der Basis von Kaliumsalzen natürlicher Fettsäuren. Dieses Mittel wurde nach Empfehlungen der Herstellerfirma mit 2–4% in die Vollblüte mit 1.000 l Wasser pro ha eingesetzt. Obwohl eine gute ausdünnende Wirkung zu beobachten war, ist der erzielte Erfolg nicht zufriedenstellend, da bei allen geprüften Sorten zu starke Fruchtberostungen zu beobachten waren.

Schwefelkalkbrühe

Schwefelkalkbrühe ist eines der wichtigsten Fungizide im Bioobstbau. In einigen Versuchen konnte eine ausdünnende Wirkung beobachtet werden. Empfohlen wird eine Aufwandsmenge von 20–40 kg/ha (2,0–4,0%) in die Vollblüte. Durch Exaktversuche sollen Sortenempfindlichkeit und eventuelle Nebenwirkungen auf die Nützlingsfauna abgeklärt werden.

WACHSTUMSREGULIERENDE MASSNAHMEN IM BIOLOGISCHEN OBSTBAU

Alle wachstumsregulierenden Maßnahmen im Bioobstbau müssen darauf abzielen, den **Lichtzutritt** auf das **Blatt** und die **Frucht** zu verbessern (schwache Unterlagen, kleine Baumformen, nicht zu enge Pflanzabstände, Schnitt u. a.). Ein **lockerer Kronenaufbau** (langer Schnitt), die Erzielung einer nur mäßig starken Neutriebbildung und ein mäßiger Schnitteingriff im Sommer tragen zu einer besseren Qualitätsausbildung der Früchte bei und vermindern den Krankheits- und Schädlingsdruck.

Schnittmaßnahmen

Das primäre Ziel aller Schnittmaßnahmen im Obstbau ist die Schaffung und Erhaltung des Gleichgewichtes zwischen Triebwachstum und Ertrag **(physiologisches Gleich-**

Bäume mit zu starkem Triebwachstum sind aus dem physiologischen Gleichgewicht und nicht „biotauglich"

gewicht) als Voraussetzung für **frühe, hohe, regelmäßige** und **qualitativ hochwertige Erträge**. Das physiologische Gleichgewicht ist dann gegeben, wenn ein Baum neben einem **reichen Fruchtbehang** auch noch ein **notwendiges Mindestwachstum** zeigt. Nur Bäume in diesem Gleichgewicht bringen regelmäßig Früchte von höchster äußerer und innerer Qualität (Größe, Form, Färbung, Gehalt an Inhaltsstoffen) mit guter Lagerfähigkeit.

Winterschnitt

Der Obstbaumschnitt muß wie alle anderen kulturtechnischen Maßnahmen auf Sorte, Standort und physiologischen Zustand der Bäume abgestimmt werden. Die **optimale Trieblänge** für die Anlage vieler und qualitativ hochwertiger Blütenknospen ist abhängig von der Obstart und liegt beim Apfel zwischen **5 cm bis max. 30 cm („ruhiger Baum")**. In vielen Apfelanlagen bestehen **häufig Probleme mit zu starkem Triebwachstum**, verbunden mit unbefriedigenden Erträgen und verstärktem Auftreten von Alternanzerscheinungen. Starkes Triebwachstum ist oft gleichbedeutend mit **schlechter Belichtung, unbefriedigenden und unregelmäßigen Erträgen, schlechter Fruchtfarbe** und hoher **Anfälligkeit** der Früchte **für physiologische Störungen** (Stippe, Fleischbräune u. a.). Auch ein **stärkeres Krankheits-** und **Schädlingsauftreten** ist in solchen Anlagen zu beobachten (Schorf, Mehltau, Blattläuse u. v. a.). Bäume auf stark wachsenden Unterlagen (M 26 und stärker), die im Bioobstbau noch eher verbreitet sind, erfordern andere Schnittmaßnahmen als Bäume auf M 9. In Anlagen mit begrünten Baumstreifen kann das Wachstum auf der Unterlage M 9 wegen der Konkurrenz des Unterwuchses zu schwach sein, was einen stärkeren Fruchtholzschnitt erfordert. Zudem ist im Bio-Anbau ein alternanzregulierender Schnitt häufiger erforderlich.

Triebreißen

Ein **Reißen junger, krautiger Triebe** kann vor dem Verholzen der Triebbasis (Ende Mai – Mitte Juni) empfohlen werden (kein eigentlicher Sommerschnitt). Sommertriebe im Inneren der Baumkrone (Reitertriebe, Wasserschosse) können durch diese Maßnahme einfach und rasch entfernt werden. Neben dem Reißen von Sommertrieben besteht auch die Möglichkeit, kräftige (stärker als der halbe Durchmesser der Ansatzstelle), steil stehende, verholzte einjährige Triebe bzw. Zweige, vor allem im oberen Kronenbereich, zu reißen. Das Reißen von Trieben ist im Gegensatz zum Schneiden ein natürlicher Prozeß und im allgemeinen verheilen die Rißwunden besser als die Schnittwunden.

Sommerschnitt

Mit dem Sommerschnitt kann begonnen werden, sobald der Baum das **Triebwachstum abgeschlossen** hat. An der Schnittstelle sollte der Baum **nicht wieder austreiben**, da diese neuerlichen Triebe für den Aufbau der Spindel unbrauchbar sind. Sie sind schlecht verholzt und somit anfällig für Frost und Mehltau sowie Schorf. Nachtriebe, die Träger von Schorfsporen (Konidien) sind, stellen ein gefährliches Infektionspotential für den Apfelschorf im Frühjahr dar. Die günstigste Zeitspanne für den Sommerschnitt liegt daher um **Mitte August**. Auch **Binden** und **Hängen** sollte am besten zu diesem Zeitpunkt durchgeführt werden. Dieser kann sich je nach Witterung (Niederschlag, Temperatur), Höhenlage, Triebwachstum und Sorte etwas verschieben. Je früher geschnitten wird, desto wahrscheinlicher reagiert der Baum mit einem Austrieb im selben Jahr. Zu früher Sommerschnitt kann zum vorzeitigen Austrieb der Blütenknospen führen. Blüten im September sind aber für den Obstbauern wertlos und vermindern den Fruchtansatz im Folgejahr. Es ist aus diesen Gründen von einem **frühen Sommerschnitt im Juni, Juli abzuraten**.

Ziele des Sommerschnittes bei Ertragsbäumen

Wachstumsbremse

Bäume, die stark wachsen (z. B. im Rastjahr), können durch einen intensiven Sommerschnitt nicht im Wachstum gebremst werden. Eine Möglichkeit, das Triebwachstum zu beruhigen, besteht in der **Selbstregulation des Obstbaumes** durch den **Augustschnitt**. Eine für einen Augustschnitt vorgesehene Anlage sollte **eineinhalb Jahre lang völlig ungeschnitten** bleiben (kein Sommerschnitt und auch kein darauffolgender Winterschnitt).

- Bereits nach dem **1. Auslassen des Winterschnittes** ist ein **geringes vegetatives Wachstum** (viele Austriebsmöglichkeiten, daher kürzere Triebe) mit **frühzeitigem Triebabschluß** festzustellen.
- Die **Blattgröße nimmt** gegenüber den Vorjahren **ab**, so daß die Kronen trotz ihrer vielen Verzweigungen **licht- und luftdurchlässig** sind.

Ab Mitte August **(Triebabschluß)** müssen dann die notwendigen Korrekturen an den Bäumen vorgenommen werden, d. h., jetzt sollte der im vergangenen Winter bewußt ausgelassene Schnitt nachgeholt werden. Das bedeutet z. T. auch, daß Zweige und Astpartien herausgenommen werden, die Äpfel in fortgeschrittener Entwicklung tragen. Eine gewisse **psychologische Hemmschwelle** ist dabei vielfach zu überwinden.

Schwaches hängendes Fruchtholz mit unterentwickelten Früchten wird bei dieser Gelegenheit ebenfalls entfernt.

Regulierung des Verhältnisses Blatt : Frucht

Bei geringem Fruchtbehang und starkem Triebwachstum (zu viele Blätter pro Frucht, mehr als 50) werden die Früchte **zu groß** und damit **anfällig für physiologische Störungen** (Stippe, Glasigkeit u. a.). Früchte von Bäumen, die einen mäßigen Sommerschnitt erfahren haben, enthielten mehr Calcium und weniger Kalium, was einen etwas geringeren Stippebefall zur Folge hatte. Das **ideale Verhältnis Blatt : Frucht** für eine **gute Fruchtqualität** und **optimale Lagerfähigkeit** der Früchte liegt ungefähr bei **40 : 1** (siehe Kapitel *Fruchtausdünnung*). Bei starkem Fruchtansatz sollte die Fruchtzahl durch händisches Ausdünnen reduziert werden.

Mehr Deckfarbe

Die zunehmende Beliebtheit von Sorten mit roter Deckfarbe (z. B. Jonagold, Elstar, Gala, Arlet) macht den Sommerschnitt noch aktueller. Diese Sorten gewinnen zusätzlich an Farbe, wenn sie kurz vor der Ernte **mehr Licht** bekommen (**Belichtungsschnitt** oder **Vorernteschnitt** ca. 10 Tage vor der Ernte). Die Besonnung der Früchte kann leicht durch das Entfernen beschattender Triebe erreicht werden. Dieser Schnitt darf nicht zu früh und zu stark durchgeführt werden (Gefahr von Sonnenbrand). Im Schatten bleiben die Früchte vielfach farblos (**Schattenfrüchte**), und sie sind außerdem anfällig für verschiedene **physiologische Störungen** (z. B. Fleischbräune u. a.), wodurch die Haltbarkeit vermindert wird. Der Sommerschnitt kann hier zu einer Verbesserung der inneren und äußeren Fruchtqualität beitragen.

Kräftigung der Blütenknospen

Die bessere Belichtung im Inneren der Baumkrone wird zu **kräftigen Blütenknospen** und zu **besseren Chancen eines Fruchtansatzes** in der Nähe des Mittelastes führen.

Nacherntеschnitt

Bei **Herbstsorten,** wie Elstar, Gala und Arlet, kann **zur Wachstumsberuhigung** auch nach der Ernte ein Teil des Baumschnittes, wie Wegschneiden ganzer Äste, durchgeführt werden. Aber Vorsicht ist geboten; man neigt beim belaubten Baum eher dazu, zu stark zu schneiden.

Wachstumsregulation durch gezielte Unterlagenwahl

(siehe Kapitel *Apfel-, Birnen-, Zwetschken- und Kirschenunterlagen*)

Wachstumsregulation durch Wahl der Veredlungshöhe

Unbestritten ist der Einfluß der Veredlungshöhe auf das Wachstum. Diese Eigenschaft schwachwachsender Unterlagen macht man sich zunutze, um Bäume mit weniger Triebwachstum und mehr Ertrag (generative Bäume) zu erzielen. Je höher auf einer schwachwachsenden Unterlage veredelt wird, um so schwächeres Triebwachstum wird induziert.

Triebreißen

Zwischenveredlung mit Summerred zur Wachstumsregulierung

Sommerschnitt

Wurzelschnittgerät

Nachtriebe als Folge eines zu frühen Sommerschnittes

Cox's Orange; Pflanzung Winter 1992/93
Resultate 1994–1996
Sorte: Cox's O.P. (alternanzempfindlich)

Unterlage	**kg pro Baum** 1994–1996	**Fruchtgewicht** (g)	**Stammumfang/cm** März 1997
T 337–**15***	21,8	184	11,3
T 337–**25**	27,2	183	11,7
T 337–**35**	26,4	184	11,9
* Veredlungshöhe			

Wachstumsregulation durch Zwischenveredlung

Zwischenveredlungen haben Einfluß auf das Wachstum eines Obstbaumes und damit auch auf die Ertragsleistung. Beim Apfel wird z. B. für Cox's O. P. die Zwischenveredlungssorte **„Zoete Aagt"** und für Elstar die Sorte **„Summerred"** verwendet. Ein weiterer Vorteil der Zwischenveredlung ist die bessere Verzweigung des Pflanzmateriales auf optimaler Höhe. Auch die Länge der Zwischenveredlung hat einen Einfluß auf das Triebwachstum. Üblicherweise liegt die Länge zwischen 30 bis 35 cm.

Wachstumsregulation durch Begrünungsmanagement

(siehe Kapitel *Bodenpflege*)

Wachstumsregulation durch Wurzelschnitt

Der Wurzelschnitt ist eine von vielen Maßnahmen den Wuchs zu bremsen, er ist allerdings kein Allheilmittel **(Notmaßnahme)**. Hat sich nach dem Wurzelschnitt das Wachstum beruhigt, sollte man die Obstbäume mit Hilfe des entsprechenden Baumschnittes (langer Schnitt) und anderer Kulturmaßnahmen im physiologischen Gleichgewicht halten.

In Obstanlagen ist unter dem Hagelnetz die natürliche Entwicklung der Baumkrone nach oben oft durch das Netz begrenzt, so daß der Mittelast in vielen Fällen frühzeitig abgeleitet werden muß, ohne daß sich der Wipfel vorher im Wachstum beruhigen konnte. Dies hat – ohne begleitende wachstumsberuhigende Maßnahmen – in den allermeisten Fällen eine verstärkte vegetative Entwicklung zur Folge. In solchen Fällen bietet sich der Wurzelschnitt als eine schnelle und kostengünstige Maßnahme zur Wachstumsregulierung an, die auch in der biologischen Produktion zur Anwendung kommen kann. Durch das mechanische Abtrennen eines Teiles der Wurzel, mit Hilfe eines Wurzelschnittgerätes, reduziert sich das Triebwachstum und somit auch die Fruchtgröße. Je nach Jahr kann der Effekt des Wurzelschnittes unterschiedlich stark ausfallen.

Bevor man mit dem Wurzelschnitt beginnt, sollte die Wurzelverteilung im Boden beurteilt werden (zuerst graben – dann schneiden!). Damit der Gefahr von Schäden durch einen Wachstumsschock und einer zu starken Verminderung der Fruchtgröße vorgebeugt wird, sollte der Wurzelschnitt als Sondermaßnahme differenziert nach Standort (Boden, Klima, Bewässerungsmöglichkeit) und Sorte (groß- bzw. kleinfrüchtige Sorten) durchgeführt werden.

Mögliche Schnittzeitpunkte

- März – April, bei einem geringen Blütenknospenansatz (Alternanzanlagen), großfrüchtige Sorten
- Mitte Juni (nach dem T-Stadium), bei gutem Blütenknospenbesatz und mittel – kleinfrüchtigen Sorten bzw. wenn keine Bewässerungsmöglichkeit besteht

Schnittabstand und Schnittiefe

Einzelreihe (ein- oder zweiseitig): 30–50 cm (Abstand von der Reihe) x 25–40 cm (Schnittiefe)

Einsägen des Stammes mit der Motorsäge

Bei großen Wachstumsproblemen hat sich das keilförmige Einsägen des Stammes als eine Methode zur Wachstumsberuhigung bewährt. Der optimale Zeitraum für das Einsägen liegt zwischen Austrieb und Blüte. Diese Methode wird vor allem bei starkwüchsigen Unterlagen-Sorten-Kombinationen bei Äpfeln und Birnen, z. B. auf Sämling, angewendet.

PFLANZENSCHUTZ

GRUNDSÄTZE UND ZIELE DES BIOLOGISCHEN PFLANZENSCHUTZES

Um die Grundsätze und Regeln des biologischen Pflanzenschutzes und die Unterschiede zwischen den verschiedenen Pflanzenschutzsystemen zu verstehen, ist es zuerst erforderlich, einige Grundlagen der allgemeinen Ökologie zu betrachten.

Warum ist Pflanzenschutz überhaupt notwendig?

In jedem natürlichen Milieu **(natürliches Ökosystem)** hat jeder Organismus eine bestimmte Funktion, da jeder einzelne Organismus das Glied in einer langen Kette ist **(Nahrungskette)**. Nur wenn diese Funktion erfüllt wird, kann das Ökosystem auf Dauer bestehen. Dieses Funktionieren wird durch das biologische Gleichgewicht ermöglicht, das zwischen den einzelnen Lebewesen existiert (**Biozönose** = Lebensgemeinschaft) und das infolge von vielen Wechselwirkungen die Dynamik der verschiedenen Populationen bestimmt. Deshalb ist ein Organismus zugleich Beute und Räuber und schlüpft einerseits in die ökologische Rolle des Kontrolleurs und andererseits in die des Kontrollierten.

Auf einem bewirtschafteten Stück Land **(Agrarökosystem)** ist die Lebensgemeinschaft hingegen sehr vereinfacht und besteht häufig nur aus einer einzigen angebauten Sorte, die aufgrund ihrer Präsenz in sehr großen Mengen ihre Räuber fördert: phytophage (pflanzenfressende) und phytopathogene (krankheitserregende) Organismen. Da sie keine natürlichen Feinde haben, weil deren Lebensraum durch die landwirtschaftliche Spezialisierung stark reduziert wurde, können sie sich ungehindert ausbreiten.

Während im natürlichen Okösystem also alle Organismen „nützlich" sind, stellen im Agrarökosystem manche eine „störende" Komponente dar. Dieselben Organismen,

Biozönose		
	Natürliches Ökosystem	**Agrarökosystem**
zusammengesetzt aus	Wildkräutern	angebauten Pflanzen
	wilden Tieren	gezüchteten Tieren
	zersetzenden Organismen	Menschen
charakterisiert durch	viele Arten mit wenig Individuen	wenige Arten mit vielen Individuen
	große Artenvielfalt	geringe Artenvielfalt
	komplexe Lebensgemeinschaft	einfache Lebensgemeinschaft

die im natürlichen Ökosystem zum biologischen Gleichgewicht beitragen, können im Agrarökosystem ein Ungleichgewichtselement sein, das der Mensch durch Schutzmaßnahmen eliminieren oder zumindest kontrollieren muß.

Bestandteile des Agrarökosystems

Der gepflanzte Baum steht im Mittelpunkt vieler Faktoren, die für den Zustand der Obstkultur und für die Qualität und Menge des Produktes eine ausschlaggebende Rolle spielen. Die Schädlingsbekämpfung stellt nur einen der vielen Faktoren dar. Im Konzept der integrierten Obstproduktion und vielmehr noch im Konzept des biologischen Obstbaues muß die Schädlingsbekämpfung so gehandhabt werden, daß sie die positiven Faktoren des Agrarökosystems respektiert und aufwertet.

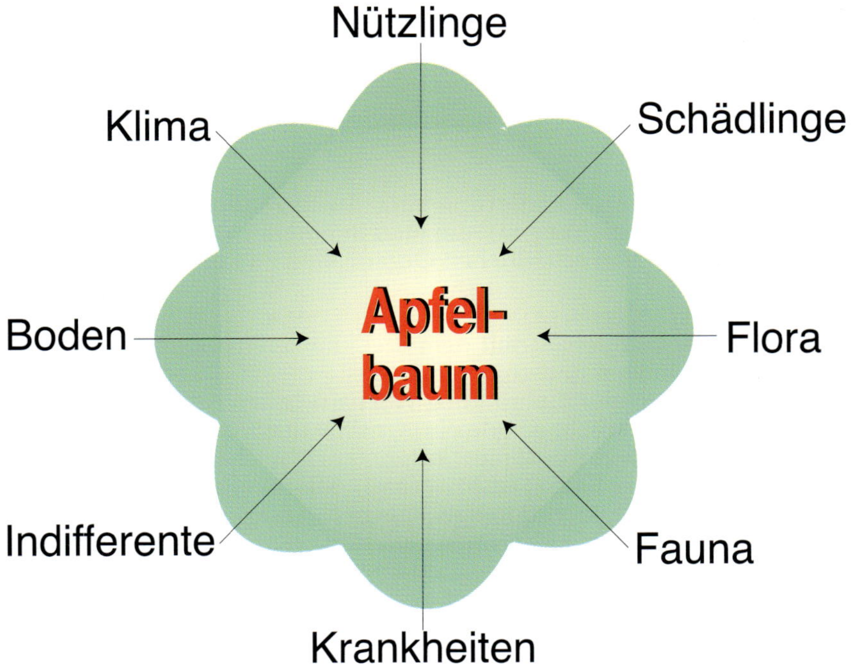

Die Eingriffe des Menschen durch verschiedene Pflanzenschutzmethoden

In der biologischen Obstproduktion wird den vorbeugenden Pflanzenschutzmethoden mehr Bedeutung zugemessen. Da die Mittelwahl in der biologischen Produktion sehr begrenzt ist und die Wirksamkeit der Pflanzenschutzmittel oft geringer ist als in der integrierten Produktion, müssen alle Pflanzenschutzmethoden optimal ausgenützt werden, um eine effiziente Wirkung im Pflanzenschutz zu erreichen.

Pflanzenschutzmethoden

kulturtechnische	biologische	biotechnische	physikalische	chemische
Standortwahl Sortenwahl Düngung Baumschnitt	Einbringung von fremden Räubern und Parasiten in das Agrarökosystem Schutz und Leistungssteigerung der vor handenen Parasiten und Räuber mikrobiologische Bekämpfung	Einsatz von Hormonen Einsatz von Pheromonen (Insektenbotenstoffe) Einsatz von Abschreckmittel und zum Fraß anlockende Stoffe	Einsatz von optischen Reizen Einsatz von akustischen Reizen thermische Strahlung mechanische Mittel	Einsatz von chemischen Pflanzenschutzmitteln Einsatz von biologischen Pflanzenschutzmitteln

Die biologische Schädlingsbekämpfung nützt die unzähligen Antagonismusbeziehungen (Gegenspielerbeziehungen), die man in einem natürlichen Umfeld findet, aus, um die Population von schädlichen Organismen zu kontrollieren.

Dies wird auf zwei Arten erreicht:
- Durch Kontrolle des Umfeldes, mit dem Ziel, die bereits bestehenden natürlichen Antagonisten zu schützen und zu potenzieren.
- Durch Heranzüchtung und Einbringung von natürlichen Antagonisten.

Die Rückkehr zur Natur besteht gerade darin, neben der Nutzung der komplexen Abwehrkapazität der Pflanzen (resistente Sorten), auch solche Praktiken anzuwenden, die eine gewisse Artenvielfalt (Fruchtwechsel, Mischkultur, Begrünung, Hecken) zurückbringen, wodurch die verlorengegangenen Antagonismen wiederhergestellt und jene Selbstregulierungsmechanismen gefördert werden, die die Natur besitzt.

Die wenigen im biologischen Obstbau erlaubten Bekämpfungsmittel sind allesamt pflanzlicher oder mineralischer Herkunft.

FÖRDERUNG DER ARTENVIELFALT IN OBSTANLAGEN

Im biologischen Obstanbau sollte das Hauptaugenmerk nicht auf die einzelnen Behandlungen gegen diverse Schädlinge und Krankheiten, sondern auf eine vielfältige und größtenteils sich selbst regulierende Fauna und Flora gelegt werden.

Folgende Maßnahmen können in der Obstanlage zur Schaffung einer artenreichen Pflanzen- und Tierwelt getroffen werden:

- Vogelförderung:
  Aufhängen von Nistkästen für Blau- und Kohlmeisen.
  Anbringen von Sitzstangen für Greifvögel.
- Förderung der Räuber und Parasiten:
  Anlegen von Wildkrautstreifen am Rand der Obstanlagen.
  Alternatives Mulchen bzw. Mähen der Fahrgassen.

Viele andere Möglichkeiten, wie vielseitig verunkrautete Baumstreifen, extensive Wiesen auf Restflächen oder blühende Krautstreifen in der Fahrgasse, kommen entweder wegen einer erhöhten Wühlmausgefahr oder aus arbeitswirtschaftlichen Gründen nicht in Frage.

Kontrollen in der Obstanlage

Um einen möglichst sparsamen und nützlingsschonenden Pflanzenschutz durchführen zu können, ist es wichtig, das Auftreten der Schädlinge und Nützlinge in der Anlage genau mitzuverfolgen. Direkte Bekämpfungsmaßnahmen sollten nur nach Überschreiten der Schadschwelle durchgeführt werden.

Zur Ermittlung der Artenzusammensetzung und der Schadschwellen sind folgende Kontrollmethoden möglich:

- **Astprobenuntersuchungen im Winter**
  Dabei wird im Winter älteres Holz vor allem auf Überwinterungsstadien der San-José-Schildlaus und der Roten Spinne untersucht.
  Eine Zählung der einzelnen Eier ist nicht notwendig.
  Bei der San-José-Schildlaus gilt Nulltoleranz.
  Bei der Roten Spinne ist dann eine Behandlung notwendig, wenn beim Wischen über die Astansatzstelle die Finger von den Wintereiern rot werden.
  In einer Obstanlage mit einer stabilen Situation zwischen Roter Spinne und Raubmilben wird man jedoch kaum Wintereier der Roten Spinne finden.

- **Klopfprobe**
  Mit einem Klopftrichter werden die vorhandenen Tiere von den Ästen heruntergeklopft. Diese Art der Kontrolle ist vor allem beim Blütenstecher wichtig und sollte gegen Mittag erfolgen, wenn die Temperaturen hoch sind ($T > 12$ °C).
  Sie gibt einen Überblick über die Gesamtfauna einer Obstanlage.

- **Visuelle Kontrolle**
  Bei dieser Methode werden 100 Pflanzenorgane (Blütenbüschel, Rosettenblätter, Langtriebe, Früchte) wahllos ausgesucht und kontrolliert. Als Hilfsmittel dient eine gute Lupe (10–15fache Vergrößerung).

  Die Befallskontrolle dient der Feststellung des Befalls und der Entwicklung einer Bekämpfungsstrategie.
  Die Erfolgskontrolle dient zur Überwachung der durchgeführten Maßnahmen.

Wichtige Kontrolltermine:

Termin	Befallskontrolle	Erfolgskontrolle
vor der Blüte Rotknospen-Ballonstadium	Schalenwickler, Frostspanner, Eulenraupen, Knospenwickler, Blattläuse, Sägewespe, Rote Spinne	Rote Spinne
nach der Blüte Abfall der Blütenblätter – Junifruchtfall	Schalenwickler, Rote Spinne, Rostmilben, Blattläuse, Apfelsägewespe, Holzbohrer, Schorf	Schalenwickler, Rote Spinne, Blattläuse, Blütenstecher, Sägewespe
Juli	Rote Spinne, Rostmilben, Schorf	Apfelwickler, Fruchtschalenwickler
Ernte	Schalenwickler, Kl. Fruchtwickler, Apfelwickler, Schorf	alle Fruchtschädlinge, Schorf

- **Farbtafeln**
  Diese Tafeln können bei folgenden Schädlingen eingesetzt werden:

Art der Tafel	Einsatzgebiet	Verwendung
Weißtafel	Apfelsägewespe, Pflaumensägewespe	Kontrolle des Fluges
Gelbtafel	Kirschfruchtfliege	In großen Anlagen zur Überwachung
Rottafel	Ungleicher Holzbohrer	Fang und Überwachung des Fluges

- **Pheromonfallen**
  Dabei strömt der Sexuallockstoff des Weibchens aus einer Duftstoffkapsel und lockt die männlichen Falter in einen mit Klebstoff präparierten Faltkarton.
  Die Pheromon- oder Sexfallen dienen zur Flugüberwachung bei folgenden Schädlingen: Apfelwickler, Kleiner Fruchtwickler, Bodenseewickler, Apfelschalenwickler, Obstbaumwickler, Rotbrauner Schalenwickler, Eulenraupen, Frostspanner, Blausieb, Weidenbohrer, Miniermotten, Apfelbaumglasflügler u. a.
  Von den wichtigsten Schadschmetterlingen im Obstbau wurde der Sexuallockstoff analysiert und synthetisiert und ist auch im Pflanzenschutzmittelhandel erhältlich.

Erwachsene Schlupfwespe, das Weibchen trägt einen langen Legestachel

Adulte Brackwespe

Prospaltella beim Verlassen des Schildes einer San-José-Schildlaus

Hautflüglerlarven beim Verlassen einer parasitierten Schädlingsraupe

Adulte Schwebfliege: Tier gleicht einer Wespe und ist als Bestäuber tätig

Schwebfliegenlarve: durchscheinend, fußlos und vorne spitz

NÜTZLINGE ODER DIE AUSNUTZUNG DER NATÜRLICHEN REGULATION

Im biologischen Obstanbau werden zuerst die natürlichen Antagonismusbeziehungen (Beziehung Schädling : Nützling) genutzt, und erst wenn die Chance auf eine natürliche Regulierung nicht mehr vorhanden ist, werden Hilfsstoffe eingesetzt.

Deshalb sollen einige Nützlinge und ihre Arbeit kurz beschrieben werden:

Parasitoide (Raubparasiten)

Hautflügler *(Hymenoptera)*

Hautflügler sind kleine Wespen mit einer Wespentaille. Die Larven sind madenähnlich und leben entweder endoparasitisch (im Körper des Wirtes) oder ektoparasitisch (außen am Wirtstier festgesaugt).

Die Eier werden mittels eines Legebohrers in oder auf das Wirtstier abgelegt. Die Larven ernähren sich zuerst von weniger wichtigen Organen des Wirtstieres, so daß dieses bis zur Verpuppung der Parasitenlarve am Leben bleiben kann.

Der Erfolg einer Parasitierung stellt sich erst in der nächsten Generation ein.

Zu den Hautflüglern gehören drei Gruppen:

- Echte Schlupfwespen
- Brackwespen
- Erzwespen

Echte Schlupfwespen *(Ichneumonidae)*

Sie haben als typisches Kennzeichen ein Flügelmal. Im Obstbau weniger anzutreffen.
Schlupfwespen parasitieren: Schalenwicklerraupen

Brackwespen *(Bracconidae)*

Sie sind kleiner als die Schlupfwespen (1–10 mm groß) und wenig auffällig gefärbt.
Brackwespen parasitieren: Schalenwicklerraupen, Apfelwicklerraupen, Miniermottenraupen, Mehlige Apfellaus, Grüne Apfelblattlaus

Erzwespen *(Chalcididae)*

Sie sind an ihrem metallischen Glanz erkennbar. Ihre Flügel besitzen fast keine Aderung.
Erzwespen parasitieren: Schalenwicklereier und -raupen, Apfelwicklerraupen, Pflaumenwicklerraupen, Fruchtschalenwicklerraupen, San-José-Schildlaus, Blutläuse und Gespinstmotten
Die San-José-Schildlauszehrwespe wurde in den 70er Jahren gezüchtet und in großen Mengen in der Steiermark freigelassen.

Raupenfliegen *(Tachinidae)*

Raupenfliegen sind den Stubenfliegen ähnlich, jedoch hochgradig angepaßte Insektenparasiten. Die erwachsenen Fliegen sind Blütenbesucher. Die Eier werden am Körper des Schädlings abgelegt. Die geschlüpften Raupen bohren sich rasch in den Körper des Wirtstieres ein. Teilweise werden die Eier durch den Fraß aufgenommen.
Raupenfliegen parasitieren: Frostspannerraupen,Apfelwicklerraupen, Eulenraupen, Gespinstmotten, Käferlarven

Die wichtigsten Räuber

Schwebfliegen *(Syrphidae)*

Erwachsene Schwebfliegen sind reine Blütenbesucher und fallen wegen ihrer typischen schwarz-gelben Färbung und ihres charakteristischen Flugverhaltens auf. Sie können in der Luft „stehend" schweben und rasen bei Beunruhigung wie eine Rakete davon.

Die Larven legen ihre Eier einzeln in Blattlaus- und Blattsaugerkolonien ab. Die Larven haben keinen Kopf und sind grünlich, rötlich und bräunlich gefärbt. Sie sind sehr gefräßig und zählen zu den wichtigsten Blattlausräubern.

Schwebfliegenlarven fressen Blattläuse, Blattsaugerlarven

Gallmücken *(Cecidomyiidae)*

Neben den pflanzenschädigenden Arten gibt es auch einige nützliche Arten, deren Larven räuberisch von Blattläusen leben.

Käfer *(Coleoptera)*

Es gibt über 5.000 Käferarten in Mitteleuropa, von denen viele nützlich und viele schädlich sind.

Die wichtigste nützliche Art ist der Marienkäfer, daneben sind noch Laufkäfer, Weichkäfer, Raubkäfer und Kurzflügler als Gegenspieler von Schädlingen bekannt.

Marienkäfer *(Coccinellidae)*

Sie leben vorwiegend von Blatt-, Blut- und Schildläusen, einige Arten auch von Spinnmilben bzw. Mehltaupilzen.

Marienkäfer haben einen oberseits stark gewölbten, unterseits jedoch flachen Körper. Sie sind bunt gefärbt mit roten oder gelben Flügeldecken und dunklen Punkten oder dunklen Flügeldecken mit hellen farbigen Flecken oder Punkten.

Nach dem Erscheinen im Frühjahr beginnen die Käfer sofort, Blattläuse zu fressen.

Gallmückenlarven (fußlos, orange) fressen Blattläuse

Zwergmarienkäfer: schwarz gefärbt, frißt vor allem Spinnmilben

Eier des Marienkäfers, gelblich, werden in der Nähe von Blattlauskolonien abgelegt

Marienkäferlarve: hat starke Brustbeine und bewegt sich sehr schnell

Erwachsene Florfliege: ein schönes Tier mit Netzflügeln und Komplexaugen

Eier der Florfliegen auf dem charakteristischen Stiel

Erwachsenes Tier von Anthocoris nemoralis

Die Florfliegenlarve ist mit zwei Saugzangen ausgestattet und hat „schwächere" Beine als die Marienkäferlarve

Raubmilbe beim Aussaugen einer Roten Spinne

Die gelben, länglichen Eier werden in Blattlauskolonien abgelegt. Die Larven haben an der Oberseite kleine Warzen und, zum Unterschied von den Florfliegenlarven, starke Beine, aber schwächere Mundwerkzeuge.

Die wichtigsten Marienkäfer sind:
Siebenpunktmarienkäfer (Blattlausvertilger)
Zweipunktmarienkäfer (Blattlausvertilger)
Zehnpunktmarienkäfer (Blattlausvertilger)
Vierzehnfleckenmarienkäfer (Blattlausvertilger)
Vierfleckenmarienkäfer (frißt Blattläuse, Schildläuse und Blutläuse)
Vierzehnpunktmarienkäfer (Blattlausvertilger)
Zweiundzwanzigpunktmarienkäfer (frißt Mehltau- und Rußtaupilze)
Zwergmarienkäfer (ernährt sich vor allem von Spinnmilben)

Florfliegen *(Chrysopidae)*

Sie begegnen dem Menschen sehr oft, da sie im Herbst und Winter gerne in Dachböden und Wohnzimmer ihre Winterverstecke suchen.

Die erwachsenen Florfliegen haben dachartig gefaltete Flügel von grüner bis rotbrauner Farbe.

Die Larven haben zum Unterschied von den Marienkäferlarven starke Mundwerkzeuge und schwache Beine und ernähren sich von Blattläusen, Spinnmilben, Gallmilben, Thripsen und Schildläusen.

Wanzen *(Heteroptera)*

Wanzen haben einen flachen Körper und einen stilettartigen Saugrüssel. Hinter dem auffallend großen Halsschild befindet sich ein kleines, dreieckiges Schild.

Wanzen können sowohl nützlich als auch schädlich (Fruchtdeformationen) sein, und oft ist diese Grenze nicht klar zu erkennen.

Die drei wichtigsten Familien sind:
Blumenwanzen
Blind- oder Weichwanzen
Sichelwanzen

Blumenwanzen *(Anthocoridae)*

Zu ihnen gehören die Gattungen *Anthocoris* (große Blumenwanze) und *Orius* (kleine Blumenwanze).

Während die größeren Anthocoriden die wichtigsten Gegenspieler des Birnblattsaugers sind, ernähren sich die kleineren Oriusarten von Spinnmilben. Daneben fressen die Anthocoriden auch Blattläuse.

Blind- oder Weichwanzen *(Miridae)*

Sie sind zart, weich und meist lebhaft gefärbt.

Während einige Arten auf Blattläuse spezialisiert sind, fressen andere Spinnmilben.

Sie können jedoch auch schädigend auftreten und verkrüppelte Früchte verursachen.

Sichelwanzen *(Nabidae)*

Sie sind sehr groß und können auch Wicklerraupen überwältigen. Charakteristisch für diese Wanzenart ist der gebogene Rüssel, den sie in Ruhestellung dicht an den Körper anlegen.

Sie fressen bevorzugt Blattläuse und andere kleine Insekten.

Raubmilben *(Phytoseiidae)*

Raubmilben sind die wichtigsten Nützlinge im Apfelanbau. Sie sind ca. 0,4 mm groß, lang, tropfenförmig und von milchig-weißer bis orangeroter Farbe. Sie halten sich bevorzugt an der Mittelrippe auf der Blattunterseite auf.

Raubmilben sind Schutzräuber und können sich auch vegetarisch von Pilzsporen, Pilzfäden oder Pollen ernähren.

Die überwinternden Weibchen werden gleich nach dem Austrieb aktiv, und man kann sie vorerst an der Blüte rund um den Kelchknoten finden. Nach der Blüte wandern sie auf die Unterseite der Blätter ab.

Raubmilben sind sehr gefräßige Tiere und eine Raubmilbe/Blatt kann 8–10 Spinnmilben/Blatt kontrollieren. Außer der Roten Spinne fressen sie auch noch Rostmilben.

Raubmilben sind sehr empfindlich gegenüber Pflanzenschutzmittel.

Raubmilben können entweder über Filzstreifen oder über Triebe in die Anlage eingebracht werden.

Nematoden

Nematoden sind winzige Lebewesen, die hauptsächlich als Schädlinge auftreten. Bei den im Boden lebenden Arten gibt es einige, die auch nützlich sind und Wickler- und Käferlarven parasitieren.

Sie dringen über Körperöffnungen in die Schädlinge ein und sondern Bakterien ab, die den Tod des Wirtes bewirken.

Bakterien

Die wichtigste Bakterie ist der *Bacillus thuringiensis* (Bt). Die Bakterie wird von Schmetterlingsraupen mit der Nahrung aufgenommen, und es wird im Zuge der Weiterentwicklung das insektenwirksame Endotoxin gebildet.

Schmetterlingsraupen, die den Bacillus aufgenommen haben, hören schon nach einem Tag zu fressen auf, sie sterben jedoch erst nach einigen Tagen ab.

Es gibt drei verschiedene Pathotypen (Stämme), wobei im Obstbau nur der Stamm A gegen die Schmetterlingsraupen von Bedeutung ist.

Die Wirkung des Bt richtet sich vor allem gegen Frostspannerraupen.

Viren

Im Obstbau sind die Granuloseviren bekannt. Sie werden mit der Nahrung aufgenommen und führen zum Tod der Raupen (Apfelwickler, Schalenwickler).

Pilze

Pilze können nahezu alle pflanzlichen und tierischen Lebewesen befallen und abtöten. Die wichtigsten im Obstbau nützlichen Pilze sind:
Beauveria Arten (parasitieren die Mäikäferlarven)
Coniothyrium Arten (gegen San-José-Schildlaus)
Beauveria Arten (gegen Apfelwickler)
Athelia bombacina (gegen Apfelschorf)

Säugetiere

Unter den Säugetieren ist das Mauswiesel das wichtigste. Es ist ein sehr effektiver Räuber, der im Kampf gegen Wühlmäuse hilft, jedoch nur an entlegenen, ruhigen Stellen mit Wasser vorkommt.

Aber auch andere Säugetiere, wie Igel, Spitzrüßler, Fledermaus, Katze und Hund, leisten ihren Beitrag zum Ökosystem.

Vögel

Singvögel (Kohl- und Blaumeise) leisten durch ihre Fraßtätigkeit einen wertvollen Beitrag zur biologischen Bekämpfung von Wicklerraupen.

Greifvögel helfen, der Mäuse besser Herr zu werden.

Wieviel leistet ein Nützling?

Nützlinge	Nützlingsleistung pro Tag	Nützlingsleistung insgesamt
Raubmilben	5 Spinnmilben	30–50 Spinnmilben
Raubwanzen (Oriusarten)	30 Spinnmilben	200 Spinnmilben
Kugelkäfer	30 Spinnmilben	250 Spinnmilben
Marienkäfer	10–50 Blattläuse	400 Blattläuse
Florfliege	30–50 Spinnmilben	200–500 Blattläuse
Schwebfliege	10–40 Blattläuse	150–600 Blattläuse
Blutlauszehrwespe		bis 90% Parasitierung im Herbst
San-José-Schildlaus – Zehrwespe		70–90% Parasitierung im Herbst
Blattlauszehrwespe		200–1.000 Blattläuse

Anforderungen an die Nützlinge

Damit die Nützlinge möglichst effektiv sind, sollten sie folgende Eigenschaften haben:
- gleiche Lebenszeit wie der Schädling
- hohes Vermehrungspotential
- die Fähigkeit, mehrere Arten angreifen zu können und viele Individuen zu fressen
- die Fähigkeit, auch bei geringer Dichte der Beutetiere, diese zu finden und dadurch zu überleben
- möglichst robust gegenüber ungünstigen klimatischen Verhältnissen sein

WICHTIGE KRANKHEITEN UND SCHÄDLINGE IM KERNOBSTANBAU

Krankheiten

Apfelschorf *(Venturia inaequalis)*

Schadbild

An den jungen Blättern kann man zuerst kleine, ölige Aufhellungen (Flecken) beobachten. Mit der Lupe kann man bei diesen Flecken die typischen Verästelungen erkennen. Später werden die Flecken olivbraun bis schwarz. Im Sommer kann das Zentrum des Fleckes absterben und wie beim Schrotschuß herausfallen. Stark befallene Blätter fallen ab.

Auf den Früchten findet man braun-schwarze Flecken. Bei schwachem Befall verkorken diese Flecken, bei starkem Befall entstehen Risse an den Früchten und diese beginnen zu faulen. Wenn die Früchte sehr früh befallen werden, können auch Deformationen an den Früchten entstehen. Je später der Befall erfolgt, desto weniger Risse und desto kleinere Flecken bilden sich.

Wenn der Befall knapp vor der Ernte erfolgt, entstehen die Symptome erst im Lager (Lagerschorf) als kleine, schwarze Punkte.

Bei starkem Schorfbefall im Herbst und triebigen (starkwachsenden) Bäumen kann es im nächsten Frühjahr zum sogenannten Triebbasisschorf kommen. Dabei wächst das Schorfmyzel (Pilzgeflecht) mit dem neuen Trieb heraus und befällt den Trieb an seiner Basis (besonders oft bei Golden Delicious). Das Pilzgeflecht wird ca. 3–10 cm lang.

Sortenanfälligkeit

Stark schorfanfällig sind folgende Sorten: Arlet, Gala, Golden Delicious, McIntosh, Gloster, Rubinette, Summerred, Jonagold und Braeburn.

Im biologischen Anbau sollten bevorzugt schorfresistente bzw. robuste Sorten angebaut werden (siehe Kapitel *Apfelsorten*).

Da jedoch eine Form der Resistenz schon gebrochen wurde, sollte vorbeugend ein Minimalpflanzenschutzprogramm gegen den Schorf auch bei diesen Sorten durchgeführt werden.

Krankheitsverlauf

Der Schorfpilz hat zwei Überwinterungsmöglichkeiten. Die übliche Art ist die Überwinterung im Fallaub. Bei starkem Befall, starkem Wachstum der Bäume und idealen Infektionsbedingungen im Spätsommer und Herbst kann der Pilz auch in Knospen und an Trieben überwintern.

Primärinfektionen

Bei der saprophytischen Phase (geschlechtlichen Vermehrung) beginnt die Entwicklung des Pilzes mit dem Fall der Blätter im Herbst. Die Hyphen (Pilzfäden) beginnen das gesamte Blatt zu durchwuchern und wachsen aufeinander zu. Es kommt zur Entwicklung von Geschlechtsorganen und zur Bildung der Fruchtkörperinitialen. Nachdem der Pilz im Winter eine Ruhephase hat, beginnen im Frühjahr die Perithecien (Fruchtkörper) und die darin befindlichen Schlauchsporen (Ascosporen) zu reifen. Die Reife wird durch feucht-warmes Wetter beschleunigt. Trockenes oder kaltes Wetter verlangsamt die Sporenreife.

Mit dem Austrieb der Knospen sind vereinzelte Ascosporen reif, und innerhalb der nächsten 6–10 Wochen werden alle reif für die Ausschleuderung. Das Maximum an reifen Sporen wird meist um die Blütezeit erreicht.

Damit die Ascosporen ausgeschleudert werden können, müssen folgende Bedingungen herrschen:

- Die Ascosporen werden nur bei Regen ausgeschleudert (es genügt jedoch bereits 0,2 mm Regen).
- Die Ascosporen brauchen zur Ausschleuderung Licht. In der Nacht werden nur bis max. 5% der reifen Sporen ausgeschleudert.

- Temperaturen unter 4 °C können den Ascosporenflug stark unterdrücken.
- Nach langen Trockenperioden genügt ein kurzer Regen nicht, um die Sporen auszuschleudern.
- Die Anzahl der ausgeschleuderten Sporen hängt vom anlagenspezifischen Ausgangspotential und vom momentanen Anteil an reifen und auschleuderbaren Sporen ab.

Die ausgeschleuderten Ascosporen werden durch den Wind auf die Blätter transportiert.

Wenn das Blatt naß ist, beginnen die Sporen zu keimen und sie können bei entsprechend langer Blattnässezeit ins Blatt eindringen. Das Eindringen in das Blatt kann bei jungen Blättern sehr leicht erfolgen, ältere Blätter werden gegen die Pilzsporen resistent (Altersresistenz).

Wie bei der Sporenreife, so befinden sich auch beim Keimen und Eindringen nicht alle Sporen im selben Entwicklungsstadium, sondern es gibt schnellere und langsamere Individuen.

Wenn die Blätter zwischenzeitlich abtrocknen, so stoppt die Keimung der Sporen, und wenn die Trockenphase noch länger andauert, beginnen die ersten Sporen abzusterben. Wird das Blatt wieder naß, bevor alle Sporen abgestorben sind, so können die Sporen weiterkeimen und infizieren.

Sobald die Sporen ins Blatt eingedrungen sind, sind sie von der Blattnässe unabhängig. Das Pilzgeflecht breitet sich nun unter der Blattoberfläche aus, ohne tiefer in das Blatt einzudringen.

Stärke der Primärinfektionen

Die Stärke der Schorfinfektion hängt von folgenden Faktoren ab:

- Ausgangsbefall (Befall im vergangenen Herbst)
- Fallaubverrottung
- Anteil an reifen, ausschleuderbaren Sporen
- Anteil an jungen, empfindlichen Blättern
- Anfälligkeit der Sorte
- Witterungsumstände

Mills oder RIMpro?

Jahrzehntelang galt für die Berechnung der Infektionen die Mill'sche Schorftabelle als wichtigstes Instrument. Doch viele Rückschläge in der Schorfbekämpfung ließen Zweifel an der Richtigkeit dieser Tabelle aufkommen. In der Mill'schen Schorftabelle werden nur die physikalischen Faktoren für eine Infektion berücksichtigt. Abgesehen von der Richtigkeit der Berechnungen bleiben die biologischen Faktoren (Sporenpotential, Sporenreife, Blattzuwachs usw.) unberücksichtigt.

Marc Trapman (NL) hat das Schorfsimulationsprogramm RIMpro entwickelt, das diese biologischen Faktoren mitberücksichtigt.

RIMpro errechnet aufgrund von Wetterdaten zu jedem beliebigen Zeitpunkt den Anteil an unreifen, reifen, ausschleuderbaren, ausgeschleuderten, keimenden und eingedrungenen Sporen und kann somit ständig einen aktuellen Überblick über den Verlauf der Primärinfektionen geben.

Vor allem im biologischen Apfelanbau ist dieses Programm wichtig, weil es als einziges Programm auch für den vorbeugenden Einsatz der Fungizide herangezogen werden kann.

Einfluß auf den Schorfbefall

Die Stärke des Schorbefalls wird gefördert durch	Die Stärke des Schorfbefalls wird gehemmt durch
hohen Ausgangsbefall im Herbst	geringen Ausgangsbefall im Herbst
geringe bzw. langsame Fallaubverrottung im Frühjahr	schnelle bzw. fast vollkommene Laubverrottung im Frühjahr
viele reife und ausschleuderbare Sporen	wenige ausschleuderbare Sporen
warm-feuchte Wetterperioden (Temp. bei 10–15 °C)	kalte bzw. trockene Witterung
infolge hoher Temperatur starker Blattzuwachs	geringer Blattzuwachs
empfindliche Sorten	widerstandsfähige bzw. resistente Sorten

Sekundärinfektionen

Kurz nach dem Erscheinen der ersten Symptome (ca. 2–3 Wochen nach der Infektion) durchbrechen die Konidienträger die Kutikula und bilden die birnenförmigen Sommersporen (Konidien). Diese werden in Massen produziert und können bei optimalen Witterungsverhältnissen zu einer Explosion des Schorfbefalls führen. Konidien

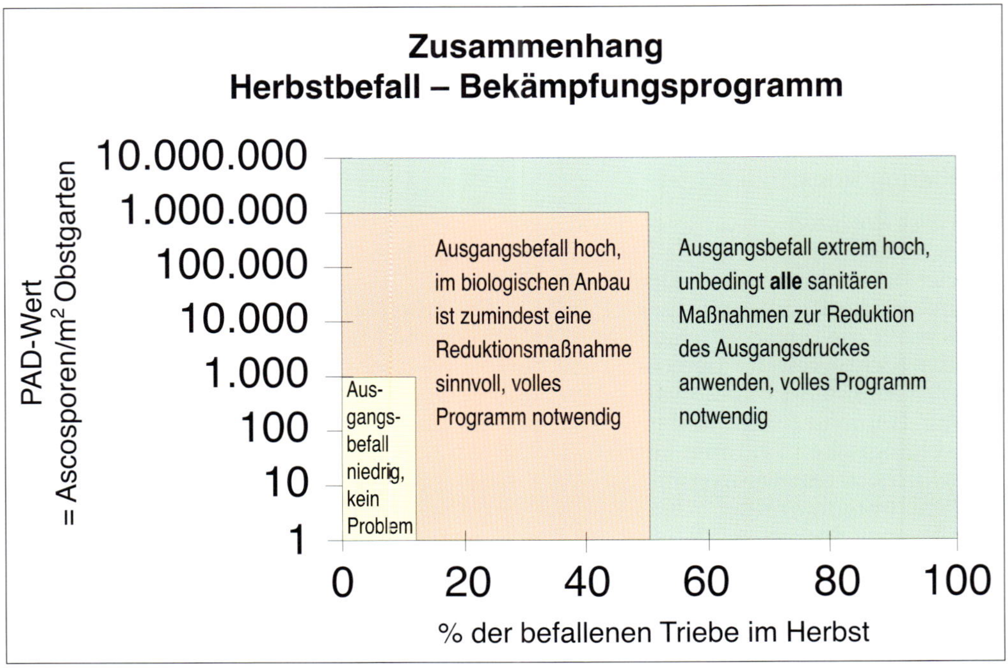

werden durch Regenspritzer und auch durch Wind abgelöst und verbreitet. Dies bedeutet, daß der Befall mit der Verbreitung der Regenspritzer (also von Baum zu Baum) weitergeht. Im Unterschied zu den Ascosporen brauchen sie also für die Verbreitung keinen Regen und kein Licht, so daß auch lange Tauperioden in der Nacht zu Sekundärinfektionen durch Konidien führen können.

Bei schorfempfindlichen Sorten geht die Entwicklung des Sekundärbefalls viel rascher und explosiver vor sich als bei robusten Sorten.

Wenn Primärinfektionen entstanden sind, kann es zu Sekundärinfektionen bis zum Triebabschluß kommen. Der Pilz überwintert in den abgefallenen Blättern.

Überwinterung am Baum

Bei starkem Sekundärbefall und triebigen Bäumen kann es zu Infektionen an Knospen und Trieben kommen. Diese Überwinterungsformen am Baum produzieren schon beim Austrieb Konidien in großer Zahl und können somit zu frühen Infektionen der Kelchblätter führen. Diese Infektionen sind später an den Früchten als Schorfflecken, ausgehend vom Kelch, erkennbar.

Unterschiede zwischen Primärinfektionen und Sekundärinfektionen

Art der Infektion	**Primärinfektionen**	**Sekundärinfektionen**
verursacht durch	Ascosporen	Konidien
Art der Sporenverbreitung	Sporenausschleuderung	Sporenablösung
Voraussetzungen für die Sporenausschleuderung bzw. Sporenablösung	Regen, Licht (nachts max. 5% Sporenausstoß), hohe Temperatur zum Zeitpunkt der Ausschleuderung	Wind bzw. Regen (jedoch nicht notwendig)
Anzahl der Flecken/Blatt bei erfolgten Infektionen	meist nur 1–2 Flecken	viele Flecken
Einfluß der Blattnässestunden insgesamt auf den Befall	mittel	sehr groß

Reduktion des Ausgangspotentials

Das Ausgangspotential (der Befall im Herbst) ist der bestimmende Einflußfakor für den Krankheitsverlauf im nächsten Frühjahr. Aufgrund des Prozentsatzes befallener Triebe im Herbst kann man sehr leicht auf das Sporenangebot im kommenden Frühjahr schließen.

Sind im Herbst unter 10% der Triebe befallen, ist das Ausgangspotential sehr niedrig und es ist im kommenden Frühjahr mit den vorhandenen Pilzbekämpfungsmitteln möglich, eine ordentliche Schorfbekämpfung durchzuführen.

Sind bis zu 50% der Triebe befallen, wird das Ausgangspotential sehr hoch sein und im biologischen Anbau ist es dann sinnvoll, die Sporendosis für das nächste Jahr zu reduzieren. Auch Einzelmaßnahmen zeigen hier schon eine positive Wirkung.

Wenn im Herbst über 50% der Triebe befallen sind, müssen alle möglichen Maßnahmen zur Reduktion ergriffen werden, damit man den Schorf wieder unter Kontrolle bringt. Einzelmaßnahmen zur Reduktion des Sporenpotentials reichen nicht mehr aus.

Folgende Maßnahmen zur Reduktion des Ausgangspotentials stehen im biologischen Anbau zur Verfügung:

Häckseln des Fallaubes

Das Häckseln des Fallaubes kann sowohl im Herbst als (bzw. und) auch im Frühjahr erfolgen. Durch das Aufreißen der Blätter wird der mikrobielle Abbau beschleunigt. In extremen Situationen sollte sowohl im Herbst als auch im Frühjahr gehäckselt werden.

Wirkungsgrad: 90% Reduktion des Sporenangebotes, 50% Reduktion des Befalls

Einfräsen des Fallaubes in den Baumstreifen

Vielfach wird im Herbst der Baumstreifen gefräst, um den Druck durch die Wühlmäuse zu mindern. Dabei wird das im Baumstreifen liegende Laub miteingefräst. Das Laub in der Fahrgasse bleibt jedoch unberücksichtigt.

Wirkungsgrad: 50% Reduktion des Sporenangebotes

Schonung der Regenwürmer, um schnelleren Laubabbau zu erreichen

Der Große Regenwurm ist der wichtigste Fallaubvertilger und somit der wichtigste Helfer im Kampf gegen den Schorfpilz. Normalerweise ist die Regenwurmdichte im biologischen Anbau sehr hoch. Kupferspritzungen und mechanische Bodenbearbeitung können die Regenwurmpopulation jedoch negativ beeinflussen. Daher ist darauf zu achten, daß die Menge des ausgebrachten Kupferspritzmittels möglichst niedrig bleibt.

Wirkungsgrad: 90% Reduktion der Sporenproduktion

Verwendung von antagonistischen Pilzen

Einige Pilze, wie z. B. *Athelia bombacina,* sind Hyperparasiten des Schorfpilzes, d. h., sie töten den Schorfpilz im Fallaub ab. Dieser Pilz ist sehr leicht auf Weizenkleie zu züchten und kann im Herbst vor dem Laubfall auf die Blätter gespritzt werden. Diese Methode ist jedoch noch nicht praxisreif.

Alle diese sanitären Maßnahmen haben jedoch nur dann wirklich einen Sinn, wenn die Triebe der Bäume im Herbst frühzeitig abschließen und die Überwinterung des Schorfpilzes am Baum und die Produktion von Konidien ausgeschlossen werden kann.

Bekämpfung

Vorbeugend

- Keine schorfanfälligen Sorten pflanzen.
- Geeignete Standorte auswählen. Im Sommer geht an Standorten mit langen Blattnässezeiten (durch Tau) die Sekundärentwicklung viel rascher vor sich.
- Durch geeignete kulturtechnische Maßnahmen für einen frühzeitigen Triebabschluß sorgen.
- Mischpflanzungen können die Befallsentwicklung in der Sekundärsaison wesentlich verlangsamen (siehe Kapitel *Sorten*).
- Sanitäre Maßnahmen durchführen.

Direkt

Der Schorf ist die wichtigste Krankheit im Obstbau, und mehr als die Hälfte der erforderlichen Maßnahmen gelten der Schorfbekämpfung. Im Gegensatz zu den tierischen Schaderregern handelt es sich beim Schorf um einen „unsichtbaren Feind“, der erst dann sichtbar wird, wenn der Obstbaum schon infiziert ist. Daher müssen alle Behandlungen vor einer Infektion erfolgen.

Um eine umweltgerechte und anlagenspezifische (befallsspezifische) Bekämpfung durchführen zu können, muß zuerst im Herbst das Ausgangspotential ermittelt werden.

Aufgrund des anlagenspezifischen Druckes kann dann eine Strategie gewählt werden.

Schorfstrategien

Maßnahme/ Zeitpunkt	**Anlagen mit niedrigem Ausgangspotential (<10% bef. Triebe) bzw. unempfindlichen Sorten**	**Anlagen mit einem hohen Ausgangspotential (10–50% bef. Triebe)**	**Anlagen mit einem extrem hohem Ausgangspotential (> 50% bef. Triebe)**
Fallaub häckseln im Herbst	nicht notwendig	notwendig	notwendig
Fallaub häckseln im Frühjahr	nicht notwendig	wenn im Herbst gehäckselt wurde, nicht mehr notwendig	notwendig
im Grünspitzenstadium, wenn eine Schlechtwetterperiode angesagt ist		vorbeugende Spritzung mit Kupfer	vorbeugende Spritzung mit Kupfer
Mausohrstadium – Ende Blüte: wenn eine Schlechtwetterperiode angesagt ist	vorbeugende Spritzung mit Kupfer bzw. Schwefel oder Schwefelkalk	vorbeugende Spritzung mit Kupfer bzw. Schwefel oder Schwefelkalk	vorbeugende Spritzung mit Kupfer bzw. Schwefel oder Schwefelkalk
wenn viele Sporen ausgeschleudert wurden	Spritzung auf nasses Blatt nur dann, wenn keine vorbeugende Spritzung gemacht wurde	Spritzung auf nasses Blatt auf die keimenden Sporen	vorbeugende Spritzung mit Kupfer bzw. Schwefel oder Schwefelkalk
und wenn die vorbeugende Spritzung schon 3–4 Tage vorher gemacht wurde und schon ein neues Blatt zugewachsen ist		Spritzung auf die keimenden Sporen	Spritzung auf die keimenden Sporen
Sekundärsaison: wenn Schorfbefall in der Anlage festgestellt wird	vorbeugende Spritzungen: Abstände richten sich nach Blattzuwachs und Blattnässezeiten	vorbeugende Spritzungen: Abstände richten sich nach Blattzuwachs und Blattnässezeiten	vorbeugende Spritzungen: Abstände richten sich nach Blattzuwachs und Blattnässezeiten

Eine erfolgreiche Schorfbekämpfung kann nur dann durchgeführt werden, wenn alle Beteiligten (Bauer, Berater) sehr flexibel agieren. Für den Bauern bedeutet dies, in schorfgefährlichen Zeiten öfter zu spritzen (u.U. 2x in der Woche) und in Zeiten ohne Schorfgefahr die Spritzabstände zu strecken.

Eine erfolgreiche Schorfbekämpfung ist nur mit einer guten Warndienstinfrastruktur möglich.

Die Beratung hat die Aufgaben, den Bauern Daten über die Sporenreife, die Sporenausschleuderung und das Eindringen der Sporen möglichst schnell zu übermitteln, damit der Bauer sofort reagieren kann.

Apfelmehltau *(Podosphaera leucotricha)*

Schadbild

Im Winter: schlechter Schluß der Knospenschuppen, Knospen sind oft runzelig und sterben ab; befallene Triebe sind weißlich (mehliger Überzug).
Im Frühjahr: befallene Knospen treiben verspätet aus, die neu austreibenden Blätter sind mit einem weißen, mehlartigen Belag überzogen. Sie wachsen steil nach oben und rollen sich vom Rand her zur Blattoberseite ein, bleiben zu schmal und werden hart und brüchig.

Blattunterseits entsteht ein zunächst rötlicher Anflug, der später in einen braunen Ton übergeht.
Während der Vegetationsperiode: bei fortschreitendem Befall werden laufend Blätter abgestoßen, und an den verkahlten und verkürzten Trieben bleiben oft nur die vertrockneten Spitzenblätter übrig. Befallene Triebe sind leuchtend weiß.

Vom Mehltau befallene Blüten verkümmern und sind auch mit einem mehligen Pilzgeflecht überzogen.

Befallene Früchte bleiben zu klein und weisen eine typische netzartige Berostung auf.

Anfälligkeit

Sehr anfällige Sorten sind: Jonagold, Idared, McIntosh,

Krankheitsverlauf

Primärinfektionen

Der Mehltaupilz überwintert als Myzel (Pilzgeflecht) in den Knospen. Bei sehr strengen Frösten im Winter kann ein Teil der mehltaubefallenen Knospen absterben, da die Knospenschuppen nicht ganz geschlossen sind. Dieses Pilzgeflecht produziert in den geschlossenen Knospen Konidien, die beim Austrieb die jungen Blätter, Blüten und Früchte infizieren. Bei günstigen Witterungsbedingungen ist eine Infektion schon ab dem Grünknospen- bzw. Rotknospenstadium möglich. Die ersten Symptome der Primärinfektionen können dann schon zur Blüte auf den Laub- und Blütenblättern gesehen werden. Damit es zu Mehltauinfektionen kommt, muß außer den klimatischen Bedingungen auch noch anfälliges Gewebe (jüngste Blätter) vom Baum zur Verfügung

Blattschorf: dunkle Flecken, die bereits wieder Sporen produzieren

Extrem starker Fruchtschorfbefall

Mehltautrieb im Winter: typisch ist der mehlige Überzug und die nicht geschlossene Endknospe

Krebswucherungen am Stamm

Mehltautrieb im Sommer: Blätter mit einem weißen, mehligen Belag überzogen

stehen. Die Altersresistenz der Blätter gegen Mehltau tritt noch früher ein als gegen Schorf.

Das Maximum der Mehltauinfektionen wird während des größten Triebwachstums erreicht (um die Blüte). In dieser Periode kommt es auch häufig zu Fruchtinfektionen und damit verbunden zur Fruchtberostung.

Sekundärinfektionen

Befallene Blätter produzieren Konidien, die wiederum junge, anfällige Blätter befallen können. Dabei bildet sich der Pilzrasen zuerst auf der Blattunterseite aus. Im Herbst wächst der Pilz stielabwärts und dringt in die sich bildenden Knospen ein, noch bevor die Knospenschuppen verkorken. Dies ist ebenfalls ein besonders kritischer Punkt der Mehltauinfektionen, da sowohl Lateral- als auch Terminalknospen infiziert werden können.

Witterungsbedingungen für eine Mehltauinfektion

Optimale Witterungsbedingungen sind 15–25 °C Lufttemperatur und eine Luftfeuchtigkeit über 70%.

Bei Temperaturen von 4–10 °C geht die Keimung der Mehltausporen sehr langsam vor sich.

Optimale Infektionsbedingungen herrschen bei schwülen, feucht-warmen Perioden, oft nach einem Regen.

Mehltauinfektionen können nicht erfolgen, wenn das Blatt naß ist.

Bekämpfung

Vorbeugend

- Entfernen von mehltaubefallenen Trieben beim Winterschnitt und späten Sommerschnitt. Damit wird das Sporenpotential beträchtlich vermindert. Die Schnittmaßnahmen sollten bei starkem Befall jedoch nicht in der Zeit des starken Triebwachstums erfolgen, da dann die Triebe wieder neu austreiben und neue, junge und damit anfällige Blätter gebildet werden. Ein Mehltauschnitt zum falschen Zeitpunkt kann den Befall noch verstärken
- Möglichst früher Triebabschluß der Bäume bedeutet einen verkürzten Infektionszeitraum.
- Mehltauresistente oder wenig anfällige Sorten pflanzen.

Direkt

Eine Spritzung gegen Mehltau ist nur bei empfindlichen Sorten und mittlerem Druck notwendig. Ansonsten genügen die vorbeugenden Maßnahmen.

Die Mehltaubekämpfung erfolgt mit Schwefelpräparaten (3kg/ha). Die Bekämpfung muß im Grün-Rotknospenstadium beginnen und bis zum Triebabschluß fortgesetzt werden.

Schwefel wirkt vorbeugend auf die Sporenkeimung.

Die Spritzabstände richten sich nach dem Blattzuwachs. In Perioden des stärksten Triebwachstums, wenn jede Woche 2–3 neue Blätter zuwachsen, müssen die Spritzabstände auf 4 bis max. 7 Tage verringert werden. Wenn das Wachstum gering ist, können die Abstände auf 10–14 Tage ausgeweitet werden.

Keine Schwefelspritzungen bei Temperaturen über 30 °C, da es sonst zu Verbrennungen kommen kann.

Obstbaumkrebs *(Nectria galligena)*

Schadbild

An den Trieben findet man meist in der Umgebung eines Auges kleine, braun-rote, eingesunkene Flecken. Wenn sich die Befallsstelle vergrößert, reißt die Rinde auf und es entstehen krebsartige Wucherungen (offener Krebs). Die Triebe über der Befallsstelle sterben allmählich ab. An älteren Ästen und am Stamm entwickeln sich größere Krebsstellen, die der Baum durch Überwallungswülste zu verschließen versucht (geschlossener Krebs).

An befallenen Trieben kann man sowohl weißliche Konidienlager als auch rötliche Fruchtkörper finden.

Anfälligkeit

Sehr anfällig für Obstbaumkrebs sind die Sorten Gala, Cox Orange, Gloster, Idarded, Summerred und McIntosh.

Krankheitsverlauf

Der Ascosporenflug des Pilzes setzt schon im Herbst ein. Die Sporen werden durch den Regen ausgeschleudert und können über Wunden in den Baum eindringen. Haupteintrittsquellen im Herbst sind die Frucht- und Blattnarben. Der Ascosporenflug geht im Frühjahr wieder weiter, und auf den befallenen Trieben werden ab der 2. Jahreshälfte verstärkt auch Konidien produziert. Die Produktion der Konidien geht bis in den Spätherbst hinein. Somit sind im Herbst, wenn viele Wunden vorhanden sind und die Sporenproduktion am größten ist, die Infektionsbedingungen am besten.

Infektionen können auch im Frühjahr und Sommer über Schnittwunden, Hagelwunden, Frostrisse und andere Wunden erfolgen, doch muß immer eine Wunde vorhanden sein.

Bekämpfung

Vorbeugend
- Keine anfälligen Sorten pflanzen.
- Möglichst früher Triebabschluß, damit eine einheitliche und kurze Blattfallperiode gewährleistet ist. Denn je länger diese Periode dauert, desto größer ist die Möglichkeit von Infektionen.
- Gute Kontrolle der Jungbäume beim Pflanzen, damit nicht krebsbefallenes Material gepflanzt wird.
- Für eine gute Vitalität des Baumes sorgen. Gesunde Bäume werden weniger befallen.
- Keine stauende Nässe im Boden. Bäume auf nassen Böden bekommen leichter Krebs.
- Vor allem Junganlagen öfter auf Krebsbefall kontrollieren.
- Kranke Bäume sollten in den ersten beiden Standjahren sofort aus der Obstanlage entfernt werden.

- Befallenes Schnittmaterial sollte aus der Anlage entfernt und verbrannt werden.

Direkt
- Während des Winters sollten die Krebsstellen ausgeschnitten bzw. ausgefräst und anschließend mit einem Wundverschlußmittel bestrichen werden.
- Bei Befall sollte nach der Ernte beim Beginn des Blattfalls, während des Blattfalls und nach dem Schnitt eine Behandlung mit Kupfer erfolgen, wenn eine Regenperiode angesagt ist.

Fliegenschmutzkrankheit und Rußfleckenkrankheit

	Fliegenschmutzkrankheit	**Rußfleckenkrankheit**
Erreger	*Schizothyrium pomi*	*Gloeodes pomigena*
Schadbild	dunkle, punktförmige Flecken auf der Fruchthaut, oft in Gruppen	verwaschene Flecken auf der Fruchthaut, die auch abwaschbar sind

Krankheitsverlauf

Beide Krankheiten treten oft gemeinsam auf. Die Erreger überwintern auf Apfelbäumen und einer Reihe von Laubgehölzen. Ab Ende Mai kommt es bei kühlem und regnerischem Wetter zu Infektionen; die Infektionsgefahr besteht bis September. Stark befallene Äpfel beginnen im Lager zu schrumpfen.

Bekämpfung

Diese beiden Pilzkrankheiten sind in alten Anlagen neben dem Schorf die zweitwichtigste Pilzkrankheit. Der Befall kann in manchen Jahren in dichten Anlagen die gesamte Ernte betreffen.

Vorbeugend

Für eine lichte Krone sorgen. Schnitt und Düngung sollten optimiert werden. Bei alten Bäumen und dichten Kronen ist der Befall viel höher als bei jungen Bäumen.

Wirtspflanzen (Esche, Ahorn, Linde, Weide) am Rande der Obstanlage entfernen – wegschneiden.

Direkt

Mehrmalige Spritzungen mit Kokosseife ab Juni können den Befall deutlich reduzieren.

Laut der Versuchsanstalt Laimburg hat Schwefelkalk ebenfalls eine geringe Wirkung auf diese beiden Krankheiten.

Verschiedene Frucht- und Lagerfäulen

(Monilia, Gloeosporiumfäule u. a.)

Die Erreger dieser Fäulen dringen entweder über Wunden (Monilia u. a.) oder über die Lentizellen (Gloeosporiumfäule, Phoma u. a.) in die Frucht ein. Sie überwintern in Fruchtmumien, Schnittholz, Fallobst, Fallaub und anderen Gehölzen.

Bei Pilzkrankheiten, wenn der Erreger über Wunden eindringt, kommt es zu einer Totalfäule der Frucht.

Bei Pilzkrankheiten, wenn der Erreger über Lentizellen eindringt, entstehen 2–5 cm große Fleckfäulen.

Bekämpfung der Frucht- und Lagerfäulen

Vorbeugend

- Entfernen der Fruchtmumien und anderer Sporenlager vom Baum.
- Für ein gutes Bodenleben sorgen, damit das Fallaub, am Boden liegende Früchte und Schnittholz abgebaut werden (vor allem Schonung der Regenwürmer).
- Wirtspflanzen am Rande der Anlage entfernen (vor allem Eschen und andere Laubbäume).
- Keine nassen Früchte ernten und ins Lager stellen.
- Optimaler Erntetermin.
- Sofortige Einlagerung der gepflückten Äpfel und Einstellung der richtigen Luftzusammensetzung und Lagertemperatur.

Direkt

Es gibt keine direkten Maßnahmen.

Birnengitterrost *(Gymnosporangium fuscum)*

Schadbild

Im Frühjahr (Juni) entstehen an der Blattoberseite bis zu 1cm große orangerote Flecken. Im Laufe des Sommers bilden sich auf der Blattunterseite rote, knorpelige Pusteln.

Krankheitsverlauf

Der Erreger des Birnengitterrostes ist ein wirtwechselnder Rostpilz, d. h., er macht einen Teil seiner Entwicklung auf anderen Pflanzen (Wacholder) durch.

Im Frühjahr befällt der Pilz zuerst den Wacholderstrauch. Bei Regenwetter können die Sporenlager an den Wacholderbäumen aufquellen und auf die Birnenblätter gelangen. Dort dringen sie ein und bilden nach 3–4 Wochen auf der Oberseite orangerote Flecken. Die Sporenlager werden auf der Blattunterseite gebildet. Diese Sporen gelangen wiederum auf die Wacholderbäume, wo der Erreger überwintert.

Die größte Ansteckungsgefahr besteht im Umkreis von 30–50 m von Wacholdersträuchern.

Jährlicher starker Befall vermindert die Assimilationsleistung und führt zum Rückgang der Produktivität und schließlich zum Absterben des Baumes.

Bekämpfung

Vorbeugend

- Als einzige Bekämpfungsmaßnahme hat sich das Roden von Wacholdersträuchern im Umkreis von 30–50 m von den Birnbäumen erwiesen.
- Junganlagen sollten nicht in der Nähe von bestehenden Wacholdersträuchern gepflanzt werden.

Direkt

Es gibt keine direkten Bekämpfungsmöglichkeiten.

Schädlinge

Rote Spinne *(Panonychus ulmi)*

Aussehen

Erwachsenes Tier: Weibchen ca. 0,4 mm lang, Körper oval, stark gewölbt und dunkelrot mit langen Borsten; kurze, helle Beine. Die gelb-grünen bis hellroten Männchen sind etwas kleiner und mehr oder weniger birnenförmig.
Ei: 0,17 mm Durchmesser, dunkelrot, zwiebelförmig.
Entwicklungsstadien: die Larven haben 6 Beine, die Nymphen 8 Beine, gelblichgrün-hellrot.

Lebenszyklus

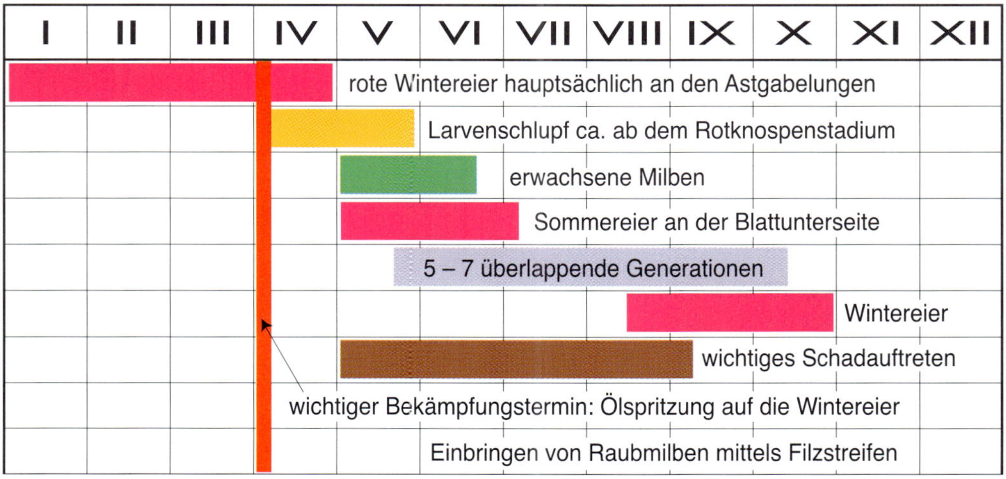

Die Rote Spinne überwintert als rotes Winterei hauptsächlich an den Astgabelungen von 2- und 3jährigem Holz. Bei extrem starkem Besatz mit Roter Spinne kann man die Wintereier auch am 1jährigen Holz finden. Ca. im Rotknospenstadium beginnt der Schlupf der Spinnmilben aus den Wintereiern. Die jungen Larven wandern sofort auf die Rosettenblätter und beginnen dort zu saugen. Im Mai geht der Schlupf der Roten Spinne noch weiter, während die erstgeschlüpften Larven ihre Entwicklung schon beendet haben. Mit dem Ansteigen der Temperaturen geht die Entwicklung sehr rasch vor sich, und es entwickeln sich 5–7 überlappende Generationen. Die etwas blasseren Sommereier werden auf der Blattunterseite abgelegt. Wenn die Nachttemperaturen absinken und die Tage kürzer werden, beginnen die Weibchen mit der Ablage der Wintereier und stellen die Vermehrung ein.

Massenvermehrungen der Roten Spinne treten entweder in trockenen, heißen Sommern (ideale Vermehrungsbedingungen für die Rote Spinne) oder teilweise nach Regenperioden (Schädigung der Raubmilben durch die vielen Schwefelspritzungen zur Schorfbekämpfung) auf.

Schadbild

Zuerst kann man durch die Saugtätigkeit der Milben eine leichte Sprenkelung der Blätter erkennen. Bei starkem Befall werden die Blätter mattgrün, bräunlich und schließlich bronzefarben und brüchig. Teilweise fallen die Blätter ab. Dies wirkt sich negativ auf die Qualität der Früchte und die Blütenknospenbildung aus. Die Ausfärbung der Früchte bleibt mangelhaft (z. B. bleibt Golden Del. grün) und die Bildung der Blütenknospen wird verhindert. Somit ist die Ertragskapazität für das nächste Jahr geringer.

Wintereier der Roten Spinne: zwiebelförmig, rot; werden bevorzugt an der Unterseite der Astgabelungen am 2- und 3jährigen Holz abgelegt

Schadbild am Apfelbaum: starke Braunverfärbung durch die Saugtätigkeit der Milben

Gegenspieler

Die Rote Spinne hat unter natürlichen Umständen sehr viele Gegenspieler und sollte deshalb in der biologischen Produktion kein großes Problem darstellen. Der mit Abstand wichtigste Gegenspieler ist die Raubmilbe. Daneben können auch noch Kugelkäfer, Florfliegen und die kleine Blumenwanze *(Orius.m.)* wertvolle Hilfe leisten. Je nach Witterung können diese Räuber in manchen Jahren auch ohne Mithilfe der Raubmilben eine Regulation der Spinnmilben erreichen.

Die Raubmilben haben als Nützlinge den großen Vorteil, daß sie das ganze Jahr über am Baum verbleiben und somit immer da sind, wenn es Spinnmilben gibt (Schutzräuber).

Diese Nützlinge haben einen tropfenförmigen Körper und sind milchig-weiß bis orange-rot (wenn sie gerade eine Rote Spinne gefressen haben). Sie überwintern als adultes Weibchen in Ritzen am Stamm und erscheinen im Frühjahr schon vor der Blüte. Zuerst sind sie im Flaum der Kelchblätter und im Kelchknoten zu finden, später halten sie sich auf der Unterseite der Blätter auf. Dort bevorzugen sie den Platz um die Mittelrippe des Blattes. Raubmilben lieben vor allem Sorten mit stark behaarten Blättern (z. B. Jonagold, Idared usw.) Auf wenig behaarten Blättern, wie bei Golden Delicious, ist es viel schwieriger, mit Raubmilben zu arbeiten.

Eine stabile Situation von Roter Spinne und Raubmilbe tritt nicht immer sofort ein.

1 Raubmilbe/Blatt kann 8–10 Rote Spinnmilben/Blatt kontrollieren.

Raubmilben sind jedoch sehr empfindliche Tiere und werden von verschiedenen Pflanzenschutzmitteln mehr oder weniger stark gehemmt bzw. sie werden getötet. Eigentlich sollte dies im biologischen Anbau kein Problem sein. Da jedoch der Schwefel im biologischen Anbau eines der wichtigsten Schädlingsbekämpfungsmittel ist, wird Schwefel oft gespritzt. Oftmalige Schwefelspritzungen in höheren Dosierungen können aber den Raubmilben sehr schaden.

Eine dauerhafte und problemlose Bekämpfung der Roten Spinne ist nur mit Raubmilben möglich.

Neben den Raubmilben sind auch der Kugelkäfer, die kleine Blumenwanze, die Florfliegen- und Marienkäferlarven sehr wirksame Helfer gegen die Rote Spinne. Ihr Nachteil ist, daß sie Säuberungsräuber sind und erst bei einem Befall mit Roter Spinne in die Anlage kommen. Meist ist jedoch dann die Population der Spinnmilben schon so stark angestiegen, daß diese Nützlinge sie nicht mehr unter Kontrolle halten können.

Bekämpfung

Vorbeugend

- Die wichtigste Maßnahme ist die Schonung der Nützlinge, vor allem der Raubmilbe.
- In der Schorf- und Mehltaubekämpfung ist darauf zu achten, daß die Anzahl der Schwefelspritzungen und die Mittelmenge/ha möglichst niedrig gehalten wird.

Direkt

Sofern keine Raubmilben vorhanden sind, sollten welche eingebracht werden. Dies kann auf 2 Arten geschehen:

- Einbringen von Raubmilben mittels Filzstreifen:
  Dabei werden im Spätsommer Filzstreifen oder Kokosstricke um den Baumstamm der Spenderbäume gebunden, damit die abwandernden Weibchen diese Streifen oder Stricke als Winterquartier annehmen. Im Winter oder zeitigen Frühjahr werden diese Bänder bzw. Stricke von den Spenderbäumen abgenommen und auf die Empfängerbäume gehängt.
  Die Spenderbäume müssen natürlich einen entsprechend hohen Besatz mit Raubmilben im Sommer aufweisen.
  Diese Methode ist sehr einfach und kann in der arbeitsarmen Zeit durchgeführt werden.
  Außerdem ist es mit dieser Methode möglich, schon beim Austrieb Raubmilben in die Anlage zu transportieren.
- Einbringen von Raubmilben mittels Wasserschosse im Sommer:
  Mit Raubmilben besetzte Triebe werden von den Spenderbäumen geschnitten, mittels Großkiste in die Empfängeranlage transportiert und dort werden die Triebe auf die Empfängerbäume gelegt. Schon am nächsten Tag wandern die Raubmilben auf den Empfängerbaum über.
  Dabei ist zu achten, daß auf jeden Baum mind. 1 Trieb kommt und die Triebe mit der Windrichtung eingebracht werden.
  Bei dieser Methode, die im Sommer anzuwenden ist, können die Raubmilben noch max. 1 Generation bis zum Herbst bilden. Damit ist die Ausgangspopulation für das nächste Frühjahr sehr gering, und es dauert im nächsten Jahr oft sehr lange, bis die Raubmilben sichtbar werden.

Eine chemische Bekämpfung der Roten Spinne ist in der biologischen Produktion nur bei den überwinternden Eiern möglich.

Dafür sind Mineralöl- und Rapsölpräparate zugelassen. Mineralöl hat jedoch eine deutlich bessere Wirkung als Rapsöl.

Die offizielle Schadschwelle liegt im Winter bei 2.000 Wintereier/2m Fruchtholz. Diese Schadschwelle ist für den Bauern jedoch praktisch nicht feststellbar. Eine einfache Methode ist, mit dem Finger über die Astansatzstellen zu wischen. Ist der Finger rot, sind viele Wintereier abgelegt worden und eine Ölspritzung ist notwendig.

Bei der Austriebsspritzung gegen die Rote Spinne ist folgendes zu beachten:

- Die Ausstriebsspritzung kann bis zum Rotknospenstadium durchgeführt werden.
- Je näher die Spritzung zum Schlupf der Larven aus den Wintereiern ist, desto besser ist die Wirksamkeit.
- Bei der Ölspritzung ist auf eine gute Bedeckung der Astwinkel mit dem Öl zu achten. Deshalb sollte jede Reihe auch in entgegengesetzter Richtung (also doppelt) gefahren werden. Feinsprühen gibt einen höheren Bedeckungsgrad als Normalsprühen.
- 2–3 Tage nach einer Ölspritzung sollte kein Frost auftreten – sonst kann es Schäden geben (von Blattverbrennungen bis zum Abstoßen der Blüten).
- Empfindliche Sorten, wie Gala, Cox Orange, Boskoop, Braeburn und Rubinette, müssen jedoch zum Mausohrstadium behandelt werden.
- Die Aufwandsmenge richtet sich nach der phänologischen Entwicklung:
  bis zum Mausohrstadium: 30 l/ha
  beim Grünknospenstadium 20 l/ha
  beim Rotknospenstadium 10 l/ha

Apfelrostmilbe *(Aculus schlechtendali)*

Aussehen

Sommerweibchen (Protogyne): 0,16–0,18 mm lang, Körper gelbbraun mit winzigen Wärzchen
Winterweibchen (Deutogyne): ähnlich, jedoch mit weniger Wärzchen

Lebenszyklus

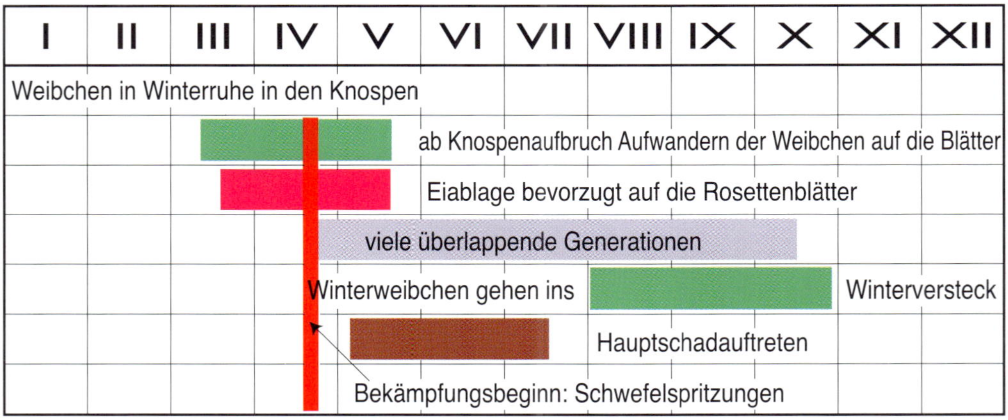

Die Deutogynen (Winterweibchen) überwintern unter Knospenschuppen, in Rindenrissen in der Nähe von Knospenschuppen oder auch unter Moosen und Algen auf der Rinde. Von Knospenaufbuch an wandern die überwinternden Rostmilben auf die Rosettenblätter auf und beginnen dort und an den Blüten sofort zu saugen. Bis zum Mausohrstadium sind alle Milben aus den Winterverstecken aufgewandert.

Im Mai schlüpfen die Männchen und Protogynen (Sommerform) der 1. Generation, anschließend folgen mehrere sich überlappende Generationen. Bereits Ende Juni beginnt die Bildung der Winterformen, die dann ab August ihre Winterverstecke aufsuchen.

Eine starke Zunahme des Rostmilbenbefalls erfolgt oft Mitte Mai bis Mitte Juni, wenn sehr warme, trockene Witterung herrscht, so daß der Besatz innerhalb einer Woche von 10% auf 100% mit Rostmilben besetzte Blätter ansteigen kann.

Schadbild

Durch die Saugtätigkeit der Milben sieht die Blattoberseite gesprenkelt, blaß und glanzlos aus. Die Blattunterseite verfärbt sich bräunlich. Stärker befallene Blätter werden silbrig und können schließlich braun werden. Sie rollen sich dann vom Rand her ein.

Durch die Schädigung der Blätter kommt es zu einer mangelhaften Ausfärbung der

Früchte. Davon sind vor allem Sorten mit roter Deckfarbe betroffen (Jonagold usw.). Dieser Schaden ist häufiger anzutreffen als die durch diese Milbe verursachte Berostung.

Eine Berostungsgefahr durch Rostmilben besteht dann, wenn es schon zur Blüte oder kurz nach der Blüte zu einem hohen Rostmilbenbefall kommt.

Apfelrostmilbe: kleine, beistrichförmige orange Milben auf der Blattunterseite

Gegenspieler

Der wichtigste Gegenspieler der Apfelrostmilbe ist die Raubmilbe. Während jedoch eine Regulation der Roten Spinnmilbe durch die Raubmilbe sehr rasch geht, dauert es bei der Apfelrostmilbe oft 1–2 Jahre länger, bis eine stabile Situation erreicht wird.

Schadschwelle

Vielfach beziehen sich Schadschwellen auf die Anzahl Rostmilben/Blatt. Für den Bauern ist es jedoch unmöglich, die Anzahl Rostmilben/Blatt festzustellen. Daher ist es einfacher, mit der Besatzziffermethode zu arbeiten.

Laut Marc Trapman (NL) liegt eine stabile Situation vor, wenn nicht mehr als 20% der Blätter mit Rostmilben besetzt sind (6 von 30 Blättern). Liegt der Besatz mit Rostmilben höher, können die Raubmilben das Gleichgewicht oft nicht mehr herstellen.

Bekämpfung

Vorbeugend

Durch Schonung der Raubmilben

Direkt

- Durch Einbringen von Raubmilben (siehe Bekämpfung der Roten Spinne)
- Chemische Bekämpfung:
  Schwefelspritzungen ab Mausohr-Grünknospenstadium haben eine gute unterdrückende Wirkung auf die Apfelrostmilbe. Ist der Befall jedoch einmal sehr hoch, so hat man mit Schwefelspritzungen weniger Wirkung.
  Die Dosierung sollte nicht über 3 kg/ha liegen, damit die Raubmilben nicht geschädigt werden.
  Die Schwefelspritzungen sollten in Anlagen mit Rostmilbenproblemen bis Mitte/Ende Juli fortgeführt werden.

Mehlige Apfellaus *(Dysaphis plantaginea)*

Aussehen

Laus: zuerst dunkelgrün, dann grün mit etwas mehligem Überzug, dann grün mit etwas Violett am Körperende, dann grau-violett und dann schwarz mit mehligem Überzug.
Ei: 0,6 mm, schwarz, ist von anderen Blattlauseiern kaum zu unterscheiden.

Lebenszyklus

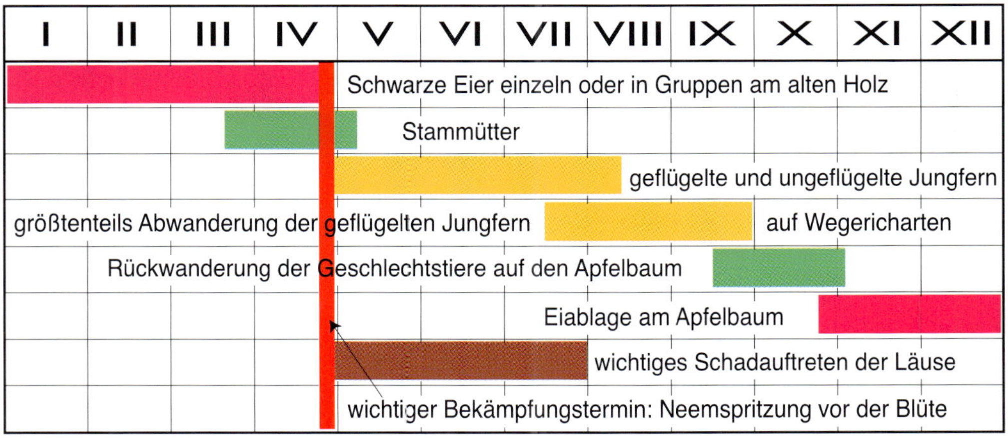

Die Mehlige Apfellaus überwintert als schwarzes Winterei einzeln oder in Gruppen am alten Holz. Die ersten Stammütter schlüpfen schon beim Austrieb aus ihren Eiern und machen bereits eine Fundatrixgalle, d. h., sie biegen die Blattspitze oder den Blattrand hinunter und rollen ihn ein. Im Mausohr-Grünknospenstadium sind diese Gallen nur sehr schwer zu finden. Nach ca. 2–3 Wochen sind die Stammütter erwachsen und beginnen mit der Zeugung der parthenogenetischen Nachkommenschaft. Nach der Blüte beginnen die Läuse der ersten Generation selbst Junge zu zeugen. In diesem Moment kann der Befall sehr rasch zunehmen.

Die Vermehrungsrate der Mehligen Apfellaus ist enorm hoch, und damit kann es leicht zu sehr großen Schäden kommen. Neben den deutlichen Blattrollungen werden durch die Saugtätigkeit der Läuse auch die Früchte geschädigt. Die Früchte bleiben klein und deformiert und fallen nicht ab.

Diese Fruchtschäden können schon in oder kurz nach der Blüte entstehen. Die Triebe werden eingerollt (Ringelschwänzchentriebe). Triebe mit Befall von Mehligen Apfelläusen entwickeln meistens keine Blütenknospen.

Ab Anfang Juni (bei ca. 15 mm Fruchtgröße) bekommt ein Teil der Läuse Flügel und wandert auf den Wegerich (Sommerwirt) ab. Ist die Vegetation jedoch sehr üppig, dann bleibt ein Teil der Mehligen Blattläuse am Apfelbaum. Die ungeflügelten Läuse werden durch Ameisen und Wind auf andere Apfelbäume verbreitet und bilden dort neue Kolonien. Die geflügelten Läuse wandern gleich auf den Wegerich ab. Bis in den Spätsommer hinein können auf diese Weise neue Kolonien entstehen, die jedoch nicht so gefährlich sind, wie die im Frühjahr gebildeten.

Im Herbst bilden sich geflügelte Geschlechtstiere aus. Diese wandern auf den Apfelbaum zurück, sofern sie nicht auf dem Apfelbaum geblieben sind. Die befruchteten Weibchen legen dann ihre Wintereier ab.

Mehlige Apfellaus: stark befallener Trieb

Gegenspieler

Blattläuse haben viele Gegenspieler, die jedoch im Fall der Mehligen Laus, vor allem im Frühjahr nicht effektiv genug sind.

Die wichtigsten Gegenspieler sind:

Florfliegen	Blumenwanzen
Marienkäfer	Gallmücken
Schlupf- und Erzwespen	Schwebfliegen

Diese Nützlinge haben gegenüber der Mehligen Blattlaus einen Nachteil. Sie können sich in kalten Frühjahrsperioden nur sehr langsam vermehren.

Wenn es dann ab Juni zu Nesterbildungen der Mehligen Blattlaus kommt, sind die Entwicklungsbedingungen für diese Nützlinge besser und sie können die Blattlauspopulation eindämmen. Die Nützlinge spielen somit vor allem im Sommer eine große Rolle, während sie im Frühjahr aus den eben genannten Gründen geringere Bedeutung haben.

Kontrolle und Schadschwelle

Die Schadschwelle liegt, bedingt durch die große Vermehrungsrate und durch den enormen Schaden, den die Mehlige Apfellaus anrichten kann, sehr niedrig.

1. visuelle Kontrolle vor der Blüte (Gün-Rotknospenstadium) der Rosettenblätter auf Stammütter
   Schadschwelle: 1% Befall
2. visuelle Kontrolle nach der Blüte (Rosettenblätter) und im Laufe des Sommers (Langtriebe)
   Schadschwelle: 1–3%

Bekämpfung

Vorbeugend

- Vermeidung von zu üppig wachsenden Bäumen.
- Schonung der Nützlinge.

- Anbringen von Leimringen, damit die Ameisen nicht auf die Apfelbäume wandern können. Wenn keine Ameisen vorhanden sind, verläuft die Entwicklung der Blattläuse anders.

Direkt

Eine Bekämpfung mit Gegenspielern ist vor und um die Blüte fast nicht möglich. Daher sollte zu diesem frühen Zeitpunkt auf alle Fälle eine chemische Behandlung vorgenommen werden.

Vorblütebehandlung mit Neem-Präparaten (darf laut letzter gültiger EU-Richtlinie nur in Baumschulen eingesetzt werden) – diese Spritzung sollte auf alle Fälle vor der Blüte gemacht werden, da Neem sehr langsam wirkt.

Wo Neem nicht zugelassen ist, kann man mit Zusatzstoffen (Netzmitteln oder Seifenpräparaten) arbeiten. Diese wirken jedoch nicht so gut. Ebenfalls nicht so gut ist die Wirkung bei Pyrethrum-Rotenon-Präparaten.

Sollte im Laufe des Frühjahres oder Sommers Blattlausbefall auftreten, so sollten, wenn mehr als 5% der Triebe mit Mehligen Läusen befallen sind, die Triebe weggeschnitten und aus der Anlage entfernt werden. Danach sollte gespritzt werden.

In Anlagen, die bedingt durch frühzeitigen Triebabschluß im Herbst schnell ihre Blätter verlieren, kann eine verminderte Wintereiablage der Mehligen Laus beobachtet werden.

Apfelfaltenlaus *(Dysaphis spp.)*

Aussehen

Laus: grau bis dunkel blaugrau, kurze schwarze Siphone
Nymphen: rosa bis bläulich-grau
Ei: schwarz

Lebenszyklus

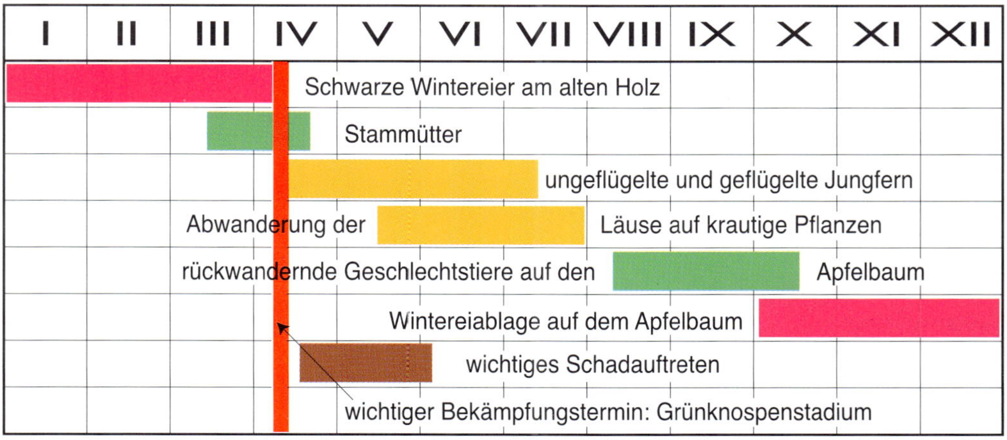

Die Apfelfaltenlaus überwintert als Ei, das am Stamm oder an den Ästen abgelegt wird. Schon bald nach Knospenaufbruch schlüpfen die Larven, die auf die Rosettenblätter aufwandern, zu saugen beginnen und gleichzeitig dort ihre ersten Kolonien bilden. Später findet man die Faltenläuse auch auf den Jungtrieben.

Sie vermehren sich parthenogenetisch (Jungfernzeugung). Ab ca. Mitte Mai werden geflügelte Tiere gebildet, die auf Wildpflanzen abwandern. Im Spätsommer kehren die Weibchen auf den Apfelbaum zurück und legen dort ihre Eier ab.

Apfelfaltenlaus: Schaden am Blatt

Schadbild

Zuerst sind auf den Blättern leuchtend rot oder gelb gefärbte Punkte und Gallen, später entstehen Falten, und die Blätter rollen sich ein.

Die Früchte bekommen rote Punkte und Flecken, die jedoch wieder verschwinden, wenn keine Läuse mehr vorhanden sind.

Gegenspieler

Die Faltenläuse haben die gleichen Gegenspieler wie die Mehlige Blattlaus. Bei der Faltenlaus sind die Gegenspieler jedoch weit wirksamer, da sie nicht dieses Vermehrungspotential besitzt.

Kontrolle und Schadschwellen

Vorblüte: 15–20 Kolonien/100 Blütenbüschel (Blüten und Rosettenblätter)
Nachblüte: 30 Kolonien/100 Triebe (Blüten und Blätter)

Bekämpfung

Die Faltenläuse sind bei weitem nicht so gefährlich wie die Mehlige Apfellaus, doch kann sie in Hügellagen verstärkt auftreten.

Soweit als möglich sollte mit einer Bekämpfung zugewartet werden, um den Nützlingen (Räuber und Parasiten) die Möglichkeit der Selbstregulation zu geben. Durch die Vielzahl an Blattlausfeinden ist dies leichter möglich als bei der Mehligen Apfellaus.

Wenn keine Möglichkeit der natürlichen Regulierung besteht, kann entweder ein Pyrethrum-Rotenon-Präparat bzw. ein Seifenpräparat (Netzmittel) verwendet werden.

Apfelgraslaus *(Rhopalosiphum inserthum)*

Aussehen

Laus: hellgrüner Körper mit 2 Längsstreifen auf dem Rücken; die Extremitäten sind graugrün.
Eier: schwarz, einzeln oder in Gruppen auf altem Holz

Lebenszyklus

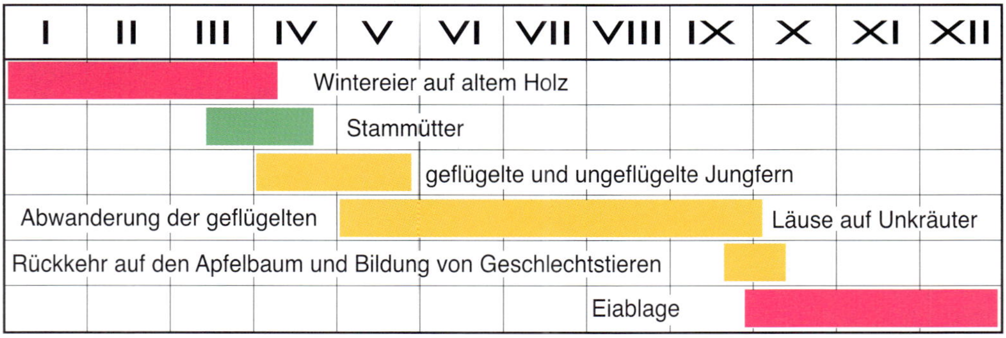

Die Apfelgraslaus schlüpft ab dem Austrieb aus den Wintereiern. Die Nymphen saugen an den Rosettenblättern oder an den Blütenknospen. Anfang bis Mitte Mai wandern sie auf die Unkräuter (bevorzugt einjähriges Rispengras) ab. Damit nimmt der Befall schlagartig ab. Im Herbst kehren sie auf den Apfelbaum zurück, kopulieren und die Weibchen legen die Wintereier am alten Holz ab.

Schadbild

Es ist kaum ein Schadbild durch die Apfelgraslaus sichtbar. Nur bei sehr starkem Befall kann es zu leichten Blattrollungen kommen. Sie kann jedoch im zeitigen Frühjahr als erste in Massen an den Blütenknospen beobachtet werden.

Gegenspieler

Siehe *Mehlige Apfelblattlaus*

Schadschwelle

Die Apfelgraslaus stellt für alle Blattlausfeinde eine wichtige Futterquelle dar und wirkt eigentlich nicht schädlich.

Bekämpfung

Die Apfelgraslaus ist unbedingt zu schonen, da durch ihr frühes Auftreten sehr viele Nützlinge angezogen werden. Wenn sehr früh sehr viele Blattlausfeinde auftreten, ist auch eine natürliche Regulation der anderen Blattlausarten leichter möglich.

Grüne Apfelblattlaus *(Aphis pomi)*

Aussehen

Laus: intensiv grün bis gelblich-grün; die Hinterleibsröhren sind schwarz.
Ei: schwarz, länglich-oval

Lebenszyklus

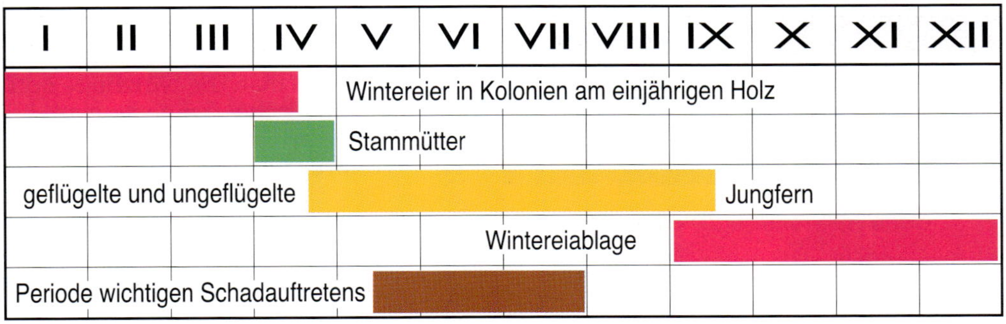

Die Grüne Apfelblattlaus überwintert als Ei in Kolonien am einjährigen Trieb. Die Stammütter schlüpfen später als die der anderen Läuse. Sie bilden ihre Kolonien in der Nähe der Triebspitzenblätter. Ab Ende Mai/Anfang Juni kann es bei optimalen Witterungsverhältnissen zur Massenvermehrung kommen. Anfang Juni werden geflügelte Tiere gebildet, die rasch auf andere Bäume abwandern. Die Grüne Apfelblattlaus macht als einzige Blattlausart keinen Wirtswechsel. Im Herbst erscheinen ungeflügelte, geschlechtliche Formen, die miteinander kopulieren. Die Eier werden dann in großer Anzahl auf die Rinde der jungen Triebe abgelegt.

Schadbild

Bei starkem Befall kommt es vor allem im Sommer zu starker Blattkräuselung. Dabei kommt es meist zu Verschmutzungen durch Rußtaupilze, die sich auf den Honigtauausscheidungen der Läuse entwickeln.

Gegenspieler

Gleich wie bei der Mehligen Apfellaus

Grüne Apfelblattlaus auf einem Trieb

Schadschwelle

Die Grüne Apfelblattlaus dient hauptsächlich als Nützlingsfutter und wird nur ganz selten schädlich. Nur in Baumschulen und Junganlagen kann es bei explosionsartiger Vermehrung zu großen Schäden kommen.

Bekämpfung

Vorbeugend

Schonung der Nützlinge.

Vermeidung von triebigen Bäumen (richtiger Schnitt, Düngung).

Direkt

Eine chemische Bekämpfung der Grünen Apfelblattlaus ist selten notwendig, wenn man die Nützlinge optimal schont. Sollte dennoch eine Behandlung notwendig sein, so kann man ein Pyrethrum-Rotenon-Präparat oder ein Seifenpräparat verwenden.

Neem hat keine Wirkung auf die Grüne Apfelblattlaus.

Blutlaus *(Eriosoma lanigerum)*

Aussehen

Laus: ca. 2 mm große, braunrote Läuse mit weißen, wolligen Wachsausscheidungen; beim Zerdrücken der Läuse wird ein roter Saft ausgeschieden.

Lebenszyklus

I	II	III	IV	V	VI	VII	VIII	IX	X	XI	XII
überwinternde Nymphen am Stamm, Wurzelhals											
			Larven wandern auf Schnittwunden, Veredelungsstellen usw. auf								
			8 – 10 überlappende Generationen								
			Nymphen wandern abwärts zum Winterquartier								
wichtiges Schadauftreten: klebrige Früchte											

Die nackten, nicht mit Wachs bedeckten Nymphen überwintern am Stammgrund, am Wurzelhals oder in Rindenrissen. Ende März oder im April werden sie wieder aktiv und wandern auf Schnittwunden, Veredlungsstellen oder andere Wunden auf und bilden dort Kolonien unter den klebrigen Wachsflocken. Ungeschlechtlich bilden sie 8–10 Generationen. Ab Juni treten geflügelte Formen auf, die für eine Weiterverbreitung auf andere Bäume sorgen. Im Sommer wandern sie auf die jungen Triebe auf und siedeln sich vorwiegend in den Blattachseln an. Es können jedoch auch die jungen Triebe auf ihrer ganzen Länge von der Blutlaus befallen werden.

Blutlauskolonie mit dem typischen Wachsüberzug

Während des Sommers kommt es, bedingt durch die höheren Temperaturen und durch die andere Saftzusammensetzung, zu einem Rückgang der Vermehrungsintensität, jedoch steigt diese ab Ende August wieder stark an.

Wunden (z. B. durch Hagelschlag verursacht) können zu einem sehr starken Anstieg des Blutlausbefalls führen.

In Europa können sich im Herbst keine fruchtbaren Geschlechtstiere ausbilden. Die halberwachsenen Tiere wandern wieder abwärts zu den Winterquartieren.

Schadbild

Blutlauskolonien sind an ihren starken Wachsausscheidungen zu erkennen. Bei starkem Befall kommt es zu Auftreibungen und Wucherungen der Rinde (Blutlausgallen). Durch die Saugtätigkeit und anschließende Honigtauausscheidung der Läuse kommt es zu Verschmutzungen.

Gegenspieler

Der wichtigste Gegenspieler ist die Blutlauszehrwespe *Aphelinus mali.* Dieser Parasitoid hat ein höheres Temperaturbedürfnis als die Blutlaus und ist daher im Frühjahr seltener anzutreffen. Mit dem Ansteigen der Temperaturen geht auch die Entwicklung der Blutlauszehrwespe rascher vor sich, und bis zum Herbst können Parasitierungsgrade bis zu 90% erreicht werden. Parasitierte Läuse besitzen nicht den typischen Wachsüberzug, und an den aufgetriebenen, toten Blutläusen kann man die Schlupföffnung der Zehrwespe erkennen.

Die Blutlauszehrwespe ist jedoch empfindlich auf hohe Schwefelgaben.

Weitere wichtige Gegenspieler sind die Florfliege und der Ohrwurm.

Schadschwelle

Die Schadschwelle liegt bei 8–12 Kolonien je 100 Triebe.

Bekämpfung

Vorbeugend

- Keine anfälligen Sorten und Unterlagen pflanzen. Als anfällig gelten u. a. Boskoop und Cox Orange sowie die Unterlage M9. In der Unterlagenwahl ist jedoch aus anbautechnischen Gründen keine andere Wahl möglich.
- Schutz der Apfelbäume vor Wunden (Hagelnetze errichten usw.).
- Triebwachstum reduzieren > starkes Triebwachstum fördert die Blutlaus.
- Nützlinge schonen (Blutlauszehrwespe) und fördern (Ohrwurm).

Direkt

Eine chemische Bekämpfung ist nur in den seltensten Fällen notwendig. Mit etwas Geduld und einem schonenden Spritzprogramm kann im Herbst ein sehr hoher Parasitierungsgrad durch die Blutlauszehrwespe erreicht werden.

Wenn der Befall trotzdem zu hoch sein sollte, kann man mit Pyrethrum-Rotenon Präparaten oder mit Seifen- bzw. Netzmittel versuchen, den Befall unter Kontrolle zu bringen, da stärkerer Befall über mehrere Jahre den Baum schwächt.

San-José-Schildlaus *(Quadraspidiotus perniciosus)*

Aussehen

Weibchen: Schild ca. 1,5 mm, grau
Männchen: geflügelt, langovaler, dunkler Schild
Larven: 0,2 mm, gelb, nach dem Festsetzen zuerst mit weißem (L1), dann mit schwarzem (L2) und schließlich mit grauem Schild

Lebenszyklus

Die Larven im 2. Larvenstadium überwintern unter einem kleinen, schwarzen Schild. Im Frühjahr erfolgt die Weiterentwicklung zu geschlechtsreifen Tieren. Die geflügelten Männchen begatten die Weibchen, die lebendgebärend bis zu 400 gelbliche Nymphen erzeugen. Im Juni verlassen die jungen Larven (noch ohne Schild, aber mit 6 Beinen) den mütterlichen Schild und setzen sich meist in unmittelbarer Nähe am Stamm fest. Nach einigen Tagen beginnen sie, einen eigenen Schild zu bilden, der zuerst weiß (Weißschildstadium), dann schwarz (Schwarzschildstadium) und schließlich grau ist. Im August folgt noch eine weitere Generation. Die Larven der 2. Generation sind viel wanderfreudiger und befallen auch häufiger die Äpfel. Diese Larven überwintern im 1.–2. Stadium.

Schadbild

An den befallenen Teilen findet man Krusten aus graugefärbten Schilden. Wenn man diese Kruste mit einem Messer ablöst, ist die darunterliegende Rindenschicht bzw. Schale rot gefärbt, weil der beim Saugen ausgeschiedene Speichel mit dem Pflanzensaft reagiert und zur Rötung führt.

Vor allem an den Früchten ist diese Rötung sehr deutlich sichtbar.

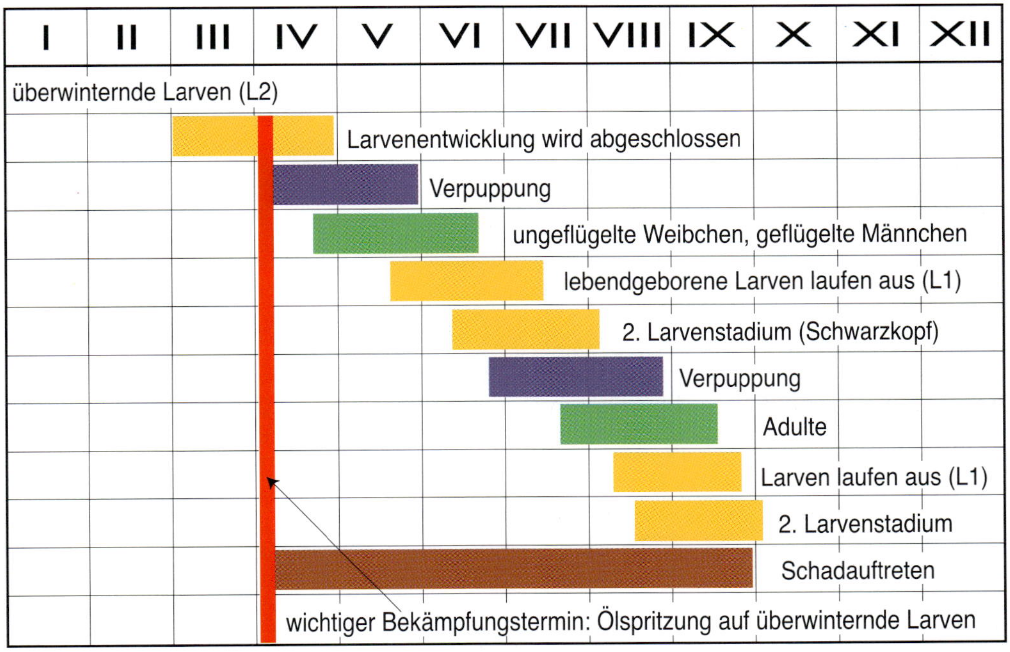

Bei extrem starkem Befall kann es zu einem Absterben der darunter liegenden Pflanzenteile kommen.

Gegenspieler

Die wichtigsten Gegenspieler sind die Schlupfwespen der Gattungen *Encarsia (Prospaltella perniciosi)* und *Aphytis*. Diese kleinen Erzwespen wurden in den 70er Jahre in großer Menge freigelassen und sind auch jetzt noch häufig in den Obstanlagen anzutreffen.

Der Parasitierungsgrad durch Prospaltella kann bis zu 90% erreichen.

San-José-Schildlaus auf einem Zweig: die obersten Rindenschichten verfärben sich

Kontrolle und Schadschwelle

Da die San-José-Schildlaus ein Quarantäneschädling ist, gilt für sie eine Nulltoleranz, d. h., bei Anwesenheit der Schildlaus ist die Schadschwelle jederzeit überschritten. Am wichtigsten ist die Kontrolle bei der Ernte, weil die Schadsymptome an den Früchten am leichtesten bemerkt werden. Aber auch im Winter sollte beim Baumschnitt kontrolliert werden, ob der Baum von dieser Schildlaus befallen ist, um eventuell noch eine Austriebsbehandlung durchführen zu können.

Bekämpfung

Vorbeugend

Schonung der Erzwespen, da diese eine hohe Parasitierungsleistung vollbringen.

Direkt

Wenn ein Schildlausbefall auftritt, so kann man entweder eine Winterspritzung oder eine Austriebsbehandlung machen.

Winterspritzung: Dazu wird Schwefelkalk (200–250 kg/ha) verwendet. Die Spritzung muß in der absoluten Winterruhe (als vor dem ersten Grün) durchgeführt werden. Die Schwefelkalkbrühe verätzt in dieser hohen Konzentration die Schildläuse. Es werden auch Spinnmilben und andere überwinternde Stadien mitbekämpft.

Austriebsspritzung: Erfolgt mit Paraffinöl (30 l/ha). Dabei werden die Schildläuse durch den Ölfilm erstickt.

Einsatzzeitpunkt: ca. Mausohr-Grünknospenstadium (siehe auch *Bekämpfung Rote Spinne*)

Apfelwickler *(Cydia pomonella)*

Aussehen

Falter: 20 mm groß, mit grauen Vorderflügel und dunkleren, welligen Querlinien; im Spitzenbereich befindet sich ein Flügelmal – dunkler Spiegel mit drei darin verlaufenden goldglänzenden Strichen.

Ei: ca. 1 mm groß, rundlich und sehr flach, weißlich-hellgrün. Das Ei wird einzeln in die Nähe der Früchte auf älteren Blättern oder direkt auf die Früchte abgelegt.

Larve: ausgewachsen ca 15–18 mm lang, Körper weiß mit rötlicher Tönung, Kopf rotbraun.

Lebenszyklus

Der Apfelwickler überwintert als ausgewachsene Raupe in einem Kokon in Rindenritzen oder ähnlichen Verstecken. Ca. Mitte – Ende Mai schlüpfen die ersten Falter, die ausschließlich dämmerungsaktiv sind, d. h., jegliche Aktivität (fliegen, ernähren, paaren, Eiablage) geschieht nur in der Dämmerung. Die begatteten Weibchen legen ihre Eier (80–100/Weibchen), wenn es mehrere Tage Dämmerungstemperaturen von mind. 13 °C, besser 15 °C hat, zuerst auf die Blätter und später auf die unbehaarten Früchte ab. Windstille und warme Temperaturen fördern diesen Entwicklungsprozeß, kaltes und feuchtes Wetter kann die Eiablage jedoch sehr stark beeinträchtigen.

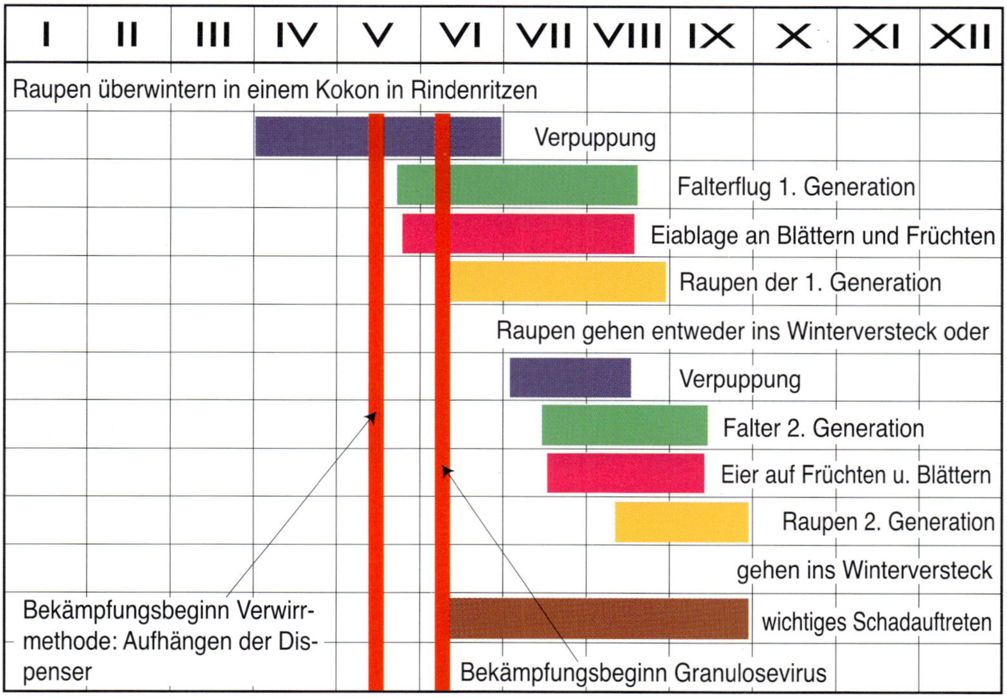

Zuerst sind die Eier weiß-glänzend, dann werden sie rot (Rotringstadium), später kann man den schwarzen Kopf der Larve sehen (Schwarzkopfstadium), und schließlich schlüpfen die Raupen. Dies geschieht ca. 7–10 Tage nach der Eiablage.

Die jungen Larven halten sich ca. 1–2 Tage an der Oberfläche der Früchte auf und beginnen sich dann einzubohren. Zuerst machen sie einen kleinen Spiralgang (nicht so deutlich wie beim Kleinen Fruchtwickler) und setzen dann ihren Bohrgang geradewegs Richtung Kerngehäuse fort. Die Apfelwicklerlarve muß die Apfelkerne fressen, damit sie ihre Entwicklung beenden kann. Aus dem Bohrgang wird ständig feuchter Kot heraustransportiert. Nach mehr als einem Monat ist die Larvenentwicklung in der Frucht abgeschlossen, und die Raupen verlassen den Apfel meistens durch den gleichen Gang, seltener wird ein Ausbohrgang angelegt. Dann wandern sie stammabwärts zu Rindenritzen. Wenn der Tag noch lange genug ist, verpuppen sich die Raupen, und es folgt im August eine 2. Generation. Wenn die Tageslänge nicht ausreicht, suchen die Raupen bereits das Winterversteck auf.

In der Steiermark hat der Apfelwickler im nördlichen Bereich des Obstanbaugebietes nur eine Genereration, während im südlichen Bereich noch eine teilweise 2. Generation vorkommt.

Schadbild

Beim Apfel kann man einen Bohrgang sehen, der an der Einbohrstelle leicht spiralig

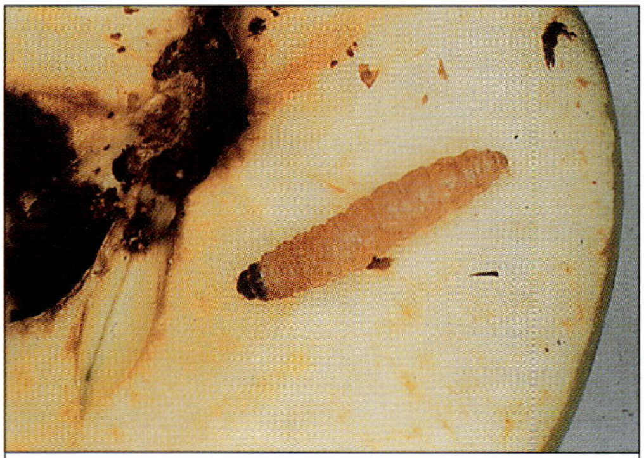

Fertig entwickelte Apfelwicklerraupe: nach Verzehr der Kerne verläßt sie die Frucht. Typisch ist die rosa Färbung

verläuft und dann kerzengerade ins Kernhaus geht. Der Rand der Eingangsöffnung verfärbt sich rot. Der Kot des Apfelwicklers ist feucht.

Gegenspieler

Der Apfelwickler hat eigentlich keine wirksamen Gegenspieler, da die Raupe in der Frucht sehr gut geschützt ist.

Die wichtigsten Gegenspieler des Apfelwicklers sind Brack- und Schlupfwespen an Puppen und ausgewachsenen Raupen. Ihre Effektivität ist jedoch nicht so groß wie bei den Fruchtschalenwicklern, da die Apfelwicklerlarve in der Frucht gegen diese Parasiten geschützt ist.

Auch die Vögel haben hier weniger Bedeutung, da die jungen Raupen nur kurz an der Oberfläche sind.

Junge Apfelwicklerlarven sind sehr empfindlich für Infektionen durch Viren und Bakterien.

Eine mindestens so wichtige Rolle wie die „belebten" Gegenspieler hat ein anderer Gegenspieler – die Witterung.

Die jungen Raupen – vor allem der ersten Generation – reagieren sehr empfindlich auf klimatische Änderungen. Regen nach dem Schlupf der Raupen, ein Temperatursturz oder ein stärkerer Wind bedeuten fast schon das Todesurteil für die Raupen. Kühlere und regnerische Frühjahre bzw. Sommer vermögen die Apfelwicklergefahr drastisch zu vermindern. Der Einfluß des Klimas ist also weit höher als der der natürlichen Gegenspieler.

Kontrolle und Schadschwelle

Die einfachste Möglichkeit, den Apfelwickler zu kontrollieren, ist die Pheromonfalle. Die Falle muß alle zwei Tage kontrolliert werden. Damit können der Beginn, der Höhepunkt und das Ende des Apfelwicklerfluges festgestellt werden. Die Fangzahlen geben jedoch keinen Aufschluß über das wirkliche Schadensausmaß.

Da im biologischen Obstbau die Bekämpfung entweder gegen die Falter (Verwirrmethode) oder die Larven (Granulosevirus) erfolgt, ist die Aussagekraft der Pheromonfalle nicht ausreichend. Aus der Flugkurve der Pheromonfalle kann nicht der Schlupftermin der Larven abgeleitet werden. Daher muß auch der Schlupf der Larven bzw. das Einbohren der Larven in die Früchte beobachtet werden. Da diese Aufgabe jedoch sehr schwierig ist und geübter Leute bedarf, sollte man sich der Informationen des örtlichen Warndienstes über den Schlupf der Larven bedienen.

Bekämpfung

Der Apfelwickler gehört weltweit und vor allem im biologischen Anbau zu den größten Schädlingen. Vor allem in warmen, trockenen Jahren kann es zur Massenvermehrung des Apfelwicklers und damit zu einem sehr starken Befall kommen.

Daher muß die Bekämpfung des Apfelwicklers sehr genau durchgeführt werden.

Vorbeugend

Oft kann ein sehr starker Apfelwicklerbefall in der Nähe von Großkistenlagerplätzen oder Komposthaufen von Lagerhäusern bemerkt werden, wenn apfelwicklerbefallene Früchte in den Kisten verbleiben oder gemeinsam deponiert werden. In diesem Fall sollten die Früchte entfernt werden.

Direkt

Die sauberste Methode der Bekämpfung des Apfelwicklers wäre die ***Verwirrmethode (Konfusionsmethode).***

Dabei wird eine Duftwolke des Sexuallockstoffes des Apfelwicklerweibchens in der Obstanlage ausgebracht. Damit wird verhindert, daß das Apfelwicklermännchen in dieser Duftwolke das Apfelwicklerweibchen findet und begattet. Somit wird die Zeugung der Nachkommenschaft unterbunden.

Bei dieser Methode der Apfelwicklerbekämpfung sind jedoch folgende Punkte zu beachten, um einen entsprechenden Erfolg zu haben:

Wahl der Parzellen
- mind. 3 ha oder größer
- nicht zu lange oder zu unregelmäßige Parzellen (am besten quadratische Parzellen) regelmäßiges Baumvolumen
- nicht zu hohe Bäume

Isolation der Anlage
- 100 m von umliegenden Schädlingsherden (nicht behandelte Hochstammbäume)
- Pufferzone von 20–40 m in großen Obstanlagen

Diese Punkte sind deshalb so wichtig, da befruchtete Apfelwicklerweibchen von außen in die Anlagen mit Verwirrmethode zufliegen und einen beträchtlichen Schaden anrichten können.

Ausgangspopulation
- weniger als 1–2% Schaden im letzten Jahr
- wenn die Ausgangspopulation nur etwas höher ist, muß zusätzlich eine Behandlung im ersten Jahr durchgeführt werden.

Zeitpunkt der Applikation der Dispenser (Wirkstoffverteiler)
- Isomate-C Plus: Anfang des Fluges
- Ecopom: Anfang des Fluges und Anfang Juli

Verteilung der Dispenser
- Isomate-C Plus: 1.000 Stück/ha
- Ecopom: 300 Stück/ha

Die Anbringung der Dispenser erfolgt hauptsächlich im oberen Drittel des Baumes und in engeren Abständen am Rand.

Bei Isomate-C Plus kann die Dispenseranzahl im Folgejahr reduziert werden, da nicht der komplette Wirkstoff verbraucht wird.

Die Verwirrmethode wäre die sauberste Lösung zur Bekämpfung des Apfelwicklers. In der Steiermark kann diese Methode jedoch in vielen Anlagen nicht angewendet werden, da entweder die Parzelle zu klein oder der Zuflug von den Streuobstbäumen zu groß ist.

Selbst wenn man ein ganzes Gebiet mit der Verwirrmethode behandelte, so blieben trotzdem die alten Hochstammbäume als Infektionsrisiko übrig.

Alle anderen Arten der Bekämpfung zielen auf das Larvenstadium.

Einsatz von Granulosevirus (Carpovirusine, Madex, Granupom, usw.):

Das Granulosevirus ist ein hochselektives und hochwirksames Apfelwicklerpräparat mit sehr kurzer Wirkungsdauer.

Eigenschaften des Granulosevirus:

Granulosevituspräparate haben eine sehr hohe Infektionsfähigkeit, obwohl die Larve sehr wenig an der Fruchtschale frißt. Im Labor haben sie eine 50–100mal höhere Wirkung (LC50 Wert) als die besten chemischen Entwicklungshemmer, wirken aber im Freiland sehr langsam. Sie besitzen eine sehr hohe Empfindlichkeit gegenüber UV-Licht und werden sehr rasch abgebaut.

Eine Verbesserung der Wirkung ist durch Zusatzstoffe (Magermilchpulver, Kiefernharzextrakt [Nu-Film–17]) oder verbesserte Formulierung möglich.

Kleine, fast nicht sichtbare Narben (Anbißschäden) sind möglich, da die Larven noch etwas von der Schale fressen, bevor sie absterben.

Da das Granulosevirus eine sehr hohe Infektionsfähigkeit und eine sehr kurze Lebensdauer hat, ist der optimale (besser gesagt sind die optimalen) Spritztermin(e) von größter Bedeutung.

Die erste Spritzung sollte beim Schlupf der Larven erfolgen. Je nach Witterung sollten nach 5–7 Tagen (bei sonnigem, heißem Wetter) oder 8–12 Tagen (bei kühlem, regnerischem Wetter) die weiteren Behandlungen erfolgen.

Um den Schlupf der Larven festzustellen, kann man entweder visuelle Kontrollen in der Anlage machen oder man berechnet den Schlupf der 1. Larven über das Gradtagemodell.

Larvizide Wirkung von Ryania (derzeit in der EU nicht erlaubt)

Dieses Alkaloid hat ebenfalls eine sehr gute Wirkung auf die Larven des Apfelwicklers. Der Vorteil von Ryania ist, daß es breit wirksam ist und auch andere Wicklerraupen (Schalenwickler u. a.) mitbekämpft.

Der Nachteil von Ryania liegt in der hohen Giftigkeit.

Weitere Wickler an Früchten

Bodenseewickler *(Pammene rhediella)* Kleiner Fruchtwickler *(Grapholita lobarzewskii)*

Während der Kleine Fruchtwickler vor allem in Glosteranlagen beträchtlichen Schaden anrichten kann, hat der Bodenseewickler in der Steiermark eigentlich keine Bedeutung.

Bodenseewickler

Aussehen

Falter: ca. 10 mm; Vorderflügel schwarzbraun, nach den Spitzen hin rotbraun; Hinterflügel dunkelolivgrün.

Lebenszyklus

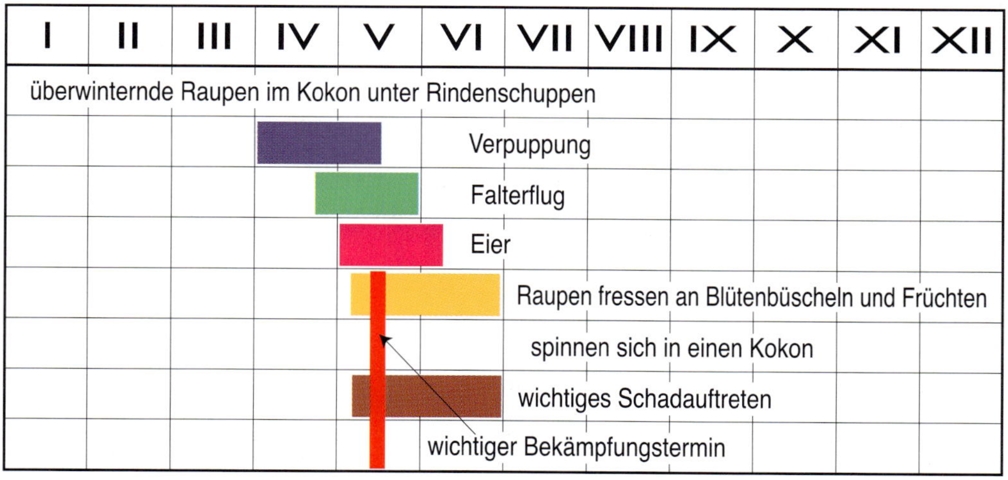

Die Falter des Bodenseewicklers fliegen zum Unterschied vom Apfelwickler schon während der Blüte. Die Eier werden einzeln an der Unterseite von Blättern oder in der Nähe von Blüten- oder Fruchtbüschel abgelegt. Die frisch geschlüpften Raupen spinnen oft die Staubblätter und Stempel von Blüten mit einem Seidenfaden zusammen. Wenn eine einzelne Frucht befallen wird, heftet die Raupe oft zu ihrem Schutz ein Blatt an die Fruchtoberfläche.

Ende Juni spinnen die Raupen einen Kokon unter die Rindenschuppen und überwintern dort.

Schadbild

Im Unterschied zum Apfelwickler ist das Schadbild nicht nur früher zu erkennen, sondern hat auch andere Merkmale.

Der Bodenseewickler macht oft mehrere Bohrlöcher, einen Flächenfraß und immer ein Gespinst. Die Bohrgänge gehen nicht zum Kernhaus, sondern Richtung Stielbasis und sind mehr oder weniger kotfrei. Die Kerne werden vom Bodenseewickler nicht angefressen.

Gegenspieler

Als Nützlinge kommen vor allem Brackwespen und Erzwespen in Frage.

Kontrolle und Schadschwelle

Wichtig sind die Erntekontrollen.

Bekämpfung

Vorbeugend

Es sind keinen vorbeugenden Maßnahmen bekannt.

Direkt

Die Bekämpfung des Bodenseewicklers gestaltet sich sehr schwierig, da es keine Mittel mit einem hohen Wirkungsgrad gegen den Bodenseewickler gibt.

Ryania hätte eine Wirkung auf die jungen Raupen, ist jedoch derzeit im biologischen Anbau wieder verboten.

Spritzungen mit Pyrethrum-Rotenon-Präparaten oder mit Bt Präparaten haben eine Teilwirkung.

Kleiner Fruchtwickler

Aussehen

Falter: ca. 12 mm groß, braun-schwarz mit gold-rotbrauner Aufhellung.

Lebenszyklus

Der Kleine Fruchtwickler überwintert als Letztlarve im Boden. Im Frühjahr erfolgt die Verpuppung und ca. Ende Mai/Anfang Juni beginnt der Flug der Falter. Die Weibchen legen 60–85 Eier erst ca. 5 Tage nach Flugbeginn ab. Die Jungraupen machen auf der Frucht einen sehr deutlichen Spiralgang und bohren sich dann Richtung Kernhaus ein, ohne ins Kernhaus einzudringen. Meist geht der Gang oberhalb vom Kernhaus vorbei. Die Raupen sind ca. bis Mitte August aktiv, und das letzte Raupenstadium sucht ab August die Winterquartiere auf.

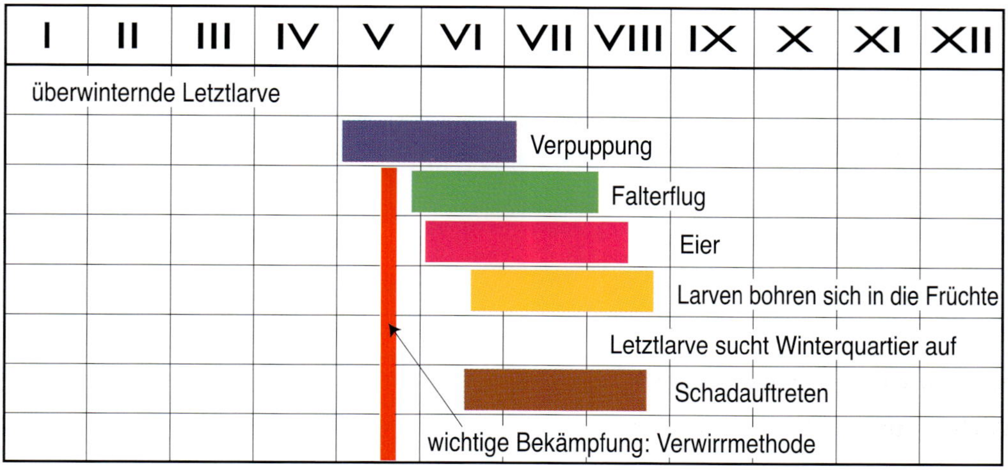

Schadbild

Der Kleine Fruchtwickler macht an der Einbohrstelle einen deutlichen Spiralgang (der Apfelwickler macht den Spiralgang nur andeutungsweise). Der Bohrgang geht oberhalb vom Kerngehäuse vorbei, die Kerne werden somit nicht gefressen. Die Gänge sind kotfrei, und der trockene Kot hängt schnürchenförmig beim Einbohrloch heraus.

Oft kann man im Spätsommer verästelte Fraßfurchen um die Einbohrstelle erkennen.

Gegenspieler

Ähnlich wie bei den anderen Fruchtwicklern kommen Schlupf- und Brackwespen in Frage. Sie haben jedoch keine große Bedeutung.

Kontrolle und Schadschwelle

Wichtig ist die Erntekontrolle im Vorjahr. Bei mehr als 3–5% Befall ist mit einem starken Auftreten des Kleinen Fruchtwicklers im Folgejahr zu rechnen.

Der Falterflug kann mit Pheromonfallen überwacht werden.

Bekämpfung

Vorbeugend

Es sind keine vorbeugenden Maßnahmen bekannt.

Direkt

Der Kleine Fruchtwickler ist vor allem bei der Sorte Gloster sehr aktiv.

Eine Bekämpfung des Kleinen Fruchtwicklers kann sehr gut mit der Verwirrmethode erfolgen.

FRUCHTSCHALENWICKLER

Apfelschalenwickler *(Adoxophyes orana = Capua reticulana)* Rotbrauner Fruchtschalenwickler *(Pandemis heperana)* Bräunlicher Obstbaumwickler *(Archips podana)*

Aussehen

Entwicklungs-stadium	Apfelschalen-wickler *(Capua ret.)*	Rotbraune FSW *(Pandemis hep.)*	Bräunlicher OBW *(Archips podana)*
Falter	7–10 mm, ockergelb - gelbbraun, unregelmäßige braune Schrägstreifen bilden mit feinen braunen Längsstreifen eine netzähnliche Zeichnung	bräunlichledergelb - dunkelbraunrot, mit dunklerer Schrägbinde, mit einer zur Flügelbasis gerichteten Zacke; am Vorderrand ein dunkler, halbkreisförmiger Fleck	Grundfarbe braun, das hellbraune Spitzendrittel des Flügels hebt sich deutlich von der dunkel-braunen, breiten Querbinde ab. Er sieht *Pand. hep.* ähnlich, doch ist bei *Archips* die Schrägbinde unterbrochen.
Ei	frisch abgelegte Eier sind gelb, stark abgeflacht, werden in Gruppen von 80–100 Stück (Eispiegel) an Blättern und teilweise an Früchten abgelegt	frisch abgelegte Eier sind grün, die Eiablage erfolgt in Häufchen am Zweig	frisch abgelegte Eier sind grün, die Gelege in Häufchen unter einer Sekretschicht an Zweigen und Ästen
Raupe	lebhafte Raupe von mattgrüner Farbe mit honiggelbem Kopf und ebensolchem Nackenschild	lebhafte Raupe von glänzend grüner Farbe mit grüner Kopfkapsel und grünem Halsschild	gedrungene Raupe von dunkelgrüner Farbe mit einer braun-schwarzen Kopfkapsel und mit einem schwarzen Halsschild

Lebenszyklus

Die Lebenszyklen der Fruchtschalenwickler unterscheiden sich. Während der Apfelschalenwickler *(Capua ret.)* zwei Generationen hat, bilden der Bräunliche Obstbaumwickler *(Archips pod.)* und der Rotbraune Schalenwickler *(Pandemis hep.)* in der Steiermark nur eine Generation aus.

Die Entwicklung des Apfelschalenwicklers

Die Schalenwickler überwintern als junge Larven in einem Gespinst am Baum, meist unter Blattresten. Schon vor der Blüte wandern die ersten Raupen aus den Überwinterungsverstecken auf die Blütenknospen oder Rosettenblätter auf und spinnen

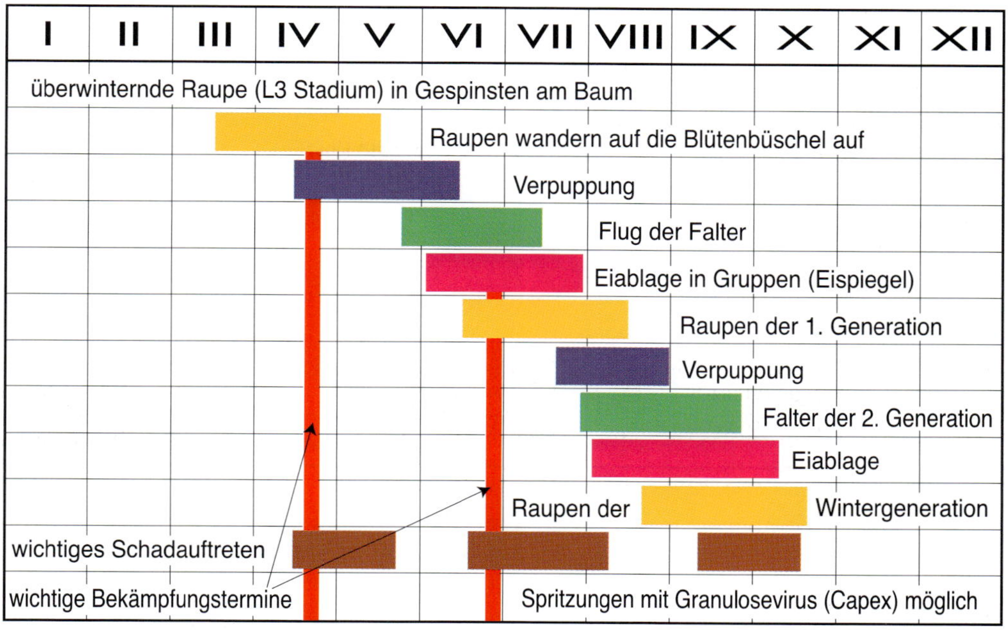

dort mehrere Blätter mit einem Spinnfaden dicht zusammen, um darin zu fressen und heranzuwachsen. Sie können auch die jungen Früchte anfressen. Diese Fraßstellen sind später an den Früchten als mehr oder weniger tief vernarbte Stellen zu erkennen.

Ende Mai beginnt der Flug der Falter der 1. Generation. Die Weibchen legen Eispiegel mit 80–100 Eiern, die mit einer Wachsschicht überzogen sind, auf den Blättern ab. Beim Apfelschalenwickler können die Eigelege auch auf der Blattunterseite sein.

Im Juni schlüpfen die Raupen der 1. Generation, die sich teilweise in den alten Gespinsten der Wintergeneration einnisten, teilweise jedoch auf die junge Triebe aufwandern und dort die Triebspitzen zusammenspinnen. Nach 7–10 Tagen wandern sie auf die Äpfel ab, und man kann die ersten Fraßspuren an den Früchten erkennen. Der Schaden durch die 1. Generation des Apfelschalenwicklers kann sehr beträchtlich sein.

Ende Juli/Anfang August fliegen die Falter der 2. Generation. Die Falter vom Apfelschalenwickler legen ihre Eier sowohl auf Blätter als auch auf Früchte ab. Der Fraß der Larven der 2. Generation vom Apfelschalenwickler kann noch beträchtlichen Schaden verursachen. Die jungen Raupen spinnen meist ein Blatt an den Apfel und machen darunter einen Naschfraß. Diese kleinen Fraßstellen verkorken nicht mehr, und die befallenen Früchte faulen sehr leicht. Ende September suchen die Raupen im 2. oder 3. Larvenstadium die Winterverstecke auf.

Die Entwicklung des Obstbaumwicklers und des Rotbraunen Schalenwicklers

Beide Wickler haben in der Steiermark meist nur eine Generation. Unter guten Bedin-

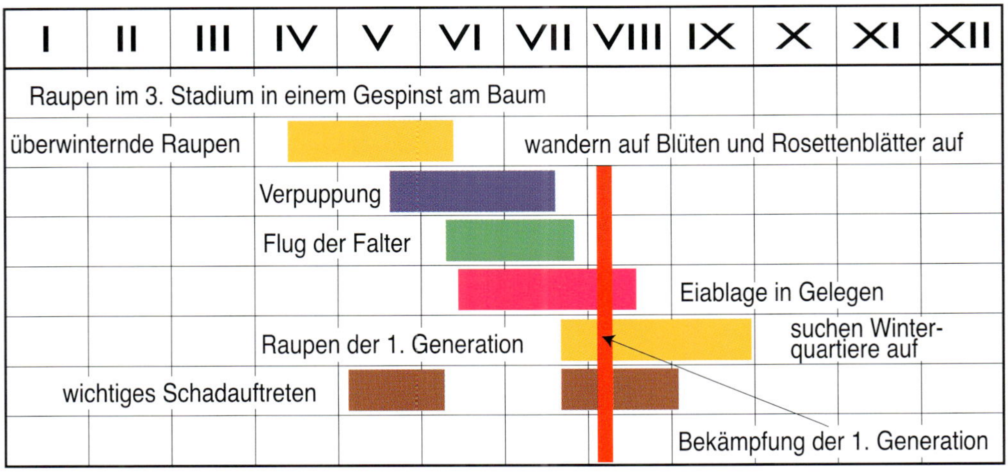

gungen kann sich aber eine zweite Generation ausbilden, die jedoch nicht so stark schädigend sein kann wie die 2. Generation vom Apfelschalenwickler.

Beide Wickler treten im Frühjahr etwas später auf als der Apfelschalenwickler. Sie wandern ebenfalls auf die Blüten und Rosettenblätter auf und beginnen dort zu fressen. Das Schadbild ist gleich wie bei *Capua.*

Die Eiablage erfolgt bei diesen Wicklern auf der Blattoberseite, die Eispiegel sind grünlich, während sie bei *Capua* gelblich sind.

Schadbild der Schalenwickler

An den Blütenbüscheln und Rosettenblättern kann man um die Blüte Fraßschäden sehen. Meist ist ein Gespinst gleich in der Nähe.

Schalenwicklerraupe im Frühjahr: überwinternde Raupen wandern auf die Blüten auf

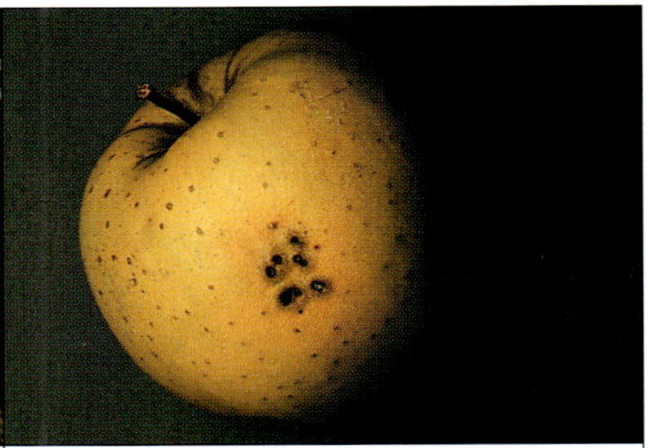

Frischer Fraßschaden bei der Ernte: er wird von den Raupen der 2. Generation von Adoxophyes orana verursacht

An den Früchten sieht man zuerst breite, oberflächliche Fraßstellen, die nicht tief in die Frucht gehen. Beim Befall durch die Herbstgeneration (Naschfraß) sind meist an die Früchte gesponnene Blätter erkennbar.

Gegenspieler

Die wichtigsten Gegenspieler der Schalenwickler sind Schlupf-, Erz- und Brackwespen. In vielen Anlagen sind die Parasitierungsgrade so hoch, daß keine Behandlungen gegen diesen Schädling vorgenommen werden müssen. Diese kleinen Parasiten sind vor allem von Juli bis September aktiv und vermögen in dieser Zeit den Befall unter der Schadensschwelle zu halten. Ihre Arbeitsleistung wird vom klimatischen Verlauf, aber auch von der Anzahl und Art der chemischen Eingriffe bestimmt.

Im Frühjahr, wenn die Raupen aus den Winterverstecken kommen, sind vor allem die Vögel (Meisen) die wichtigsten Gegenspieler.

Kontrolle und Schadschwelle

Der Flug der Falter der verschiedenen Schalenwickler kann mit Pheromonfallen ermittelt werden. Die Pheromonfallen geben jedoch keinen Rückschluß auf ein mögliches Schadensausmaß. Fruchtschalenwickler sind sehr polyphag und können auch außerhalb der Obstanlage leben. Pheromonfallen dienen lediglich zur Feststellung der Artenzusammensetzung der Wicklerpopulation.

Um die Populationsstärke der Wickler festzustellen, muß die visuelle Kontrolle angewandt werden. Dabei wird wie folgt vorgegangen:

Vorblüte

Kontrolle auf 100 Blütenbüscheln; diese Kontrolle ist noch nicht so wichtig, da noch nicht alle Raupen (vor allem *Pandemis* und *Archips*) aus ihrem Winterversteck ausgewandert sind.

Nachblüte

Dieser Kontrolltermin ist sehr wichtig, da damit die Populationsstärke der Wickler in der Anlage bestimmt werden kann. Die Kontrolle erfolgt ebenfalls auf den Blütenbüscheln und den dazugehörigen Trieben (Kurztriebe).

Die Schadschwelle liegt zu diesem Zeitpunkt bei 8–10% befallene Blütenbüschel.

Zu diesem Zeitpunkt muß der Befall durch die Wickler sehr niedrig gehalten werden, da sonst die Sommer- und Wintergenerationen noch beträchtlichen Schaden anrichten können.

Aus Labor- und Freilandversuchen hat P. J. Charmillot an der Forschungsanstalt Changins (CH) herausgefunden, daß ein 10%iger Befall der Triebe einem 1%igen Befall der Früchte entspricht.

Sommerkontrollen

Dabei werden die Hauptaufenthaltsorte der jungen Raupen (Gallmückenblätter, noch nicht entfaltete Blätter an den Triebspitzen, alte Winterverstecke und Hauptnerven an der Blattunterseite) kontrolliert.

Die Schadschwelle liegt nun bereits bei 10–15% befallene Triebe.

Kontrollen auf Fruchtbefall im Sommer

Da nicht alle Raupen an den Früchten fressen, sondern ihre Entwicklung auch auf den Blättern beenden können, ist es wichtig, die Population auf den Früchten und auf den Blättern zu kennen.

Dabei werden 500–1.000 Äpfel kontrolliert. Die Schadschwelle liegt bei 2% befallene Äpfel. Ein Überschreiten der Schadschwelle ist sehr gefährlich, da sich die Eiraupen bevorzugt in alten Gespinsten aufhalten und dort mit Pflanzenschutzmitteln schwer zu treffen sind.

Bekämpfung

Die Fruchtschalenwickler haben im integrierten und vielmehr noch im biologischen Anbau an Bedeutung verloren. Durch die Schonung der Nützlinge können sehr hohe Parasitierungsraten durch die Erz-und Brackwespen erreicht werden.

Vorbeugend

Errichtung von Nistkästen für Meisen.
Schonung der Erz- und Brackwespen.
Frühzeitiger Triebabschluß (Schalenwickler sind Triebspitzenschädlinge).

Direkt

Bei starkem Befall im Herbst (> 3% befallene Früchte) sollte im nächsten Frühjahr eine Spritzung mit Granulosevirus (Capex) im Grün- bis Rotknospenstadium gemacht werden. Capex wirkt sehr gut gegen den Apfelschalenwickler. Auf eine entsprechende UV-Stabilisierung des Mittels ist zu achten.

Gegen die Sommergeneration kann ebenfalls Capex eingesetzt werden. Capex wirkt besser auf die jungen Raupen, deshalb sollte rasch nach dem Schlüpfen gespritzt werden.

Spritzungen mit Pyrethrum-Rotenon-Präparaten haben eine kleine Teilwirkung auch auf die anderen Schalenwickler.

EULENRAUPEN

Frühlingseulen *(Orthosia spp)*
Trapezeule *(Cosmia trapezina)*
Pyramideneule *(Amphipyra pyramidea)*

Aussehen

Da nur einige Arten von Eulenraupen bei uns vorkommen, soll ein allgemeines Bild der Eulenraupen wiedergegeben werden.
Falter: 30–40 mm groß, meist graubraun bis rotbraun, in Farbe und Zeichnung variabel.
Eier: werden meist in Gruppen von 20–100 Stück an Fruchtästen abgelegt.
Larven: Die Larven der Eulenraupen haben gleich viele Brustbeine und Bauchfüße wie

die Schalenwicklerraupen, doch ist ihr Kopf rundlich und die Mundwerkzeuge sind nach unten gerichtet. Wenn die Raupe gestört wird, krümmt sie sich c-förmig zusammen.

Lebenszyklus

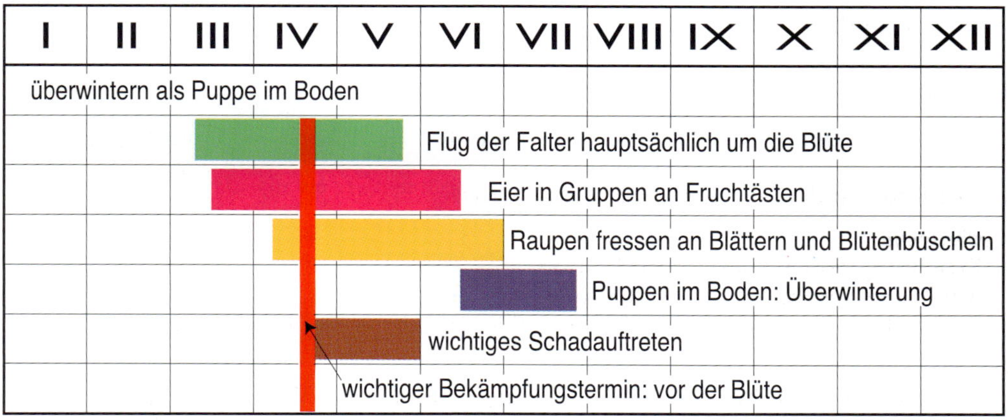

Eulenraupen überwintern als Puppen im Boden. Die Falter fliegen vor und während der Blüte in der Dämmerung und legen ihre Eier auf den Fruchtästen ab. Die jungen Raupen machen an den Blättern den typischen Loch- und Randfraß und beschädigen auch die Früchte. Zum Unterschied von den Fruchtschalenwicklerraupen leben sie nicht in einem Gespinst, sind aber sehr schwer zu finden, da sie nur nachts fressen. Nur die jüngsten Raupen machen manchmal an den Triebspitzen ein ganz kleines Gespinst, nicht ältere Raupen. Die Raupen sind Mitte bis Ende Juni erwachsen und wandern anschließend in den Boden ab, wo sie sich verpuppen.

Eulenraupen sind polyphag, d. h., sie entwickeln sich auch an vielen Laubgehölzen (Eiche, Linde, Pappel usw.), von denen im Frühjahr ein Zuflug in die Obstanlage erfolgen kann.

Schadbild

An den Blättern erkennt man den typischen Loch- oder Randfraß. Auch Blütenbüschel werden befallen, man findet dort jedoch kein Gespinst.

Auf Früchten findet man oft sehr tiefe Fraßstellen, ähnlich wie beim Frostspanner, die bis zum Herbst hin verkorken. Bei der Ernte kann man die Schäden nicht mehr von den Schäden anderer Raupen unterscheiden.

Gegenspieler

Als Gegenspieler treten Meisen, Raupenfliegen und Brackwespen auf, wobei vor allem die Meisen im Frühjahr sehr wirksame Gegenspieler sein können.

Apfel bei der Ernte mit charakteristischem Eulenraupenschaden

Spannerraupe mit typischer spannerförmiger Bewegung

Kontrolle und Schadschwelle

Vor der Blüte wird die Schadschwelle meist nie erreicht. Da jedoch die Bekämpfung vor der Blüte erfolgen muß, weil die Fruchtschäden schon vor oder in der Blüte verursacht werden, dient vielmehr das Ausmaß des Befalls bei der Ernte als Beurteilungsgrundlage der Schadensschwelle für die Vorblütebehandlung:

Wenn bei der Ernte mehr als 2% der Früchte befallen sind, so ist eine Vorblütebehandlung im Folgejahr sinnvoll (Arbeit von P. J. Charmillot – Changins).

Nach der Blüte liegt die Schadschwelle bei 5% besetzten Blütenbüschel.

Der Flug der Falter kann mit Pheromonfallen überwacht werden, doch muß für jede Art ein eigener Lockstoff verwendet werden.

Bekämpfung

Eulenraupen treten oft herdweise auf, und innerhalb eines Herdes kann es zu starken Schäden kommen. Waldnahe Obstanlagen sind besonders gefährdet.

Vorbeugend

Es sind keine vorbeugenden Maßnahmen bekannt.

Direkt

Spritzungen mit Pyrethrum-Rotenon-Präparaten haben eine teilweise Wirkung auf die Eulenraupen.

Bt-Präparate erzielen bei hohen Temperaturen ebenfalls eine Teilwirkung auf Eulenraupen (ca. 50%ige Teilwirkung).

Kleiner Frostspanner *(Operophtera brumata)*

Aussehen

Weiblicher Falter: die Flügel sind zu Stummel rückgebildet; der Körper ist 5–6 mm lang und dunkelbraun–gelbgrau gesprenkelt.

Männlicher Falter: Flügelspannweite 22–28 mm, Vorderflügel graubraun mit welligen Querlinien.
Ei: 0,4–0,5 mm lang, oval, zuerst gelblichgrün, später orangerot.
Raupe: bis 25 mm lang, plump, hellgrün mit dunkelgrüner Rückenlinie; hat nur zwei Paar Bauchfüße, bewegt sich spannerartig (sie machen einen Katzenbuckel) fort.

Lebenszyklus

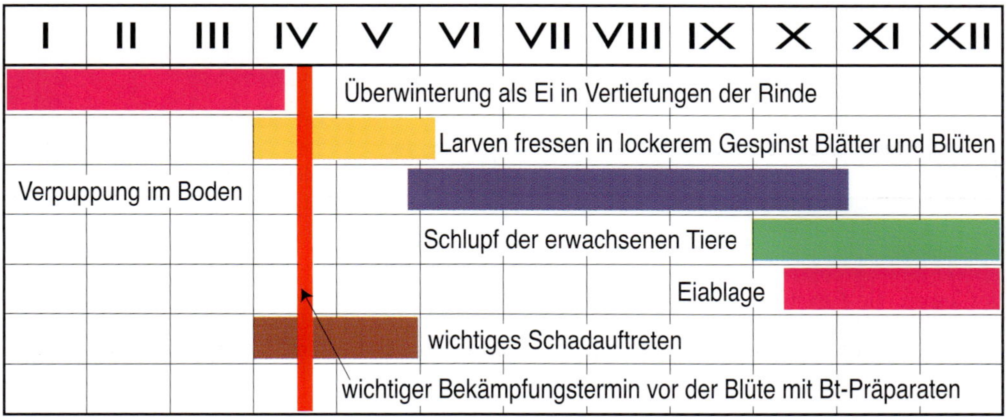

Die Falter schlüpfen ab Oktober. Der Flug der Männchen setzt sofort ein, die Weibchen sind flugunfähig. Die weiblichen Falter wandern nach dem Schlüpfen den Stamm empor und legen bis zu 300 Eier in Vertiefungen der Rinde ab. Die jungen Raupen schlüpfen vom Knospenaufbruch bis zur Blüte. Sie besitzen zwar drei Brustbeinpaare, aber nur zwei Bauchbeinpaare und beginnen sofort an den jungen Rosettenblättern und Blütenknospen zu fressen. Sie heften die jungen Blättchen locker zusammen und halten sich darin auf. Befallene Blüten werden fast zur Gänze aufgefressen. Ältere Raupenstadien fressen auch die Früchte an. Dieser Schaden ist jedoch nicht so tief wie bei den Eulenraupen.

Nachdem die Raupen ausgewachsen sind, verlassen sie den Baum und verpuppen sich im Boden in einem Kokon.

Schadbild

An den Blättern und Blüten sind Fraßstellen mit einem kleinen Gespinst. Bei den Früchten kann ein löffelartiger Hohlfraß entstehen. Ältere Raupen machen einen Skelett- und Lochfraß.

Gegenspieler

Wichtige Gegenspieler der Frostspannerraupen sind die Vögel, vor allem die Kohlmeisen. Der Futterbedarf dieser Vögel ist in der Brutzeit sehr groß (300 Raupen/Tag für die Brut). Kohlmeisen können den Frostspannerbefall unter der Schadschwelle halten.

Daneben ist auch noch die Parasitierung der Raupen durch Schlupfwespen von großer Bedeutung.

Kontrolle und Schadschwelle

Frostspannerraupen werden durch visuelle Kontrolle erfaßt. Dabei werden 100 Blütenbüschel kontrolliert.

Die Schadschwelle liegt bei 10–15% besetzten Blütenbüscheln.

Bekämpfung

Vorbeugend

Errichtung von Nistkästen für die Meisen (vor allem Kohlmeise).

Das Anbringen von Leimringen am Stamm zur Verhinderung des Aufwanderns der Weibchen im Herbst ist aus arbeitswirtschaftlichen Gründen in intensiven Anlagen mit hoher Baumdichte fast nicht mehr möglich. In alten Obstanlagen bzw. Anlagen mit geringer Pflanzdichte kann dies jedoch eine wertvolle Hilfe sein.

Direkt

Gegen die Frostspannerraupen wirken Bacillus thuringiensis Präparate unter optimalen Bedingungen sehr gut.

Die Temperatur sollte jedoch über mehrere Tag 15–20 °C betragen, da sonst die Fraßaktivität der Raupen ungenügend ist und zuwenig Wirkstoff aufgenommen wird.

Knospenwickler

Roter Knospenwickler *(Spilonota ocellana)* Grüner (= Grauer) Knospenwickler *(Hedya nubiferana)*

Aussehen

Entwicklungsstadium	Roter Knospenwickler	Grüner (Grauer) Knospenwickler
Falter	14–18 mm, Vorder- und Hinterflügel braun, die Vorderflüge sind im Mittelfeld weißlich	17–21 mm, Vorderflügel dunkelbraun und blaugrau, der Spitzenteil ist weißlich mit dunkler Zeichnung, Hinterflügel graubraun
Raupe	9–12 mm lang, dunkel purpurbraun mit helleren Warzen	18–20 mm lang, olivdunkelgrün mit schwarzen Warzen

Lebenszyklus

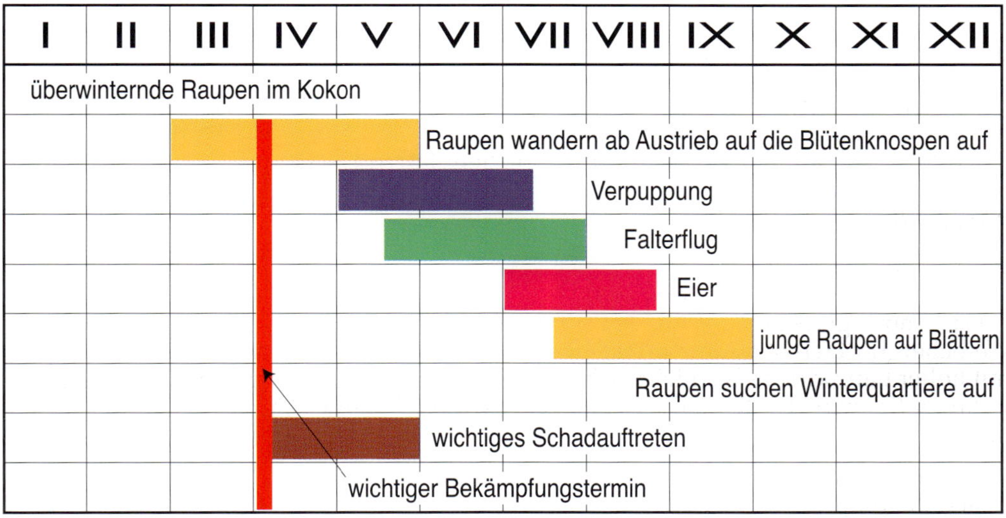

Sie überwintern als halberwachsene Raupen in Rindenritzen oder unter Knospenschuppen. Sie erscheinen beim Austrieb und fressen an den Rosettenblättern und an den Blütenbüscheln, die sie oft zusammenspinnen. Meist ist ein dürres Blatt in dieses Gespinst miteinbezogen. Die Raupe des Roten Knospenwicklers entwickelt sich etwas langsamer als die des Grünen und frißt gelegentlich die jungen Früchte unter einem angesponnenen Blatt an. Diese Wunden verkorken und sind später als Fruchtdeformationen sichtbar. Die Falter fliegen im Juni und Juli und legen ihre Eier einzeln auf die Blätter ab. Die daraus schlüpfenden Raupen leben bis zum Herbst an zusammengesponnenen Blättern und können auch Früchte angreifen.

Schadbild

Schon frühzeitig ist der Schaden erkennbar. Man findet ausgehöhlte Knospen, meist mit einem Gespinst versehen.

Gegenspieler

Brack- und Schlupfwespen sowie Vögel.

Kontrolle und Schadschwelle

Meist ein Gelegenheitsschädling. Die Kontrolle muß vor der Blüte erfolgen, da es nach der Blüte zu spät ist.

Die Schadschwelle liegt bei 5–8% befallene Blütenbüschel beim Roten Knospenwickler und 10–15% befallene Blütenbüschel beim Grünen Knospenwickler.

Bekämpfung

Vorbeugend

Es ist keine vorbeugende Maßnahme bekannt.

Direkt

Die Bekämpfung muß nach überschreiten der Schadschwelle noch vor der Blüte erfolgen. Im biologischen Anbau haben jedoch Bt-Präparate und Pyrethrum-Rotenon Präparate nur eine Teilwirkung.

MINIERMOTTEN

Pfennigminiermotte *(Leucoptera scitella)*
Taschenmotte (Faltenmotte) *(Phyllonorycter blancardella)*
Schlangenminiermotte (Obstbaumminiermotte) *(Lyonetia clerkella)*
Apfelbaumminiermotte *(Nepticula malella)*
Haselnußminiermotte *(Lithocolletis corylifoliella)*

	Pfennig-miniermotte	**Taschenmotte (Faltenmotte)**	**Schlangen-miniermotte**	**Apfelbaum-miniermotte**	**Haselnuß-miniermotte**
Aussehen der Falter	3–4 mm, silbrig, mit schwarz-gelber Zeichnung am Vorderflügel	3–4 mm, kupferbraune Flügel mit weißer, dunkel gerandeter Zeichnung	3–4 mm, weiß, bräunlich durchsetzte Vorderflügel	2 mm, dunkel, im hinteren Flügelteil befindet sich ein glänzendes, weißes Querband	4 mm, kastanien-braun, teilweise schwarz durchsetzt
Generationen	2–3	2–4	3	3	2–3
Über-winterung	Puppe in weißlichem Kokon	Puppe in den Minen	Falter in natürlichen Schutzstellen	Puppe in braunem Kokon (Fallaub)	ausge-wachsene Larve in den Minen
Schadbild	rundliche, pfennigartige Minen auf der Blattoberseite	blattunterseits heller Fleck mit Längs-falte, ober-seits sieb-artiges Muster	schlangen-förmige, ca. 5 cm lange, gangartige Minen, die sich allmählich erweitern	enge Gang-minen, die schnell breiter werden, kurz, rotbraune Kotspur schimmert durch	blattoberseits 1–2 cm großer blasser Fleck mit kleinen Rostflecken
Gefährlichkeit	sehr gefährlich	wenig gefährlich	wenig gefährlich	wenig gefährlich	wenig gefährlich

	Pfennig-miniermotte	Taschenmotte (Faltenmotte)	Schlangen-miniermotte	Apfelbaum-miniermotte	Haselnuß-miniermotte
1. Falter	Ende April – Anfang Mai	April	Ende April	Ende März – Mai	April – Mai
Zeitpunkt des Schadauftretens	Mai – September	Mai – September	Mai – September	Mai – September	Mai – Mitte Juni, Mitte Juli – September

Von den Miniermotten ist nur die Pfennigminiermotte wirklich gefährlich. Deshalb soll diese Miniermotte näher betrachtet werden.

Lebenszyklus

Die Pfennigminiermotte überwintert als Puppe in einem weißlichen Kokon. Der Flug der Falter beginnt etwa um die Blütezeit. Die Weibchen legen die Eier an der Unterseite der Blätter, vor allem im Stammbereich ab. Die auffallend segmentierte Eiraupe dringt in das Blatt ein und hält sich zwischen Wachsschicht und Epidermis auf. Nach ca. 3 Wochen kann man die ersten Minen auf der Blattoberfläche sehen, die langsam größer werden. Die Verpuppung der Raupen erfolgt im Juni in der Nähe der Minen. Der Flug der 2. Generation beginnt Ende Juni/Anfang Juli. Der Befall durch die 2. Generation ist viel stärker und bei guten Witterungsbedingungen kann es noch zur Ausbildung einer 3. Generation kommen.

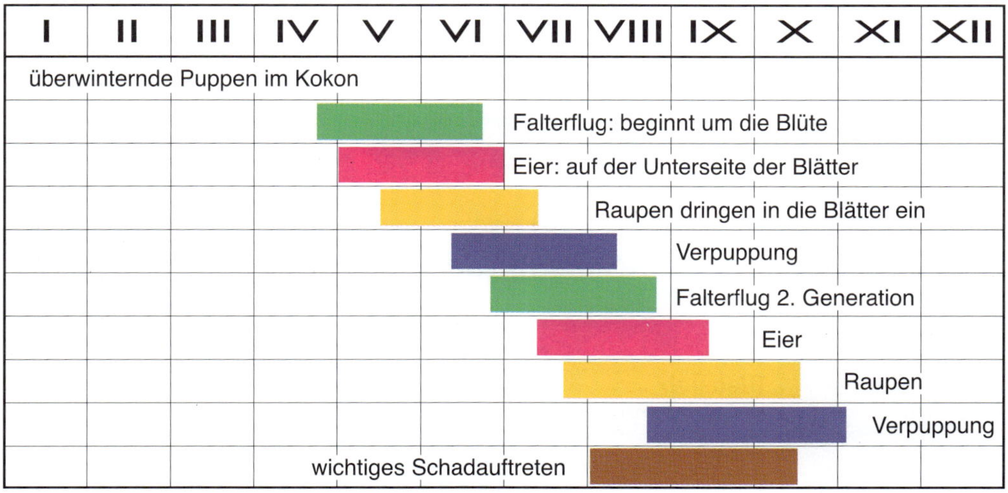

Gegenspieler

Die wichtigsten Gegenspieler der Miniermotten sind die Brack- und Erzwespen. Mit Ausnahme der Pfennigminiermotte sind sie in der Lage, die anderen Miniermottenarten unter der wirtschaftlichen Schadensschwelle zu halten.

Bis zum Herbst können Parasitierunggrade von 80–90% erreicht werden. Nur bei schlechten Witterungsbedingungen im Frühjahr (feucht-kaltes Wetter) hinkt die Entwicklung der Parasiten etwas nach.

Kontrolle und Schadschwelle

Die Überwachung erfolgt durch visuelle Kontrolle der Blätter.

Am wichtigsten ist die Kontrolle bei der Ernte. Aber auch im Frühjahr und Sommer sollten Kontrollen durchgeführt werden.

Wenn bei der Pfennigminiermotte ein Befall von 3–5 Minen/Baum in der 1. Generation festgestellt wird, so ist mit einem starken Ansteigen des Befalls in der 2. Generation zu rechnen.

Der Flug der Falter kann mittels Pheromonfallen überwacht werden. Damit erhält man einen Überblick über die Anwesenheit und Artenzusammensetzung der Miniermotten.

Bekämpfung

Vorbeugend

Schonung der Nützlinge (Erz- und Brackwespen).

Direkt

Eine direkte Bekämpfung ist im biologischen Anbau nicht möglich, da keine Mittel zur Verfügung stehen. Sie ist auch in den seltensten Fällen notwendig, da durch die Ausnützung der natürlichen Begrenzungsfaktoren (Parasiten, Temperaturstürze, kalte Winter) der Befall meist unter der Schadschwelle bleibt.

Holz- und Rindenbewohnende Schmetterlingsraupen

Blausieb *(Zeuzera pyrina)*
Weidenbohrer *(Cossus cossus)*
Apfelbaumglasflügler *(Synanthedon myopaeformis)*

Aussehen

Entwicklungsstadium	**Blausieb** *(Zeuzera pyrina)*	**Weidenbohrer** *(Cossus cossus)*
Falter	ca. 4,5–6,5 cm groß; weiße Flügel mit blauschwarzen Flecken	ca. 7–10 cm groß, graubraun mit unregelmäßiger, schwarzer Zeichnung
Raupe	5–6 cm lang, zuerst rosa, später gelblichweiß mit schwarzen Punkten	8–10 cm lang, zuerst rosa, später sind die Seiten gelblich und der Rücken ist dunkelrot; der Kopf ist schwarz

Lebenszyklus

Beide Schmetterlinge haben einen mehrjährigen Entwicklungszyklus.

	Blausieb *(Zeuzera pyrina)*	**Weidenbohrer** *(Cossus cossus)*
Falterflug	nachts, Juni/Juli	nachts, Juni bis Anfang August
Eiablage	einzeln an Zweigen jüngerer Äste, bevorzugt an Blattstielen und Knospen	in Häufchen bis zu 20 Stück, in Rindenritzen oder an Verletzungen des Stammes
Eiproduktion/ Weibchen	ca. 800	> 1.000
Raupenentwicklung	Raupen leben zunächst im Mark von Zweigen, vollführen einen Platzfraß unter der Rinde von stärkerem Holz und legen dann im Mark aufsteigende Gänge an	zuerst gemeinsamer Platzfraß zwischen Rinde und Holz, im nächsten Frühjahr (April) legt jede Raupe für sich einen über 1 m lang werdenden Fraßgang im Holz an
Schadbild	Blätter oder Triebe welken und sterben ab, Kothäufchen und Holzteilchen ragen aus dem Einbohrloch	Die Fraßgänge sind weit ausgedehnt und bedeutend größer als die der Blausiebraupe, normalerweise ist der Befall im Stammbereich. Die Raupe scheidet einen unangenehmen Geruch aus.

Lebenszyklus der rinden- und holzbewohnenden Schmetterlingsraupen

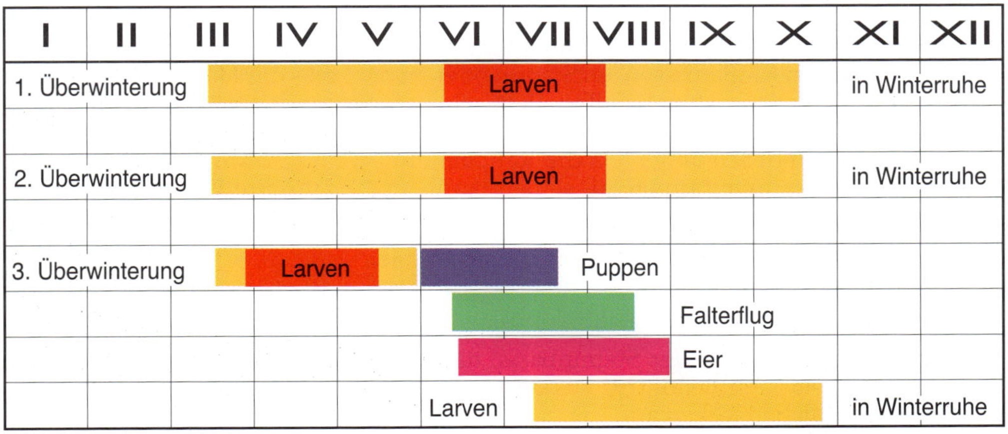

Gegenspieler

Es sind keine bedeutenden Gegenspieler bekannt.

Kontrolle und Schadschwelle

Es gibt bei diesen Schädlingen keine Schadschwelle, doch können schon wenige Raupen einen großen Schaden verursachen.

Visuelle Kontrolle der Bäume auf Spuren von Bohrmehl.

Der Flug der Falter kann mit Pheromonfallen überwacht werden. Sie geben nur einen Hinweis über die Anwesenheit der Schmetterlinge in der Anlage.

Bekämpfung

Vorbeugend

Vermeidung von Verletzungen des Stammes (durch Hack- und Mulchgeräte).

Direkt

Die einzige direkte Bekämpfungsmöglichkeit ist das Einführen eines Drahtes in das Bohrloch zum mechanischen Abtöten der Raupen. Es gibt jedoch auch positive Erfahrungen mit Massenfallen (12 Pheromonfallen/ha) gegen Blausiebfalter.

Apfelbaumglasflügler *(Synanthedon myopaeformis)*

Aussehen

Falter: 20–25 mm groß, durchsichtige Flügel, schwarzer Körper mit breiter, roter Querbinde.
Raupe: 15–17 mm lang, cremeweiß.

Lebenszyklus

Der Apfelbaumglasflügler hat einen mehrjährigen Entwicklungszyklus. Die Eier werden im Juni/Juli in Rindenrissen am Stamm oder an der Basis der Hauptäste, oft in der Nähe von Wunden oder alten Befallsstellen, gelegt. Sofort nach dem Schlüpfen bohren sich die Raupen in die Zweige ein und bohren in der Rinde oder knapp darunter unregelmäßig gewundene Gänge. Da die Raupenentwicklung 20 Monate dauert, kommen oft alte und junge Raupen am selben Baum vor. Wenn ihre Entwicklung abgeschlossen ist, spinnen sie graue, zähe Kokons unter der Oberfläche der Rinde zwischen sich zersetzendem Holz und Raupenkot.

Schadbild

Unregelmäßige Gänge an der Stammbasis, die Rinde löst sich an den Befallsstellen leichter ab. Bei starkem Befall tritt aus der Rinde klebriger Saft aus, die Befallsstellen weisen schwärzliche Flecken auf.

Raupe des Blausiebs im Inneren des Zweiges

Falter des Apfelbaumglasflüglers: charakteristisch ist die orange Querbinde

Gegenspieler

Als Gegenspieler treten vor allem Vögel auf.

Kontrolle und Schadschwelle

- Einsatz von Pheromonfallen zur Abschätzung des Befalldruckes.
- Visuelle Kontrollen auf Bohrstellen im Stammbereich.

Bekämpfung

Vorbeugend

Vermeidung von Verletzungen.

Direkt

Der Apfelbaumglasflügler kann sehr gut mit der Verwirrmethode bekämpft werden.

Apfelblütenstecher *(Anthonomus pomorum)*

Aussehen

Käfer: 3,5–6 mm lang, dunkelbraun bis schwarz; auf den Flügeldecken ein nach vorne offenes, weißes V-Mal.
Ei: 0,5–0,7 mm lang, oval, weiß und durchscheinend.
Larve: 8 mm lang, weiß mit dunkelbraunem Kopf. Bei älteren Larven ist der Körper gelb.

Lebenszyklus

Der Apfelblütenstecher überwintert unter Rindenritzen, in Holzstößen, unter Laub oder an anderen geschützten und trockenen Stellen außerhalb der Obstanlage, bevorzugt im Wald.

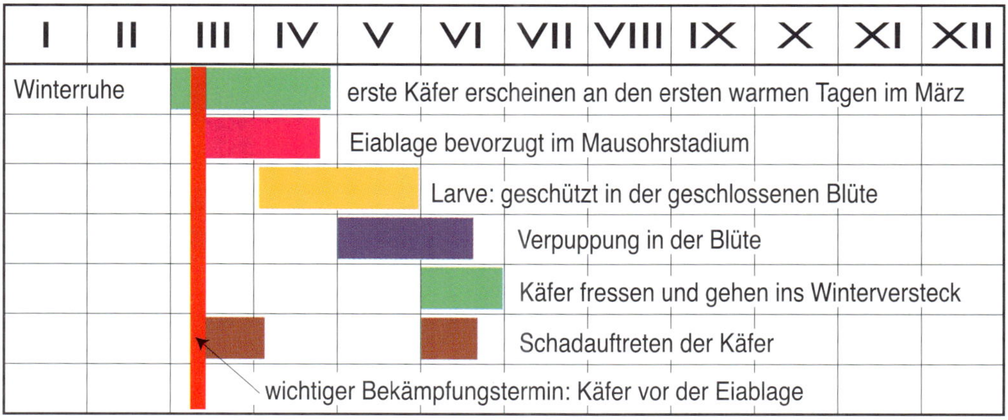

Mit den ersten warmen, sonnigen Tagen im Frühjahr (Ende Februar/Anfang März) erscheint der Käfer und beginnt an den aufgehenden Blütenknospen einzustechen. Der Apfelblütenstecher befällt bevorzugt früh- und mittelfrühblühende Apfelsorten (Idared, McIntosh, Jonagold usw.). Da sein Rüssel ein hochempfindliches Tastinstrument ist, versucht er auf diese Weise das ideale Entwicklungsstadium für die Eiablage herauszufinden. Diese Einstiche an den Blütenknospen kann man bei hohem Befallsdruck später an den Äpfeln als Einbuchtungen in der Nähe des Kelches wiederfinden. Die Eier werden ca. im Mausohrstadium in die Knospen abgelegt. Der Käfer legt pro Blüte nur ein Ei ab. Nach 7–10 Tagen schlüpfen die Larven, die sofort den Griffel und die Staubbeutel der Blüte fressen. Damit die Blüte nicht aufgehen kann und die Larve in der Blüte vor der Sonne geschützt ist, werden die Blütenblätter an der Basis abgefressen. Dadurch entsteht das charakteristische Schadbild der sich nicht öffnenden, braunen, ballonförmigen Blüten.

Nach ca. 1 Monat sind die Larven ausgewachsen und verpuppen sich in der Blüte. 2–3 Wochen später schlüpfen die jungen Käfer, die nach einer kurzen Pause zur Aushärtung des Panzers die Blüten verlassen und an den Blättern und jungen Früchten zu fressen beginnen.

Nach 2–3 Wochen suchen die Käfer ihre Winterverstecke auf.

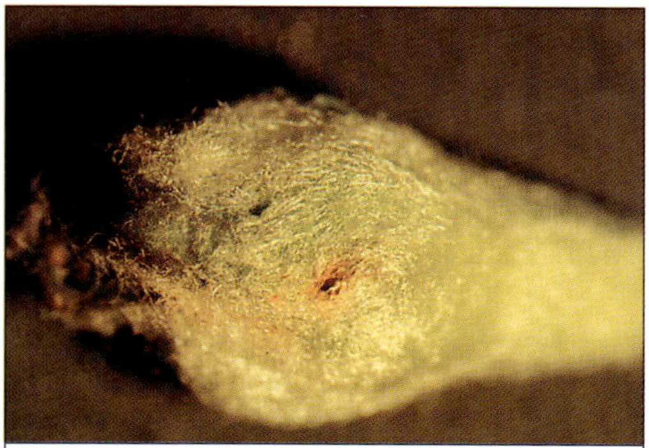

Einstiche durch den Käfer an den aufgehenden Blütenknospen

Schadbild

Zum Knospenaufbruch sind an den Blütenknospen die Einstiche sichtbar.

Wenn das Ei in die Blüte abgelegt wurde, kann man später die typischen braunen, ballonförmigen Blüten erkennen, die sich nicht öffnen.

Später kann man an den Früchten zweierlei Schäden erkennen: Einerseits die Einbuchtungen in der Nähe des Kelchbereiches, die durch die frühen Einstiche entstehen, und andererseits neue Einstiche durch die jungen Käfer, sowohl an den Früchten als auch an den Blättern. Diese Schäden fallen jedoch nur bei sehr hoher Populationsdichte auf.

Gegenspieler

Der Apfelblütenstecher hat keinen wirklich effizienten Gegenspieler. Ei, Larve und Puppe sind in der Blüte sehr gut geschützt.

Öfter genannte Gegenspieler sind Pilze, Erzwespen und Nematoden, die die Käfer in ihren Winterverstecken befallen und parasitieren.

Vögel, die die Käfer im Frühjahr fressen, haben nur eine beschränkte Wirkung.

Kontrolle und Schadschwelle

Die Kontrolle des Apfelblütenstechers erfolgt hauptsächlich durch die Klopfprobe.

Die Klopfprobe muß bei warmer, windstiller Witterung (am besten zu Mittag, wenn die Temperatur > 10 °C ist) durchgeführt werden, da sonst daß Ergebnis nicht aussagekräftig ist.

Die Schadschwelle liegt bei 10–40 Käfer/100 abgeklopfte Äste (10 Käfer bei schwacher Blüte, 40 Käfer bei starker Blüte).

Die oft verbreitete Meinung, daß der Apfelblütenstecher ein willkommenes Ausdünnmittel ist, hat im zeitgemäßen biologischen Obstbau keine Gültigkeit. Der Blütenstecher ist nicht steuerbar und kann somit auch bei starkem Blütenknospenansatz für Schäden sorgen.

Die Eiablage kann durch die visuelle Kontrolle beobachtet werden. Dazu werden die Einzelknospen mit den Einstichen gesammelt und mit einer Nadel vorsichtig geöffnet.

Bekämpfung

Vorbeugend

Es sind keine besonderen Maßnahmen bekannt.

Direkt

Die Bekämpfung sollte nach Überschreiten der Schadschwelle mit einem Pyrethrum-Rotenon-Präparat bei Temperaturen über 12 °C erfolgen. Wenn aufgrund des hohen Populationsdruckes schon eine sehr frühe Behandlung notwendig ist, kann unter Umständen noch eine 2. Spritzung erforderlich sein, da bis zur Eiablage laufend Käfer aus den Winterverstecken auf die Apfelbäume zuwandern.

Daher sollten die Klopfproben nach einer Spritzung weiter durchgeführt werden.

Weitere Rüsselkäfer im Kernobstanbau

Schmalbauch *(Phyllobius oblongus)* Buchenspringrüßler *(Orchestes Fagi = Rhynchaenus fagi)* und andere Phyllobius-Arten

Aussehen

3–6 mm große Rüsselkäfer von verschiedener Farbe (der Schmalbauch ist braun mit schwarzem Kopf und Halsschild, der Buchenspringrüßler ist schwarz bis schwarzbraun, der Grünrüßler ist grün).

Lebenszyklus (Schmalbauch)

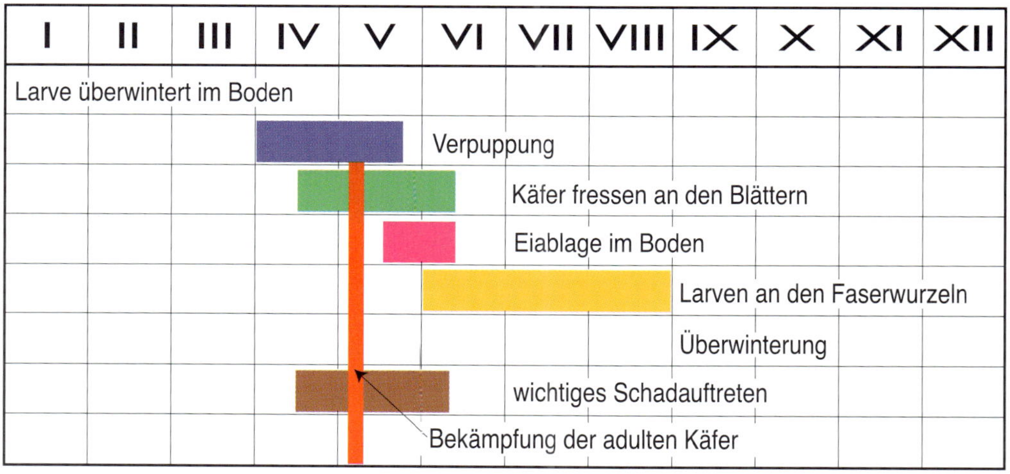

Diese Käfer überwintern als Larve im Boden. Etwa zur Zeit der Apfelblüte kommen die Käfer aus ihren Winterverstecken und fressen an den Laub- und Blütenblättern. Die Blätter werden vom Rand her angefressen. Besonders in Baumschulen und Junganlagen können diese Käfer beträchtlichen Schaden anrichten.

Die Käfer legen ab Ende Mai ihre Eier im Boden ab. Die jungen Larven fressen an den kleinen Faserwurzeln, ohne jedoch wirklich schädlich zu werden.

Der Buchenspringrüßler hat einen etwas anderen Lebenszyklus. Hier überwintern die Käfer. Die Eier des Buchenspringrüßlers werden auf den Blättern von Buchen abgelegt. Er kommt im Obstbau nur gelegentlich vor.

Schadbild

Loch- und Skelettfraß an den Blättern.

Der Buchenspringrüßler kann auch an den Früchten flache, rundliche Löcher fressen.

Gegenspieler

Als Gegenspieler sind vor allem Vögel bekannt.

Kontrolle und Schadschwelle

Die Kontrolle erfolgt mittels Klopfprobe. Der Schmalbauch ist in den letzten Jahren in sehr starker Zahl aufgetreten. Klopfproben mit 200–300 Schmalbauchkäfern/100 Äste sind keine Seltenheit.

Die Schadschwelle liegt bei 100–150 Käfer vor der Blüte und 200–250 Käfer nach der Blüte. Vor allem Junganlagen und Baumschulen sollten genau kontrolliert werden.

Beim Buchenspringrüßler sollten vor allem Anlagen in Waldnähe kontrolliert werden.

Bekämpfung

Vorbeugend

Eine vorbeugende Bekämpfungsmöglichkeit ist nicht bekannt.

Direkt

Spritzungen mit Pyrethrum-Rotenon Präparaten nach dem Überschreiten der Schadschwelle.

Rotbrauner Fruchtstecher *(Rhynchites aequatus)*

Aussehen

3–5 mm großer Käfer mit rot-rotbraun gefärbten Vorderflügeln und gedrungener Gestalt.

Lebenszyklus

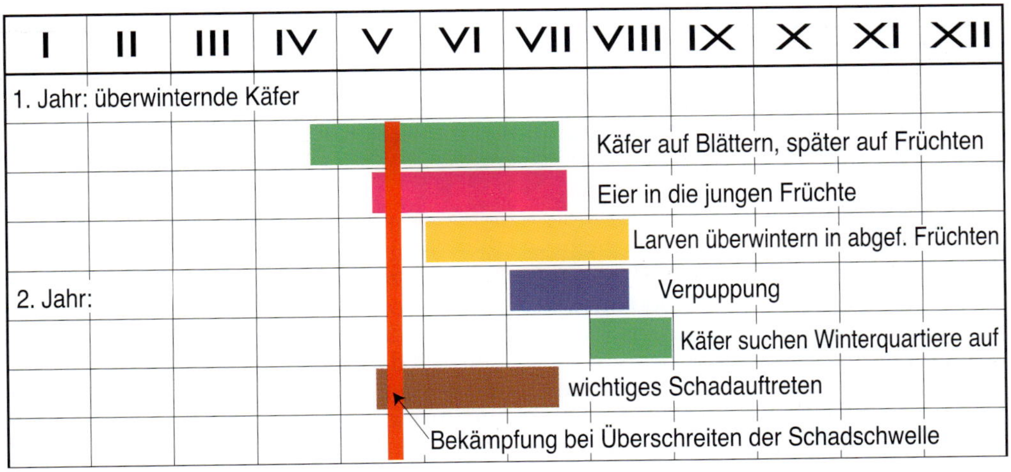

Der Apfelfruchtstecher hat einen zweijährigen Lebenszyklus. Die Käfer erscheinen im Mai und fressen zuerst an den Blättern bzw. Knospen und später mit Vorliebe an den jungen Früchten, deren Fruchtfleisch stark durchlöchert wird. Ab Juni werden die Eier in den Früchten abgelegt (einzelne Einstiche). Die Larven fressen sich ins Kerngehäuse ein, und die runzeligen Früchte fallen spätestens im Herbst ab. Die Larven überwintern in diesen Früchten und verpuppen sich im folgenden Juni im Boden. Die jungen Käfer suchen gleich ihre Winterverstecke im Boden auf.

Schadbild

An den Früchten ab Mai mehrere (Fraßstellen) bzw. einzelne (Eiablage) Einstiche, die später vernarben.

Gegenspieler

Vögel

Kontrolle und Schadschwelle

Das Feststellen der Schadensschwelle erfolgt durch die visuelle Kontrolle. Die Schadschwelle liegt bei 2–3 Käfer/100 Früchte.

Bekämpfung

Die gegen den Apfelblütenstecher verwendeten Pyrethrum-Rotenon-Präparate wirken auch beim Apfelfruchtstecher. Der Bekämpfungstermin liegt jedoch viel später (Mai – Juni).

Birnenknospenstecher *(Anthonomus piri)*

Aussehen

Käfer: 4,5–6 mm lang, bräunlich mit einer hellen „Querbinde".
Larve: 5–7 mm lang, cremeweiß mit dunkelbraunem Kopf, stärker c-förmig als die Larve des Apfelblütenstechers.

Lebenszyklus

Die Käfer schlüpfen im Mai und fressen an Triebspitzen und Blattstielen. Sie suchen jedoch bald ein Versteck auf und ruhen den ganzen Sommer über. Erst Anfang September tauchen die Käfer wieder aus ihren Verstecken auf und beginnen mit dem höhlenartigen Reifungsfraß an der Basis der Knospen, die dadurch absterben. Die begatteten Weibchen legen ihre Eier einzeln in die Blütenknospen, die sie zuerst angebohrt haben. Die Eiablage kann bis in den Dezember und in manchen Jahren bis zum nächsten Frühjahr andauern. Ende Oktober oder erst im folgenden Frühjahr schlüpfen die Lar-

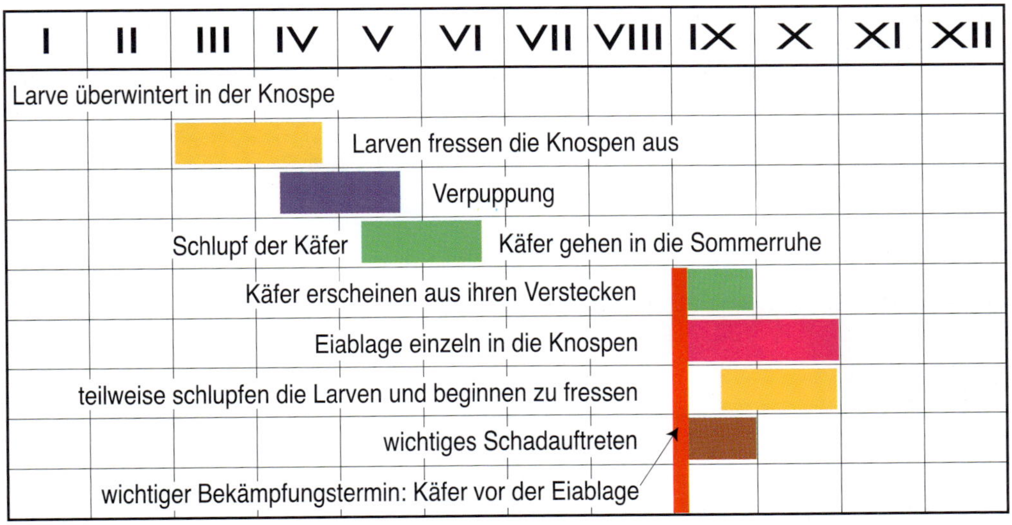

ven, die das Innere der Blütenknospe ausfressen und sich Ende April/Anfang Mai verpuppen.

Schadbild

Die Blatt- und Blütenknospen treiben im Frühjahr nicht aus. Während die anderen Knospen schon aufblühen, sind diese Knospen noch geschlossen. Die Knospenschuppen sind nicht ganz geschlossen, sondern etwas zerfedert.

Gegenspieler

Wichtige Gegenspieler sind nicht bekannt.

Kontrolle und Schadschwelle

Die Kontrolle ist sehr schwierig, da sich die Käfer sehr gut an den Ästen halten und mit der Klopfprobe sehr schwer zu erfassen sind. Wichtig ist der Vorjahresbefall. Der Befall kann in 2–3 Jahren sehr stark zunehmen und, ausgehend von einigen einzelnen Bäumen, auf die gesamte Anlage übergreifen.

Bekämpfung

Vorbeugend

Es sind keine vorbeugenden Bekämpfungsmaßnahmen bekannt.

Direkt

Wenn im Vorjahr ein Befall aufgetreten ist, muß die 1. Spritzung im September, sofort nach der Ernte mit Pyrethrum-Rotenon-Präparaten erfolgen. Diese Spritzung muß u. U. nochmals wiederholt werden. Wichtig ist warmes, schönes Wetter.

Sobald die Eier abgelegt sind, ist es für eine Bekämpfung zu spät.

Ungleicher Holzbohrer *(Xyleborus dispar)*

Aussehen

Weibchen: 3,0–3,5 mm lang, geflügelt, dunkelbraun bis schwarz, Körper gelblich behaart.
Männchen: 1,5–2,0 mm lang, flugunfähig, kurzer Hinterleib und kleiner Thorax.

Lebenszyklus

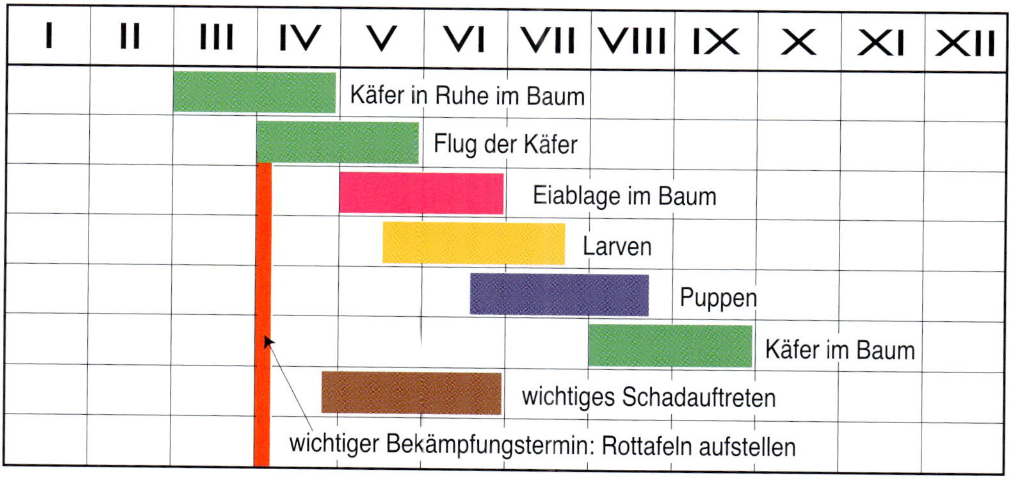

Von April bis zum Juli sind die Käfer vor allem an heißen, sonnigen Tagen (Temperaturen über 18 °C) an ihren Wirtsbäumen (Apfel, Birne, Kirsche, Zwetschke) zu sehen. Nach der Paarung bohren sich die Weibchen in die Rinde des Wirtsbaumes bis zum Splintholz hin ein und legen nach jeder Seite einen Quergang an. Von diesem Quergang werden zylindrische Brutgänge nach oben oder unten angelegt, an deren Eingänge die Eier abgelegt werden.

Die Larven leben von Mai – Juni im Brutgang in Symbiose mit Ambrosiapilzen. Die Entwicklung zum Käfer wird noch im selben Jahr abgeschlossen. In den Gängen können das ganze Jahr über sowohl Käfer als auch Larven unterschiedlichen Alters angetroffen werden.

Schadbild

Ab Mitte Mai bis Juni kann man am älteren Holz Bohrlöcher mit Holzmehl finden. Die

Löcher finden in einem weitverzweigten, strahlenförmigen Gangnetz ihre Fortsetzung. Im Inneren der Gänge findet man gelbliche, braunköpfige Larven oder braunschwarze Käfer.

Ungleicher Holzbohrer in seinem Bohrgang

Gegenspieler

Keine.

Kontrolle und Schadschwelle

Die Kontrolle muß auf die Einbohrstellen am Stamm erfolgen.

Der Flug der Käfer kann mittels Rottafeln überwacht werden.

Bekämpfung

Vorbeugend

Der Ungleiche Holzbohrer befällt vor allem junge und frostgeschädigte Bäume. Frostgeschädigte Bäume kann der Käfer schon von weitem riechen, und oft ist in der Anlage eine sehr klare Trennlinie im Befall feststellbar (frostgeschädigte Bäume werden befallen, danebenstehende gesunde Bäume werden nicht befallen).

Daher ist die wichtigste vorbeugende Maßnahme, frostgeschädigte und kranke Bäume zu entfernen.

Besondere Beachtung ist dabei Junganlagen zu schenken. Vor allem bei stauender Nässe kommt es oft schon im Herbst durch Frühfröste zu Schäden an den Bäumen. Diese Bäume werden im nächsten Frühjahr bevorzugt befallen, besonders wenn die Witterungsumstände gut sind.

Direkt

Eine Spritzung gegen den Holzbohrer ist nicht möglich, jedoch kann ein Großteil der Käfer durch das Anbringen von 8 Rottafeln mit Alkohol-Lockflasche pro ha weggefangen werden. Die geruchliche Anziehung durch frostgeschädigte Bäume (Gärprozesse im Kambium) ist jedoch immer höher als der des Alkohols in der Lockflasche. Deshalb hat diese Methode nur in Kombination mit der Entfernung der geschädigten Bäume einen Sinn.

Apfelsägewespe *(Hoplocampa testudinea)*

Aussehen

Wespe: 6–7 mm lang, braun-schwarz mit gelb-orangen Beinen.
Ei: 0,8 mm lang, weiß, länglich und leicht gekrümmt.
Larve: Kopf zuerst schwarz, später gelbbraun; Körper weißlich.

Lebenszyklus

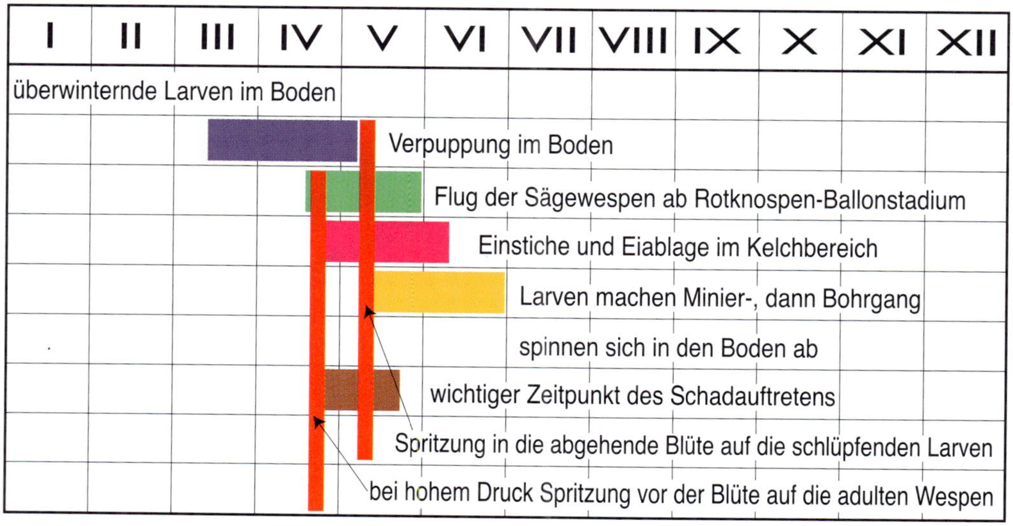

Die Apfelsägewespe überwintert im Larvenstadium im Boden. Ein Teil der Larven überwintert noch ein weiteres Jahr (überliegende Larven), während der Großteil der Larven sich im Boden verpuppt. Nach ca. drei Wochen schlüpfen die jungen Wespen. Der Flug der Sägewespe beginnt frühestens im Rotknospenstadium, nimmt jedoch im Ballonstadium stark zu. Der Zuflug der Sägewespe zu den einzelnen Sorten erfolgt nach der Aufblühfolge. Frühblühende Sorten werden stärker, spätblühende Sorten schwächer befallen. Nach der Kopulation legen die Weibchen ihre Eier in einem Schlitz im Kelchboden ab. Je Blüte wird nur ein Ei abgelegt. Die Einstichstelle ist als rotbrauner Fleck im Kelchbereich erkennbar. Nach ca. zwei Wochen schlüpfen die Larven und machen zuerst einen oberflächlichen Miniergang. Später geht die Larve auf die 2. Frucht über und macht dort einen Bohrgang, aus dem feuchter Kot austritt. Meist wird diese Frucht durch das erweiterte Einbohrloch verlassen und in noch weiteren Früchten desselben Blütenbüschels ein Bohrgang angelegt. Früchte mit einem Bohrgang fallen ab.

Die Sägewespenlarve ist von den später auftretenden Larven des Apfelwicklers bzw. Bodenseewicklers an der Anzahl Bauchbeine (8 Paare) und durch ihren wanzenähnlichen Geruch zu unterscheiden.

Nach 3–4 Wochen ist die Larvenentwicklung abgeschlossen, und die Larve spinnt sich in einen pergamentartigen, erdfarbenen Kokon in 10–15 cm Bodentiefe ein, um dort zu überwintern.

Schadbild

Ist an dem Schlitz für die Eiablage an den Blüten im Kelchbereich als kleiner roter Punkt erkennbar.

An den Früchten zeigt sich zuerst ein bogig verlaufender Miniergang. Die weiteren befallenen Früchte weisen einen Bohrgang mit feuchtem, stinkendem Kot auf.

Frühe Einstiche im Kelchbereich findet man später als Einbuchtung im Kelch wieder.

Apfelsägewespe

Gegenspieler

Da das Ei und die Larve in der Frucht relativ gut geschützt sind, treten vor allem im Boden vorkommende Lebewesen als Gegenspieler auf. Von Bedeutung sind Nematoden und Pilze, die die überwinternden Larven im Boden parasitieren. Der Parasitierungsgrad schwankt von Jahr zu Jahr.

Kontrolle und Schadschwelle

Der Flug der Apfelsägewespe kann sehr gut mit Weißtafeln Typ Rebell beobachtet werden. Da die Funktion der Weißtafeln auf dem Prinzip der Lichtreflexion beruht, müssen die Tafeln bestmöglich dem Sonnenlicht ausgesetzt sein (hoch und frei aufhängen). Die Weißtafel sollte schon im Rotknospenstadium aufgehängt werden. Die Schadschwelle liegt bei 20–50 Wespen/Falle.

Die Fallen sollten unbedingt bei frühblühenden Sorten aufgehängt werden, da diese zuerst beflogen und befallen werden.

Um den Schlupf der Larven festzustellen, müssen befallene Knospen mit einer Nadel vorsichtig zerlegt und das Ei kontrolliert werden. Erreicht das Ei das Schwarzkopfstadium, so ist normalerweise in den nächsten 1–3 Tagen mit dem Schlupf der Larven zu rechnen. Dieser Zeitpunkt ist wichtig, wenn die Bekämpfung auf die schlüpfenden Larven erfolgt.

Bekämpfung

Vorbeugend

Es sind keine vorbeugenden Maßnahmen bekannt.

Direkt

Wenn die Schadschwelle überschritten wird, sollte eine Spritzung mit Quassia auf die schlüpfenden Larven erfolgen. Dazu ist es jedoch notwendig, den Schlupfzeitpunkt genau zu kontrollieren (meist fällt dieser mit dem Fall der Blütenblätter bei den einzelnen Sorten zusammen).

Da die Sägewespe die Sorten nach der Aufblühfolge befällt, müssen die Sorten auch vom Zeitpunkt her unterschiedlich behandelt werden. Zuerst werden frühblühende und später mittelblühende Sorten behandelt. Bei spätblühenden Sorten ist der Befall meist sehr gering.

Wenn im Vorjahr sehr hoher Sägewespendruck war und viele Einbuchtungen im Kelchbereich gefunden wurden, dann sollte im Folgejahr noch vor der Blüte eine Behandlung gegen die erwachsenen Wespen mit einem Pyrethrum-Rotenon Präparat erfolgen (beim Ansteigen des Fluges und Auffinden der 1. Einstiche).

Große Wühlmaus *(Arvicola terrestris)*

Aussehen

Die Wühlmaus ist etwas kleiner als die Ratte, hat einen kürzeren Schwanz und einen stumpfen Schädel. Sie erreicht eine Länge bis zu 25 cm (mit Schwanz).

Lebenszyklus

Die Wühlmaus lebt unterirdisch, ist ein ausgesprochener Pflanzenfresser und ernährt sich bevorzugt von frischen Wurzeln (im Gegensatz zu der Feldmaus, die sich bevorzugt von weniger saftigen Teilen ernährt, vor allem von den Wurzeln der Apfelunterlage M9 und des Holunders). Sie legt im Boden ein weitverzweigtes Gangsystem an, das eine Länge bis zu 80 m erreichen kann und in der Regel bis zu einer Tiefe von 50 cm geht.

Der Querschnitt des Ganges ist hochoval; beim Maulwurf ist der Gang mehr queroval. Die durch die ausgeworfene Erde gebildeten Hügel sind meist flach und liegen seitlich der Auswurföffnung, während sie beim Maulwurf höher sind und direkt über der Auswurföffnung liegen. Oft findet man beim Auswurf auch Pflanzenteile. Die Wühlmaus verläßt den Gang nur sehr selten.

Die von der Wühlmaus bevorzugten saftigen Wurzeln, Knollen und Zwiebeln werden meist in großen Mengen in Vorratskammern gelagert. In einem trockenen, gut ausgepolsterten Nest wirft das Weibchen von März bis Oktober 3–4 mal jährlich 2–6 Junge. Da die Wühlmaus schon nach zwei Monaten geschlechtsreif ist, kann es sehr leicht zur Massenvermehrung kommen. Vor allem trockenes Wetter fördert die Vermehrung der Wühlmäuse, während bei naß-kalter Witterung die Nester durchfeuchtet werden und viele Jungen zugrunde gehen.

Schadbild

Im Frühjahr treiben die Bäume nicht oder nur zaghaft aus. Angefressene Bäume lassen sich leicht schütteln und wenn die Wurzeln bereits ganz abgenagt sind, kann man die Bäume einfach aus der Erde herausziehen.

Während der Vegetationsperiode beginnen die Bäume zuerst zu welken, später werden sie dürr und sterben ab.

Gegenspieler

Die Wühlmaus hat viele natürliche Gegenspieler und trotzdem kann die Wühlmaus sehr schädigend auftreten.

Von den Greifvögeln ist der Mäusebussard der wirksamste Gegenspieler. Jedoch ist der Bestand dieser Greifvogelart sehr gering. Da die Wühlmaus fast nie an der Erdoberfläche anzutreffen ist, ist die Nützlingsleistung des Mäusebussards insgesamt sehr schwach. Ein weiterer Feind der Wühlmäuse ist die Eule. Von den Haustieren sind Katzen und Hunde wichtige Wühlmausräuber, wobei so mancher Hund genauso erfolgreich ist wie die Katze.

Das Mauswiesel kommt vor allem an ruhigen Plätzen vor, in der Nähe von Gewässern.

Kontrolle und Schadschwelle

Die Schadensschwelle für die Wühlmaus ist Null. Sobald eine Maus in der Anlage gespürt wird, sollte sie gefangen werden.

Bekämpfung

Die Wühlmaus ist ein Schlüsselschädling im biologischen Apfel- und Holunderanbau in der Steiermark. Nur wenn es gelingt, sie unter Kontrolle zu halten, kann der biologische Anbau gelingen.

Vorbeugend

- Förderung der Nützlinge durch Errichtung von Sitzstangen für die Greifvögel und Steinhaufen für das Wiesel.
- Regelmäßiger Grasschnitt (kurz halten des Mulches).
- Gute mechanische Bearbeitung des Baumstreifens, vor allem im Herbst, wenn er verunkrautet ist.
- Keine unbearbeiteten Kulturen (blühende Krautstreifen und extensive Wiesen) in wühlmausgefährdeten Anlagen.
- Oft werden die Wurzeln beim Pflanzen durch ein Drahtgitter umgeben. Dieses Gitter schützt nur im ersten und vielleicht im zweiten Jahr. Dann sind die Wurzeln durch das Gitter hinausgewachsen. Drahtgitter sind später bei der Rodung der Anlage oft schwer zu entfernen.

Direkt

Als einzig wirklich wirksame Methode der Wühlmausbekämpfung gilt der Fallenfang.

Dabei muß zunächst einmal der Gang gefunden und eine Verwühlprobe gemacht werden. Der Gang wird auf einer Länge von ca. 50 cm so geöffnet, daß er einen geraden Verlauf nimmt. Wenn der Gang in der nächsten Stunde wieder zugewühlt wird, so ist dieser Bau noch bewohnt. Der wiederum zugewühlte Gang wird nochmals geöffnet und die mit Erde abgeriebene Falle zur Gänze in den Gang gestellt. Anschließend wird der Gang so gut geschlossen, daß die Falle nicht sichtbar ist.

Statt der Wühlmausfalle können auch kleine, ca. 20 cm lange Schußapparate in den Gang gestellt werden. Der Schußapparat hat gegenüber der Falle den Vorteil, daß auch noch Wühlmäuse getötet werden, die ein wenig Erde vor sich herschieben, da die Patrone die Erde durchdringt und die Maus tötet, während bei der Falle die vorangeschobene Erde die Falle blockiert.

Spätestens am nächsten Tag kann der Gang wieder vorsichtig geöffnet und das Ergebnis kontrolliert werden.

Birnblattsauger

Gemeiner Birnblattsauger *(Psylla pyri)*
Großer Birnblattsauger *(Psylla pirisuga)*
Kleiner Birnblattsauger *(Psylla piricola)*

In der Steiermark kommen vor allem der Große Birnblattsauger und der Gemeine Birnblattsauger vor, während der Kleine Birnblattsauger bei uns sehr selten ist.

Aussehen

Floh: 2–4 mm großer, dunkler Floh mit dachartig gefalteten Flügeln.
Larve: 1–2 mm, wanzenartig, gelblichrot – grüngrau gefärbt mit hellen Querlinien.
Ei: 0,6 mm lang, länglich-oval, zuerst zitronengelb, kurz vor dem Schlüpfen orangerot.

Lebenszyklus

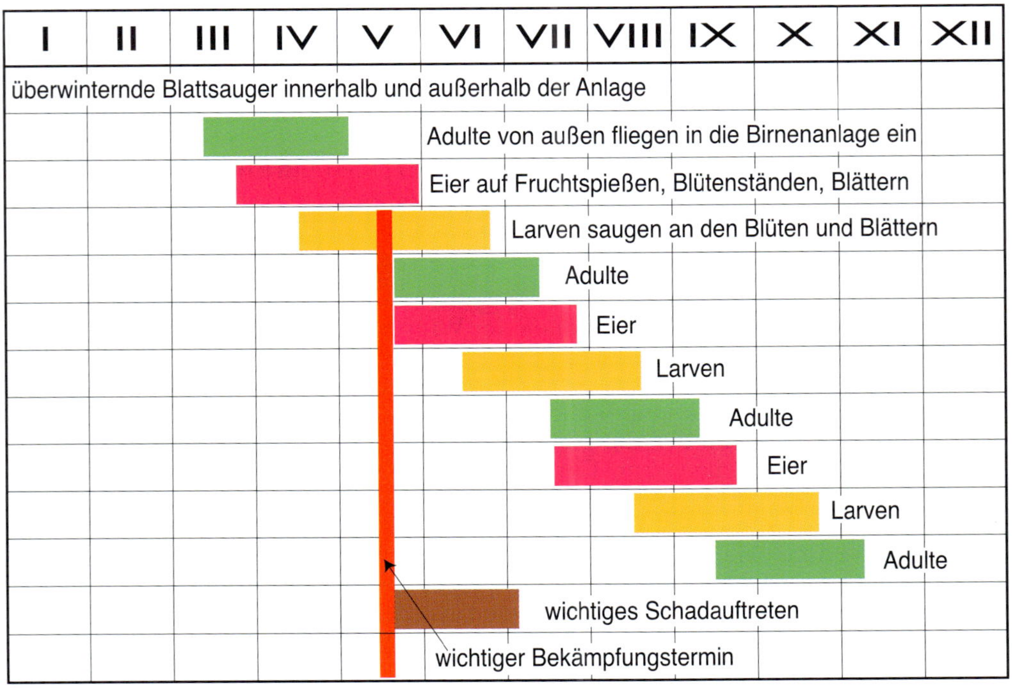

Die Birnblattsaugerarten überwintern sowohl innerhalb als auch außerhalb der Anlage. An den ersten warmen Märztagen kommen sie aus ihren Verstecken und paaren sich. Ende März beginnen sie ihre ovalen, gelben Eier zuerst an den Fruchtspießen und später auf den Blütenständen und den Blättern abzulegen. Noch vor der Blüte erscheinen die ersten Larven, die sofort mit der Saugtätigkeit an Blättern und Blüten beginnen. Ab dem 3. Larvenstadium beginnen sie mit der Absonderung von Honigtau. Es entwickeln sich 2–3 Generationen. Vor allem Ende Mai bis Mitte Juni kann die Population des Birnblattsaugers sprunghaft ansteigen oder aufgrund natürlicher Faktoren (Räuber bzw. Witterung) total zusammenbrechen. Frisch geschlüpfte Birnblattsaugerlarven reagieren sehr empfindlich auf feucht-kühle Witterung.

Wenn die Birnen so groß sind, daß sie nicht mehr nach oben stehen, sondern nach unten zeigen, setzen sich die Blattsauger gerne zwischen zwei Früchte und saugen in ihrem Schutze. Auf dem von ihnen ausgeschiedenen Honigtau bilden sich Rußtaupilze, die die Früchte, Triebe und Blätter anschwärzen.

Der Große Birnblattsauger ist kaum schädlich. Er verursacht nur Blattdeformationen und wandert nach der Blüte ab.

Schadbild

Im März und April sieht man gelbe–orangerote Eier an den Trieben. Die wanzenartigen Larven kann man auf den Blättern, Trieben und Achseln, umgeben von klebrigem Honigtau, finden. Später findet man auch fleckig-schwarze Früchte, Blätter und Triebe.

Gegenspieler

Der wichtigste Gegenspieler des Birnblattsaugers ist die Blumenwanze *Anthocoris nemoralis*.

Diese Raubwanze überwintert als erwachsenes Tier in verschiedenen Verstecken. Um die Blüte legt sie ihre Eier an Bäumen mit Blattlaus- oder Birnblattsaugerkolonien

Erwachsenes Tier des Birnblattsaugers

Larven des Birnblattsaugers: sie scheiden Honigtau aus, der ihnen als Schutz dient

ab. Die Erwachsenen der 2. Generation suchen im Juni wiederum geeignete Bäume mit Schädlingskolonien für ihre Eiablage. Dies ist meist der kritische Moment in der biologischen Bekämpfung des Birnblattsaugers. Wenn zuviele Birnblattsauger vorhanden sind bzw. die Birnblattsauger durch feucht-schwüles Wetter viel Honigtau produzieren, ist eine natürliche Regulierung der Blattsauger schwer möglich. Wenn man jedoch genügend der weißlichen Blumenwanzeneier mit Deckel, die im Blatt versenkt sind, anfindet, dauert es noch einige Tage, bis eine Regulierung erfolgen kann.

In den letzten Jahren konnte eine natürliche Regulierung des Blattsaugers durch ***Schwebfliegenlarven*** im Juni beobachtet werden. Anscheinend entwickelt sich die Schwebfliege in feucht-kalten Perioden besser als die Blumenwanze. Bei Klopfproben und visuellen Kontrollen waren 80% der Räuber Schwebfliegen.

Kontrolle und Schadschwelle

Vorblüte: visuelle Kontrolle der Blütenbüschel auf alle Stadien von Blattsaugern und Blumenwanzen
Nachblüte: Kontrolle der Triebe (vor allem der Blattachseln) auf alle Stadien von Blattsaugern und Blumenwanzen.

Die Schadschwelle ist sehr schwer festzulegen, weil sie vom Besatz mit Blumenwanzen abhängt.

Auf jeden Fall wird die Schadschwelle überschritten, sobald Birnblattsaugerlarven auf den Früchten sind.

Bekämpfung

Vorbeugend

- Die wichtigste Maßnahme ist die Schonung der Blumenwanzen.
- Der Birnblattsauger ist ein Triebspitzenschädling. Alle Maßnahmen, die das Wachstum der Birnenbäume bremsen können, wirken sich auch positiv auf den Befall durch den Blattsauger in der 2. und 3. Generation aus.

Direkt

Der Birnblattsauger ist ein Schädling, der durch die biologische Bekämpfung sehr gut unter Kontrolle gehalten werden kann. In Jahren mit schlechten Witterungsbedingungen im Juni und Juli kann es jedoch sein, daß die Entwicklung der Blumenwanzen zu langsam ist.

Dann kann die Population des Birnblattsaugers explosionsartig ansteigen.

Wenn die Blattsauger zwischen den Früchten sitzen oder aufgrund der vielen Kontrollen der Eindruck entsteht, daß die Blumenwanzen nicht mehr in der Lage sind, eine stabile Situation zu schaffen, sollten folgende Maßnahmen getroffen werden:

- Bei Anlagen mit Überkronenberegnung sollte diese eingeschaltet werden, damit ein Teil des Honigtaus gelöst wird.
- Seifen- bzw. Netzmittelpräparate lösen einerseits den Honigtau, andererseits haben sie eine beschränkte toxische Wirkung auf die Blattsaugerlarven. Spritzungen mit nat. Pyrethrum haben ebenfalls nur eine Teilwirkung auf die Larven.

Sollte ein Pyrethrumpräparat gespritzt werden, so sollte man vorher Regen abwarten oder bewässern, damit der Honigtau gelöst wird.

Birnenpockenmilbe *(Phytophtus pyri)*

Aussehen

Erwachsenes Weibchen: 0,2–0,24 mm lang, weißlich bis hellbraun, Körper schmal und länglich.

Lebenszyklus

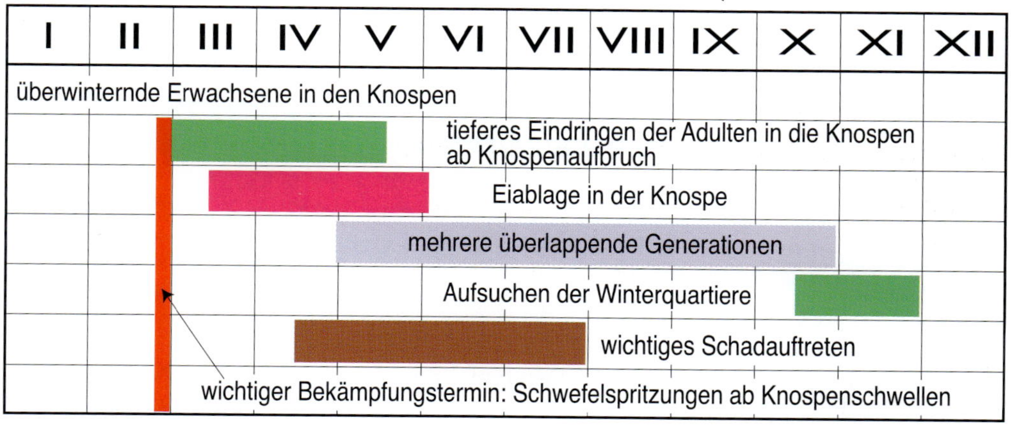

Männchen und Weibchen überwintern unter den äußeren Knospenschuppen. Beim Knospenschwellen im Frühjahr beginnen sie mit ihrer Aktivität, sie dringen tiefer in die Knospe ein und beginnen an den inneren Knospenschuppen zu saugen und legen dort ihre Eier ab. Später ernähren sich die Milben von den Blättern und den sich entwickelnden Blütenknospen. Zuerst verursachen die Milben an der Blattunterseite Pusteln. Nach dem Absterben des Gewebes unter den oberflächlichen Pocken können die Milben ins Blatt eindringen. Dort bilden die Milben taschenartige Gallen, die ihnen als Sommerquartier dienen und wo die Vermehrung erfolgt. Die jungen Milben verbreiten sich über die Jungtriebe und verursachen dort neue Pocken. Im Herbst suchen die jungen, ausgewachsenen Tiere ihre Winterquartiere in den Knospen auf.

Schadbild

Durch die Saugtätigkeit der Birnenpockenmilbe werden zuerst die Blütenblätter rot. Beim Erscheinen der ersten Rosettenblätter kann man deutlich die gelb-roten Pusteln erkennen. Auch die Früchte werden bei starkem Befall geschädigt. Es entstehen großflächige Verkorkungen und teilweise Deformationen der Früchte.

Gegenspieler

Es ist kein wirksamer Gegenspieler der Birnenpockenmilbe bekannt.

Schadschwelle

Es ist keine Schadschwelle bekannt. Als einziges Kriterium kann man den Vorjahresbefall nehmen. Die Birnenpockenmilbe kann sich explosionsartig von einem Jahr auf das andere entwickeln.

Bekämpfung

Wenn im Vorjahr ein Befall mit Birnenpockenmilbe festgestellt wurde, sollten beim Knospenschwellen zwei Schwefelspritzungen durchgeführt werden:
1. Spritzung beim Beginn des Knospenschwellens (7 kg/ha).
2. Spritzung ca. eine Woche später.

Birnengallmücke *(Contarinia pyrivora)*

Aussehen

Mücke: 2,5–3,5 mm große Mücke mit zwei Längsstreifen.
Larve: 3–5 mm lang, gelblichweiß.

Lebenszyklus

Die Birnengallmücke überwintert als Larve in einem Kokon im Boden. Nach der Verpuppung im Frühjahr fliegen die Mücken ab dem Mausohrstadium und legen ihre Eier auf die Staubgefäße und den Stempel ab. Die jungen Larven bohren sich in den Fruchtknoten ein und ernähren sich vom Inneren der Birne. Befallene Früchte wachsen zuerst schneller und werden aufgeblasen. Nach ca. 6 Wochen verlassen die Larven die noch am Baum hängenden oder bereits abgefallenen Früchte und suchen im Boden ihr Winterquartier auf.

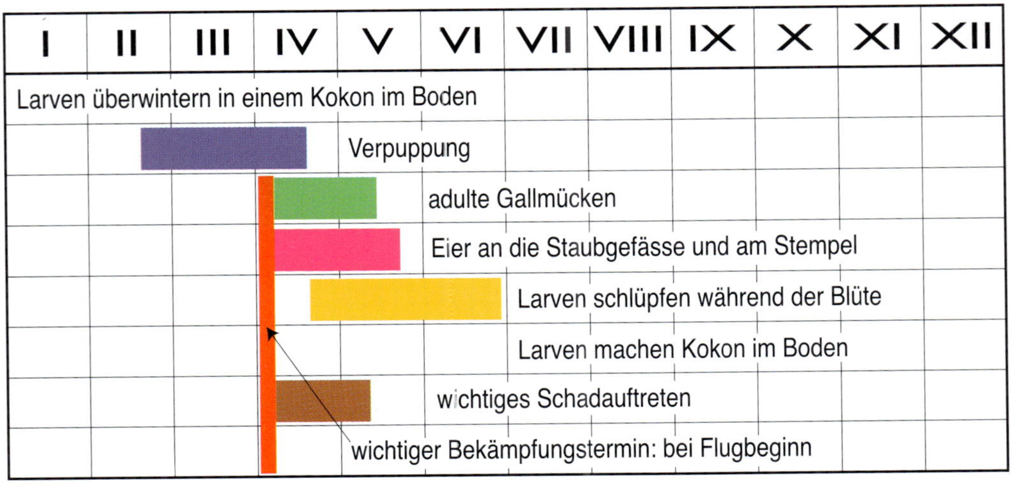

Schadbild

Befallene Früchte wachsen nach der Blüte schneller und sind teilweise mißgebildet und rötlich gefärbt.

Später stoppt das Wachstum, die Früchte werden schwarz, platzen teilweise auf und fallen ab.

Gegenspieler

Erzwespen sind die wichtigsten Gegenspieler.

Kontrolle und Schadschwelle

Der Flug und die Eiablage sollten an den Blütenbüscheln kontrolliert werden. Eine Schadschwelle ist nicht bekannt.

Bekämpfung

Vorbeugend

Befallene Früchte aufsammeln und aus der Anlage entfernen.

Hühnerhaltung in der Obstanlage (Hühner fressen die Larven).

Direkt

Die Bekämpfungswürdigkeit richtet sich nach dem Vorjahresbefall. Wenn im Vorjahr stärkerer Befall aufgetreten ist und der Blütenansatz gering ist, so sollte eine Behandlung durchgeführt werden.

Pyrethrum-Rotenon-Präparate haben eine Teilwirkung.

WICHTIGE KRANKHEITEN UND SCHÄDLINGE IM STEINOBSTANBAU

Viruserkrankungen

Viruskrankheiten können in den Beständen nicht bekämpft werden. Sauberem Pflanzmaterial ist daher höchste Priorität einzuräumen. Dennoch kann eine Neuinfektion bei vielen Virosen, z. B. der Scharkakrankheit bei Pflaumen und Aprikosen, oft nicht ausgeschlossen werden.

Virosen an Pflaume/Zwetschke sowie Pfirsich/Aprikose

(nach LANKES, 1996)

Erreger	Krankheit/Symptome	Übertragung	wirtschaftl. Schäden
Plum pox virus	**Scharka** Blattchlorosen Pockennarbigkeit der Früchte Rindenrisse	Blattläuse	hohe Ertragsausfälle, wenn Früchte nicht zu vermarkten sind
Apple chlorotic leaf spot virus	**Pseudoscharka** Fruchtsymptome ähnlich der Scharka Rindenrissigkeit		Veredelungsausfälle, verkürzte Lebensdauer der Bäume
Apple mosaic u. a.?	**Bandmosaik** mosaikartige Blattaufhellungen		Veredelungsausfälle, reduz. Jungtriebzuwachs
Prune dwarf virus	**Weidenblättrigkeit** Pflaumenverzwergungen verkürzte Internodien	Pollen u. Samen	Veredelungsausfälle, Zwergwuchs, Ertragseinbußen
Prunus necrotic ringspot virus	**Pflaumenverfall** Blattsymptome: nekrotische Ringflecken, Linien- oder Eichenblattmuster	Pollen u. Samen	Absterbeerscheinungen bei bestimmten Sorten/ Unterlagen-Kombinationen

Virosen an Kirschen

Erreger	Krankheit/Symptome	Übertragung	wirtschaftl. Schäden
Prune dwarf virus	chlorotische Ringfleckenkrankheit Blattsymptome	Pollen und Samen	häufig latent (Süßkirschen) Wachstums- und Ertrags-depressionen; verstärkt PNRV-Symptome
Prunus necrotic ringspot virus	Stecklenberger Krankheit Blatt-, Blüten- und Frucht-symptome Enationen	Pollen und Samen	verringert. Triebwachstum verringerte Blattbildung verzögerter Blühbeginn verzögerte Abreife Ertragsausfälle (90–40%)
Raspberry ringspot virus	Pfeffinger Krankheit schmale Blätter Enationen Verkahlungen	Nematoden	an Süßkirsche: Früchte bleiben klein, fallen vorzeitig ab Absterbeerscheinungen
Little cherry disease	Kleinfrüchtigkeit Früchte bleiben klein und hell Blattsymptome selten	Schmierlaus	Ertrags- und Qualitätseinbußen

Pilzkrankheiten

Derzeit mögliche Mittel mit fungizider Wirkung sind im biologischen Anbau Kupfer und Netzschwefel sowie verschiedene Stärkungsmittel auf pflanzlicher (z. B. Lecithin) oder mineralischer Basis (z. B. Gesteinsmehle). Einer Vorbeugung durch die Wahl von 30% weiteren Abständen als im konventionellen Anbau sowie maßvoller N-Versorgung und lockerem Baumaufbau kommt große Bedeutung zu.

Die wirtschaftliche Schadensschwelle gibt die Befallsstärke an, die gerade noch geduldet werden kann. Sie wird überschritten, wenn der entsprechende Schaderreger größere finanzielle Einbußen verursacht, als Kosten für die Verhütung des Schadens entstehen würden. Daraus abgeleitet wird die Bekämpfungsschwelle. Dies ist die Befallsstärke eines Schaderregers, bei der die Bekämpfung zu erfolgen hat, um wirtschaftlichen Schaden zu verhindern.

Wichtige pilzliche Schaderreger bei Kirschen

Schaderreger/ Leitsymptom	**Befallsnachweis Kontrolltermin**	**Art der Kontrolle**	**Bekämpfungs-schwelle**	**Bemerkungen**
Monilia-Spitzendürre Pilz wächst nach Öffnen der Blüten durch den Blütenstiel ins Holz und führt zur bekannten Spitzendürre	Erscheinen der ersten Blütenblätter	–	nicht festgelegt	Befallsgefahr bei kühler, feucht-regnerischer Witterung. Kranke Triebe ausschneiden. Sortenunterschiede beachten. Schattenmorelle besonders anfällig.
Sprühfleckenkrankheit Schrotschußkrankheit	Mitte Mai – Mitte Juni Blattnässedauer	Kontrolle der Temperatur, Luftfeuchtigkeit u. Blattnässe länger 12 Std.	nicht festgelegt Infekt.bedingungen: Temp. über 17 °C, Luftfeuchte über 60%	Gefahr besonders in niederschlags-reichen Gebieten. Schattenmorelle besonders anfällig.
Gnomonia-Blattbräune	vertrocknete Blattbüschel im Winter	zählen	nicht festgelegt	bei starkem Befall: Behandlungen beim Austrieb und April bis Mitte Mai
Holz- und Rindenkrankheiten	Gummifluß, eingesunkene Rinde etc.	visuell	nicht festgelegt	Sichtbare Befallsstellen gut aus- oder wegschneiden. Bekämpfung zum Austrieb oder beim Blattfall

Scharkabefallene Früchte bei der Zwetschke

Bohrgang der Pflaumenwicklerlarve in der Frucht

Erwachsene Fliege bei der Eiablage auf der Frucht

Wichtige pilzliche Schaderreger bei Pflaumen und Zwetschken

Schaderreger/ Leitsymptom	Befallsnachweis Kontrolltermin	Art der Kontrolle	Bekämpfungs-schwelle	Bemerkungen
Monilia-Spitzendürre	siehe Kirschen	siehe Kirschen	siehe Kirschen	siehe Kirschen
Narren- oder Taschenkrankheit	deformierte Früchte im Vorjahr	zählen	nicht festgelegt	besonders gefährdet sind: ‚Auerbacher' ‚Bluefre', ‚Ortenauer', ‚President' und ‚Hauszwetschke'. Bekämpfung zum Austrieb und in Kurzvorblüte
Zwetschkenrost	ab Mitte Juni bis Mitte Juli, zunächst gelbe Flecken auf Blattoberseite	zählen	nicht festgelegt	Bekämpfung ab Ende Juni. Meist nur lokal stärkeres Auftreten. Besonders anfällig: ‚Auerbacher', ‚Ersinger', ‚Cacaks Schöne', ‚Ruth Gerstetter'
Holz- und Rindenkrankheiten	siehe Kirschen	siehe Kirschen	siehe Kirschen	siehe Kirschen

Tierische Schaderreger

Wichtige tierische Schaderreger bei Kirschen

Schaderreger/ Leitsymptom	Befallsnachweis Kontrolltermin	Art der Kontrolle	Bekämpfungs- schwelle	Bemerkungen
Frostspanner Raupen schlüpfen i.d.R. vor der Blüte aus den Wintereiern und zerfressen Blatt- und Blütenknospen. Spätere Raupenstadien schädigen auch die Früchte	Vegetationsruhe Vor der Blüte	Astproben- kontrolle visuelle Kontrolle	2–3 Eier/1 m Fruchtspieße 3–4 Raupen/100 Blütenbüschel	Im Oktober Anlegen von Leimringen zum Abfangen der Weibchen. Im Februar/März Leimbelag erneuern. Bacillus thuringiensis- Präparate.
Schwarze Kirschenlaus Schlupf zur Zeit der Blüte aus Wintereiern, bildet Kolonien an Triebspitzen. An Süßkirschen auch Blattkräuselungen	Nachblüte	visuelle Kontrolle	Auftreten der ersten Kolonien 2–5 Kolonien/100 Triebspitzen	Frühzeitig bekämpfen, um Honigtaubildung zu vermeiden. Wirtswechselnde Laus. Sommerwirt: Labkraut und Ehrenpreis
Kirschfruchtfliege Maden bohren sich ins Fruchtfleisch und fressen in der Nähe des Steines. Nach 3–4 Wochen erfolgt die Verpuppung im Boden	Gelb oder Gelbrotfärbung der Früchte (ab Mitte Juni)	Flugkontrolle mitGelbtafeln auf Süd-, Süd- westseite der Bäume	1–2 Fliegen/ Gelbtafel und Tag	Gefährdet sind besonders Sorten ab der 4. Reifewoche. Es werden nur die umfärbenden Früchte mit Eiern belegt

Wichtige tierische Schaderreger bei Pflaumen und Zwetschken

Schaderreger/ Leitsymptom	Befallsnachweis Kontrolltermin	Art der Kontrolle	Bekämpfungs- schwelle	Bemerkungen
Frostspanner Raupen schlüpfen i.d.R. vor der Blüte aus den Wintereiern und zerfressen Blatt- und Blütenknospen. Spätere Raupenstadien schädigen auch die Früchte	Blüte bis Nachblüte	visuelle Kontrolle	10–15 Raupen/ 100 Blütenbüschel	Leimringe ab Oktober anlegen. Grünes Leimringpapier verwenden, dadurch werden weniger Nützlinge gefangen. Im Februar/März Leimbelag erneuern

Schaderreger/ Leitsymptom	Befallsnachweis Kontrolltermin	Art der Kontrolle	Bekämpfungs- schwelle	Bemerkungen
Pflaumenwickler Räupchen bohrt sich ins Fruchtfleisch („Pflaumenmade"). Befallene Früchte reifen vorzeitig.	Mai-Juni (1. Generation) Juli–August (2. Gen.)	visuelle Kontrolle	1–3 mit Eiern (stets fruchtunterseits) belegte Früchte pro 100 Früchte	Bestimmung des Flughöhepunktes mit Pheromonfalle. Kontrolle auf Eiablage zur Festlegung des Bekämpfungszeitpunktes sinnvoll. Erste Generation selten bekämpfungswürdig.
Pflaumensägewespe Einstich direkt unterhalb der Kelchblätter, befallene Früchte fallen ab.	ca. 1 Woche vor Blühbeginn bis Blühende Blüte	Weißtafel zur Flugprognose visuelle Kontrolle	nicht festgelegt 4–8 Einstiche pro 100 Fruchtkelche	Höhe der Bekämpfungsschwelle vom Blütenansatz abhängig. Bei starkem Behang Ausdünnung willkommen
Kleine Pflaumenblattlaus Triebwachstum wird gehemmt, erhebliche Blattverkräuselungen, Früchte bleiben klein	Vorblüte bis Nachblüte (April/Mai)	visuelle Kontrolle	1 Kolonie/100 Triebe 2–3% mit Läusen besetzte Knospen	Bedeutende Überträgerin der Scharka-Virose. Ab Mai Abwanderung auf Astern, Chrysanthemen und Klee. Im Herbst kehren geflügelte Läuse zur Eiablage auf die Pflaumenbäume zurück.
Hopfenblattlaus Starke Honigtauproduktion, dadurch Ansiedlung von Rußtaupilzen – Fruchtverschmutzung; Laus sitzt auf Blattunterseite; keine Blattverkräuselungen	Blüte bis Nachblüte	visuelle Kontrolle	1 Kolonie/100 Triebe	Tritt besonders in warmen Jahren auf, wandert im Sommer auf Hopfen ab
Zwetschkenschildlaus (Napfschildlaus, Schalenschildlaus) Starke Honigtauproduktion und demzufolge Ansiedlung von Schwärzepilzen. Verschmutzte Früchte bleiben klein und werden notreif	Knospenaufbruch bis Ballonstadium	visuelle Kontrolle	Mehr als 100 lebende Schildlauslarven pro 2 m Fruchtholz. Vorjahresbefall berücksichtigen	Die Schildläuse weisen nur eine Generation pro Jahr auf. Die Bekämpfung ist mit pflanzlichen Ölen, z. B. Rapsöl, möglich.

Schaderreger/ Leitsymptom	**Befallsnachweis Kontrolltermin**	**Art der Kontrolle**	**Bekämpfungs-schwelle**	**Bemerkungen**
Spinnmilben Zunächst gelbliche Fleckung der Blätter von der Blattbasis aus, netzförmige Ausbreitung über das Blatt, graubraune Verfärbung, Blätter rollen sich bei Trockenheit ein, bei stärkerem Befall Herabsetzung der Trieblänge und Fruchtgröße	Winterruhe, Vorblüte Blüte, Nachblüte Sommer bis ca. 3 Wochen vor Erntebeginn	Astproben-kontrolle visuelle Kontrolle visuelle Kontrolle	800 Eier pro 2 m Fruchtholz 50% geschlüpfte Larven (erste bewegliche Stadien) 40–50% befallene Blätter (= 2–4 Milben/Blatt)	Im Bio-Anbau Bekämpfung nur im Ei-Stadium mit einem Öl-Präparat möglich

Gegen verwurmte Früchte wird man sich kaum wehren können. Ein wirksames Mittel sind prinzipiell zwar Bacillus-thuringiensis Präparate, doch ist der Flug des Pflaumenwicklers sehr lang anhaltend und die Larven, die das Mittel ja aufnehmen müssen, bohren sich sehr schnell in die Frucht ein. Intensive Kontrollen der Flughöhepunkte und des Eischlupfes sind daher notwendig. Wie bei den Kirschen gilt: Die Frühsorten sind weniger gefährdet.

Quelle: Rheinland Pfalz, Anleitung für den integrierten Obstanbau, 1996, leicht verändert

WICHTIGE KRANKHEITEN UND SCHÄDLINGE IM ERDBEERANBAU

Krankheiten

Graufäule *(Botrytis cinerea)*

Schadbild

Auf unreifen Früchten zunächst braune Befallsstellen; reifende Früchte mit mausgrauem Pilzrasen bedeckt.

Biologie

- Wichtigster Schaderreger im Bioanbau; Befall kann zu sehr großen Ausfällen führen.
- Pilz überwintert in Pflanzenresten (Blattstiele, Fruchtmumien).
- Hohe Luftfeuchtigkeit und Temperaturen von 15–20 °C während der Blüte begünstigen den Primärbefall; mit zunehmender Reife werden Früchte anfälliger; Krankheit kann sich dann bei Regen rasch ausbreiten.

Bekämpfung

Vorbeugend
- Für gute Durchlüftung sorgen (weite Pflanzabstände, ein- statt zweireihige Pflanzsysteme).
- Zurückhaltende Stickstoffdüngung.
- Auf mehrjährige Kulturen verzichten.
- Im Frühjahr altes Laub und während der Ernte befallene Früchte aus Anlage entfernen.
- Rechtzeitig Stroheinlage ausbringen.
- Wenn beregnen, dann morgens statt abends.
- Bei Tunnelanbau häufig lüften.
- Auf anfällige Sorten verzichten.
- Das Abdecken der Kulturen während der Ernte mit einem Regenschutzdach (Niedertunnel) bringt eine deutliche Reduktion des Befalls.

Direkt
Zur Zeit sind keine wirksamen Präparate bekannt.

Erdbeermehltau *(Sphaerotheca macularis)*

Schadbild

Blätter: weißer Mehltaubelag auf Unterseite der Blätter, die sich anschließend rötlich-violett verfärben und nach oben rollen.
Blüten bzw. Früchte: Blüten- und Fruchtentwicklung bleiben zurück; weißer Mehltaubelag überzieht zunächst Samenkörner, dann ganze Frucht.

Biologie

- Pilz überwintert hauptsächlich auf Erdbeerpflanzen.
- Temperaturen von 20–25 °C fördern den Pilz.

Bekämpfung

Vorbeugend
- Für gute Durchlüftung sorgen (weite Pflanzabstände, ein- statt zweireihige Pflanzsysteme).
- Auf anfällige Sorten verzichten.
- Zurückhaltende Stickstoffdüngung.
- Auf mehrjährige Kulturen verzichten.

Direkt
Spritzungen mit Netzschwefel; bei hohem Befallsdruck vorbeugend vor der Blüte behandeln, bei zweijährigen Kulturen den Neuaustrieb nach Schnitt (Konzentration 0,2%) bei Befall 0,3prozentig behandeln und nach einer Woche wiederholen.

Graufäule an Erdbeeren: zunächst braune Flecken, später mit grauem Pilzrasen bedeckt

Rhizomfäule: das aufgeschnittene Rhizom weist rotbraune Faulstellen auf

Weiß- und Rotfleckenkrankheit (*Mycosphaerella fragariae* und *Diplocarpon earliana*)

Schadbild

Weißfleckenkrankheit: kleine, runde, braunumrandete Flecken mit weißem Zentrum (Blätter).
Rotfleckenkrankheit: kleine, unregelmäßig geformte braunrote Flecken ohne weißes Zentrum (Blätter).
Weitere Blattflecken können u. a. von *Gnomonia comari, Colletotrichum acutatum* oder *Alternaria alternata* herrühren.

Biologie

- Bei einjährigen Kulturen selten ein Problem.
- Pilze überwintern auf Erdbeerpflanzen.
- Hohe Luftfeuchtigkeit fördert die Krankheiten.

Bekämpfung

Vorbeugend
- Auf mehrjährige Kulturen verzichten.
- Auf anfällige Sorten verzichten.
- Für gute Durchlüftung sorgen (weite Pflanzabstände, ein- statt zweireihige Pflanzsysteme).

Direkt

Kupferspritzungen je nach Auftreten, 3 und 6 Wochen nach der Pflanzung, beim Austrieb im Frühling, bei zweijährigen Kulturen den Neuaustrieb nach Schnitt behandeln (Konzentration bei 50% Reinkupfer: 0,05%–0,1%).

Eckige Blattfleckenkrankheit *(Xanthomonas fragariae)*

Schadbild

Zunächst hellgrüne, wäßrige, eckige Flecken auf der Blattunterseite; später werden Flecken auch auf Blattoberseite sichtbar und verfärben sich schwarz; auf der Blattunterseite tritt Bakterienschleim aus.

Auch Kelchblätter, Blüten, Ausläufer, Blattstengel und Fruchtstiele werden befallen. Gehemmtes Wachstum bei latent infizierten Jungpflanzen.

Biologie

- Gewinnt an Bedeutung.
- Führt je nach Jahr zu geringen bis großen Schäden.
- Bakterien überdauern auf totem Pflanzenmaterial bis zu zwei Jahre.
- Tagestemperaturen um 20 °C, kühle Nächte und hohe Luftfeuchtigkeit fördern den Befall.
- Warmwasserbehandlung von Jungpflanzen fördert die Verbreitung der Krankheit.

Bekämpfung

Vorbeugend
- Gesundes Pflanzgut verwenden.
- Kein Maschinenaustausch mit betroffenen Betrieben, Kleidung wechseln und Hände waschen nach Arbeiten in verseuchten Parzellen.
- Zurückhaltende Stickstoffdüngung.
- Bei Tunnelanbau häufig lüften.

Direkt

Zur Zeit sind keine wirksamen Präparate bekannt.

Rote Wurzelfäule *(Phytophthora fragariae)*

Schadbild

- Symptome am besten im Frühjahr, zum Teil auch im Herbst, erkennbar.
- Schlechter Austrieb und Kümmerwuchs im Frühjahr, zum Teil Absterben ganzer Pflanzen, keine oder mangelhafte Fruchtbildung.
- Ältere Blätter aufgehellt bis rotbraun verfärbt mit verkürzten Stielen.
- Beim Längsschnitt der Wurzel im Übergang von gesundem zu krankem Gewebe roter Zentralzylinder mit hellerer Wurzelrinde erkennbar.
- Hauptwurzeln ohne Seitenwurzeln („Rattenschwänze").

Biologie

- Kann zu großen Ausfällen führen.

- Verdichtete, stau- oder wechselnasse Böden fördern die Entwicklung und Ausbreitung des Pilzes.
- Kranke Bestände können sich während des Sommers teilweise erholen.
- Verbreitung durch krankes Pflanzgut, Bodenbearbeitungsgeräte, Schuhwerk und Bodenwasser (vor allem an Hängen von Bedeutung).
- Krankheitserreger bleibt mindestens 15 Jahre im Boden.

Bekämpfung

Vorbeugend
- Verdichtete, stau- oder wechselnasse Böden vom Anbau ausschließen.
- Gesundes Pflanzgut verwenden.
- Befallene Parzellen frühestens nach 15 Jahren wieder mit Erdbeeren bepflanzen.
- Kein Maschinenaustausch mit betroffenen Betrieben.
- Auf mehrjährige Kulturen verzichten.
- Auf anfällige Sorten verzichten.

Direkt

Zur Zeit sind keine wirksamen Präparate bekannt und auch kam notwendig, wenn die vorbeugenden Maßnahmen berücksichtig werden.

Rhizomfäule und Lederfäule *(Phytophthora cactorum)*

Schadbild

Rhizomfäule: Schadsymptome treten meist einige Wochen nach der Pflanzung oder kurz nach der Blüte auf. Vom Herz ausgehende Welke, anschließend verfärben sich die Blätter braun, und die Pflanze stirbt ab. Das längs aufgeschnittene Rhizom weist rotbraune Faulstellen auf, die sich scharf vom gesunden Gewebe abgrenzen.
Lederfäule: an unreifen Früchten findet man eine Braunverfärbung; die Früchte haben eine lederartige Beschaffenheit. An reifen Früchten ist das Schadbild (wäßrig-weiche, braune Befallsstellen, Fruchtfleisch bitter) seltener zu sehen.

Biologie

Rhizomfäule: staunasse Böden und Temperaturen über 25 °C fördern den Befall, wobei verfrühte Kulturen besonders gefährdet sind.
Lederfäule: Infektion erfolgt durch verseuchte Bodenteile, die mit Regenspritzern auf Früchte gelangen

Bekämpfung

Vorbeugend
- Verdichtete, stau- oder wechselnasse Böden vom Anbau ausschließen.
- Gesundes Pflanzgut verwenden.
- Rechtzeitig Stroheinlage ausbringen.

- Auf anfällige Sorten verzichten.
- Keine Phacelia oder Schmetterlingsblütler *(Fabaceae)* als Vorkultur.
- Erkrankte Pflanzen frühzeitig aus Anlage entfernen.

Direkt

Zur Zeit sind keine wirksamen Präparate bekannt.

Schädlinge

Erdbeerblütenstecher *(Anthonomus rubi)*

Schadbild

Abgeknickte Blütenknospen, die vertrocknen und anschließend abfallen.
Käfer: schwarzbraun, 2,0–3,5 mm lang; geknickte Fühler; Deckflügel in Längsrichtung gepunktet.

Biologie

- Käfer überwintert unter Laub (u. a. Einflug vom Wald) und Stroh oder im Boden.
- Ein Weibchen zerstört bis zu 20 Blütenknospen, indem es in diese je ein Ei legt.
- Jungkäfer fressen nach Schlupf am Laub der Brutpflanze, ohne großen Schaden anzurichten.
- Bei geringem Befallsdruck und starkblühenden Sorten entsteht erwünschter Ausdünnungseffekt.
- Verwechslungsmöglichkeit mit seltener auftretendem Erdbeerstengelstecher *(Coenorhinus germanicus);* dieser hat jedoch keine geknickten Fühler und sticht ganze Blütenstandstengel ab.

Bekämpfung

Vorbeugend

- Waldnahe Parzellen meiden.
- In Befallslagen nur reichblühende Sorten anbauen.
- Vliesabdeckung (verfrühte Kultur) bietet Teilschutz vor Einflug.

Direkt

Zur Zeit sind keine wirksamen Präparate bekannt.

Erdbeermilbe *(Tarsonemus pallidus)*

Schadbild

- Milben von Auge kaum sichtbar (ca. 0,2 mm lang).
- Herzblätter bleiben ab Juli klein, sind gekräuselt und verfärben sich bräunlich.
- Befall breitet sich rasch nestartig aus.

- Verwechslung mit Schadsymptomen der Blattälchen möglich, diese sind jedoch bereits im Frühjahr sichtbar.
- Bei einjährigen Kulturen selten ein Problem.

Bekämpfung

Vorbeugend
- Befallfreies Pflanzgut (evtl. warmwasserbehandelt) verwenden.
- Auf mehrjährige Kulturen verzichten.

Direkt
- Befallene Pflanzen vernichten.

WICHTIGE KRANKHEITEN UND SCHÄDLINGE IM HIMBEERANBAU

Krankheiten

Wurzelsterben *(Phytophthora fragariae var. rubi)*

Schadbild

Jungruten: Triebspitzen welken, Blätter hellen auf und trocknen anschließend ein, Triebe sterben bis Frühsommer ab
Tragruten: Bildung kümmerlicher Fruchttriebe, Blätter hellen auf und trocknen anschließend ein, Triebe sterben spätestens um die Ernte ab
Wurzeln: Rinde dunkel verfärbt, wenig Faserwurzeln

Biologie

- Führt zu bestandesgefährdenden Ausfällen.
- Verdichtete, stau- oder wechselnasse Böden fördern Entwicklung und Ausbreitung der Krankheit.
- Größte Infektionsgefahr im Frühjahr und Herbst bei Bodentemperaturen von 12–16 °C.
- Verbreitung durch krankes Pflanzgut, Bodenbearbeitungsgeräte, Schuhwerk und Bodenwasser (vor allem an Hängen von Bedeutung).
- Erdbeerpflanzen werden nicht befallen.

Bekämpfung

Vorbeugend
- Verdichtete, stau- oder wechselnasse Böden vom Anbau ausschließen.

- Gesundes Pflanzgut verwenden (Grünpflanzen statt Ruten oder Topfpflanzen verwenden).
- Regelmäßig gut verrotteten Kompost zuführen, in Kombination mit Dammanbau
- Zurückhaltende Bewässerung im Frühjahr und im Herbst.
- Kein Maschinentausch mit betroffenen Betrieben.
- Auf anfällige Sorten verzichten.
- Befallene Parzellen frühestens nach 15 Jahren wieder mit Himbeeren bepflanzen.
- Regendach von Anfang März bis Ende November ausbreiten.

Himbeerrutenkrankheiten *(Didymella applanata, Leptosphaeria coniothyrium, Botrytis cinerea, Elsinoe venta)*

Schadbild

Didymella applanata
- Um Knospen der Jungruten violett-braune Flecken, die sich rasch vergrößern.
- Im Winter silbergraue Verfärbungen mit kleinen schwarzen Fruchtkörpern, z. T. Verfärbung der ganzen Ruten.
- Knospen treiben schwach oder gar nicht mehr aus.

Leptosphaeria coniothyrium
- Ausgedehnte violett-braune Flecken an der Basis der Jungruten.
- Befallene Ruten sterben im Folgejahr ab.

Botrytis cinerea
- Um die Knospen der Jungruten blaßbraune, sich rasch vergrößernde Flecken.
- Im Winter silbergraue Verfärbungen mit großen schwarzen „Pilzlagern".
- Knospen treiben schwach oder gar nicht mehr aus.

Elsinoe venta
- An Ruten, Blattstielen und Blattspreiten zunächst purpurrote, dann weißlich-graue, eingesunkene Flecken.

Biologie

Rutenkrankheiten führen im Gegensatz zur Wurzelfäule nie zum Absterben der ganzen Pflanze.

Bekämpfung

Vorbeugend
- Rutenverletzungen vermeiden, z. B. durch Unterdrückung der Himbeerruten-Gallmücke oder durch Entfernen zu starker Ruten mit aufgerissener Rinde.
- Abgetragene Ruten direkt nach der Ernte aus der Anlage entfernen.
- Zurückhaltende Stickstoffdüngung.
- Für lockere Bestände sorgen, d. h. überschüssige Jungruten und Unkraut entfernen.

Himbeerrutenkrankheit

Johannisbeerglasflügler

Graufäule *(Botrytis cinerea)*

Schadbild

Früchte mit mausgrauem, stäubendem Pilzrasen bedeckt; die weichfaulen Beeren schrumpfen später und verhärten.

Biologie

- Führt bei regnerischem Wetter während der Ernte zu großen Schäden.
- Äußerlich gesunde Früchte können nach kurzer Lagerzeit faulen, vor allem wenn sie feucht gepflückt wurden.
- Pilz überwintert auf Ruten (Himbeerrutenkrankheiten).
- Hauptinfektion findet während der Blüte statt.

Bekämpfung

Vorbeugend
- Regendach ausbreiten.
- Zurückhaltende Stickstoffdüngung.
- Befallene Ruten im Winter entfernen.

Schädlinge

Himbeerkäfer *(Byturus tomentosus)*

Aussehen und Schadbild

Käfer: 3,5–4,5 mm lang; braun bis graubraun, mit niederliegenden Haaren bedeckt. Höhlt Blütenknospen aus und frißt an Blüten und jungen Blättern.
Larve: 6–8 mm lang; gelbbraun; frißt am Fruchtboden und an Teilfrüchtchen.

Biologie

Hauptschaden wird durch Larven verursacht (befallene Früchte)
- Durch Befall können ganze Posten unverkäuflich werden.
- Mittels weißer Leimtafeln (z. B. Rebell bianca) läßt sich die Anwesenheit der Käfer feststellen (Mitte April aufhängen).

Bekämpfung

Vorbeugend
- Herbst- statt sommertragende Sorten wählen (Herbstsorten werden kaum befallen).
- Waldnahe Parzellen meiden.

WICHTIGE KRANKHEITEN UND SCHÄDLINGE DER BROMBEERE

Krankheiten

Brombeerrankenkrankheit *(Rhabdospora ramealis)*

Schadbild

Jungruten: dunkelgrüne, stecknadelkopfgroße Flecken an der Basis der Triebe; Flecken verfärben sich anschließend rötlich, später bräunlich mit roter Umrandung.

Wenn die Flecken größer werden, wachsen sie zum Teil zusammen und breiten sich auf den oberen Rankenteilen aus.
Tragruten: Blätter und Blüten welken und trocknen vom Rankenende her gegen die Triebbasis hin ein. Oberhalb der Befallstellen sterben die Ranken ab. Im Frühjahr bilden sich meistens reihenweise Höckerchen (Pyknidien), aus denen bei feuchter Witterung weißliches Pilzgewebe wächst. Die Flecken bleichen anschließend vom Zentrum her aus.

Wird häufig mit Frostschaden verwechselt; bei diesem treten jedoch keine Schäden an Jungruten auf und im Frühjahr sind keine Pyknidien sichtbar.

Bekämpfung

Vorbeugend
- Auf anfällige Sorten verzichten (Theodor Reimers ist anfällig).
- Stark befallene Ranken entfernen und verbrennen.

Schädlinge

Brombeermilbe *(Acalitus essigi)*

Schadbild

Reifende Beeren mit roten, hart und sauer bleibenden Teilfrüchtchen

Biologie

- Milben werden ab März aktiv.
- Befallstärke nimmt im Verlauf der Ernte zu.
- Milben sind von Auge nicht sichtbar (0,16–0,2 mm lang).

Bekämpfung

Vorbeugend
Tragruten möglichst im alten Jahr aus der Anlage entfernen (**Vorsicht:** erhöht die Gefahr von Frostschäden).

Direkt
- Behandlung mit Netzschwefel 2%, wenn Seitentriebe der Tragruten 10 cm lang sind.
- Behandlung mit Netzschwefel 1%, wenn Seitentriebe der Tragruten 20 cm lang sind.

WICHTIGE KRANKHEITEN UND SCHÄDLINGE AN JOHANNISBEEREN UND STACHELBEEREN

Krankheiten

Amerikanischer Stachelbeermehltau *(Sphaerotheca mors-uvae)*

Schadbild

Bei **Stachelbeeren**
- Triebspitzen und junge Blätter mit weißem Pilzmycel überwachsen.
- Triebspitzen sterben ab.
- Z. T. setzt besenartige Neutriebbildung ein.

- Früchte anfänglich mit weißem Mycel, anschließend mit rauhem, braunem, „schorfähnlichem" Belag überzogen.

Bei **Johannisbeeren**
Wie Stachelbeeren, jedoch kaum Früchtebefall.

Biologie

- Pilz überwintert an Triebspitzen und infizierten Knospen.
- Verwechslungsmöglichkeit mit Europäischem Stachelbeermehltau *(Microsphaera grossulariae);* dieser verursacht jedoch kaum Schäden und tritt meist nach der Ernte, vorwiegend auf der Blattunterseite auf.

Bekämpfung

Vorbeugend
- Auf anfällige Sorten verzichten.
- Zurückhaltende Stickstoffdüngung.
- Befallene Triebspitzen entfernen und vernichten.

Direkt
- vor dem Austrieb: Behandlung mit Netzschwefel 0,5% oder Fenchelöl 0,4%.
- nach dem Austrieb: je nach Befallstärke alle 2–3 Wochen Behandlung mit Fenchelöl 0,4%.

Vorsicht: nicht in offene Blüten spritzen (Verrieselungsgefahr); viele Sorten reagieren nach dem Austrieb empfindlich auf Schwefel.

Säulchenrost *(Cronartium ribicola)*

Schadbild

Bei **Johannisbeeren**
- Ab Juni auf Blattunterseite immer zahlreicher auftretende gelborange Sporenlager.
- Ab Juli Weiterentwicklung zu 1–1,5 mm langen „Säulchen".
- Vorzeitiger Blattfall.

Bei **Weymouths-Kiefer**
- Spindelförmiges Anschwellen von Ast- oder Stammteilen.
- Anschließend bricht weißgelbliches Pilzgewebe durch die Rinde.

Biologie

- Wirtswechselnder Pilz: durchläuft gewisse Entwicklungsstadien auf fünfnadeligen Kiefer-Arten, wobei im mitteleuropäischen Raum vor allem die Weymouths-Kiefer *(Pinus strobus)* von Bedeutung zu sein scheint.
- Pilz kann vermutlich auch ohne Zwischenwirt (Pinus-Arten) überleben.
- An den betreffenden Pinus-Arten treten nebst *C. ribicola* auch andere Rostpilze auf.
- Krankheit tritt am stärksten auf Cassis auf, kommt aber auch auf roten Sorten mit Abstammung von *Ribes petraeum* sowie auf *R. alpinum* und *R. grossularia* vor.

Bekämpfung

Vorbeugend
- Auf anfällige Sorten verzichten.
- Befallene Pinus-Arten in der näheren Umgebung entfernen.

Direkt
- Ab Austrieb Behandlungen je nach Befallsstärke alle 2–3 Wochen mit Fenchelöl 0,4%

Vorsicht: Wegen Verrieselungsgefahr nicht in offene Blüte spritzen.

Schädlinge

Diverse Blattlausarten

Schadbild

- Kolonien entwickeln sich vor allem an Triebspitzen.
- Trieb- und Blattdeformationen.
- Purpurfarbene Blasen auf roten und weißen Johannisbeeren, gelblichgrüne Blasen auf Cassis (Johannisbeerblasenlaus *Cryptomyzus ribis*).

Biologie

Blattläuse schädigen häufig nicht nur durch Saugtätigkeit, sondern auch durch die Übertragung gefährlicher Viruskrankheiten.

Bekämpfung

Vorbeugend
- Zurückhaltende Stickstoffdüngung.
- Günstige Bedingungen für Nützlinge schaffen (z. B. durch Anlegen von Buntbrachen in der Nachbarschaft der Kultur).

Direkt
- Spritzungen mit Pyrethrin-, Rotenon-, Fettsäuren- oder Mischpräparaten bevor Trieb- oder Blattdeformationen auftreten.

Johannisbeergallmilbe *(Cecidophyopsis ribis)*

Schadbild

Bei Schwarzer Johannisbeere: befallene Knospen kugelig angeschwollen (Rundknospen), treiben nicht aus und vertrocknen.

Bei Roten Johannisbeeren und Stachelbeeren: wie bei Schwarzer Johannisbeere; Knospen schwellen jedoch nicht an, sondern sind lediglich etwas lockerer.

Allgemeines

Milben übertragen Brennesselblättrigkeit und fördern die Verrieselung.
Sorten sind unterschiedlich anfällig.

Bekämpfung

Vorbeugend
- Auf anfällige Sorten verzichten.
- Befallene Knospen oder Triebe vor Blühbeginn entfernen und vernichten.

Johannisbeerglasflügler *(Synanthedon tipuliformis)*

Aussehen

Falter: Flügelspannweite ca. 20 mm, Körper blau-schwarz, Hinterleib mit 4 (Männchen) oder 3 (Weibchen) hellgelben Streifen.
Raupe: 23–30 mm lang; gelblich-weiß mit braunem Kopf.

Schadbild

Raupen bohren sich im Juni bis Juli in die Triebe und verursachen einen schwarzen Fraßgang im Mark; Folge: Blätter welken, Triebe treiben schwach aus und sterben z. T. ab.

Bekämpfung

Vorbeugend
- Bestände konsequent verjüngen; falls Sommerschnitt, diesen erst nach dem Falterflug ab August durchführen.
- Stark befallene Triebe entfernen und vernichten.
- Aufhängen von Fallen zur Befallsreduktion (z. B. Weinflaschen oder Borkenkäferfallen vom Handel); Köderflüssigkeit: 90% Süßmost, 5% Schwarze Johannisbeersirup, 5% Essig; zirka alle 20 m eine Falle; Köderflüssigkeit bei Verschmutzung regelmäßig erneuern.

WICHTIGE KRANKHEITEN UND SCHÄDLINGE AN HEIDELBEEREN

Bis jetzt traten bei Heidelbeeren in unseren Breitengraden kaum Pflanzenschutzprobleme auf. Aus dem Ausland ist aber bekannt, daß diverse Krankheiten und Schädlinge große Schäden verursachen.
Dabei scheint die Anthraknose – vermutlich durch *Colletotrichum acutatum* verur-

sacht – eine zentrale Rolle zu spielen. Noch ist wenig über diese Krankheit bekannt, doch einiges deutet darauf hin, daß Mikroklima, Kulturtechnik und Sortenwahl eine entscheidende Rolle spielen, ob es zu einem Befall kommt.

Eine zurückhaltende Stickstoffdüngung, gut durchlüftete Bestände und in niederschlagsreichen Gebieten allenfalls eine Überdachung der Kulturen sowie kein (zu) großflächiger Anbau sind Maßnahmen, die es Schaderregern erschweren, auch bei uns Fuß zu fassen.

PFLANZENSCHUTZMITTEL

Im folgenden werden die wichtigsten, im biologischen Obstbau verwendeten Pflanzenschutzmittel kurz besprochen. Die Aufzählung der Mittel nimmt keine Rücksicht auf die nationalen Richtlinien und Gegebenheiten, da sich diese sehr schnell ändern.

Bei den biologischen Pflanzenschutzmitteln handelt es sich um natürliche, wenig toxische Substanzen.

Fungizide (Pilzbekämpfungsmittel)

Kupfer

Anwendungsgebiete	Schorf, Obstbaumkrebs
Wirkungsweise	Vorbeugend, tötet die keimenden Sporen ab.
Vorteile	Ist sehr regenbeständig, hat eine sehr gute Wiederverteilung am Baum, gegen Schorf sehr gut wirksam.
Nachteile	Berostet sehr; Kupfer führt zu starken Fruchtberostungen, wenn es von der Blüte bis zum Junifruchtfall eingesetzt wird. Das Ausmaß der Fruchtberostung hängt von der Mittel- und Wassermenge ab. Feinsprühen gibt weniger phytotoxische Schäden als Normalsprühen. Kupfer kann jedoch auch zu phytotoxischen Schäden auf den Blättern führen. Kupfer wird im Boden nicht abgebaut. Kupfer ist regenwurmtoxisch.
Aufwandsmenge	Die Aufwandsmenge darf 1,5 kg Reinkupfer/ha/Jahr nicht überschreiten, d. s. ca. 2,5–3 kg fertiges Produkt. In sehr kritischen Perioden: 0,5 kg/ha In weniger kritischen Perioden: 0,3 kg/ha

Schwefel

Anwendungsgebiete	Mehltau, Schorf, Rostmilben, Birnenpockenmilben
Wirkungsweise	Bei Pilzen vorbeugend, tötet die keimenden Sporen ab.
Vorteile	Schwefel hat auch akarizide Wirkung. Durch die Mehltaubekämpfung im Frühjahr werden auch die Rostmilben mitbekämpft. Gegen Mehltau sehr gute Wirkung.
Nachteile	Temperaturabhängig (mind. 15–18 °C) Schwefel ist bei höheren Dosierungen (über 3kg/ha) und höheren Temperaturen raubmilbenschädigend. Sehr schlechte Wirkung gegen Schorf. Wird nicht von allen Apfel- und Birnensorten vertragen. Nicht mit Paraffinöl mischbar.
Aufwandsmenge	Wegen Raubmilbenschonung max. 3 kg/ha, gegen die Birnenpockenmilbe 7 kg/ha.

Schwefelkalk

Anwendungsgebiete	gegen überwinternde Stadien der Schildläuse am Baum in der Vegetationsruhe, gegen Schorf
Wirkungsweise	gegen überwinternde Stadien Ätzwirkung, gegen Schorf vorbeugende Wirkung – hemmt die keimenden Sporen
Vorteile	gegen Schorf sehr gute Wirkung, gute Haftfähigkeit (ähnlich wie Kupfer) berostet nicht
Nachteile	Ist derzeit gegen Schorf nicht registriert. Bei zu hohen Dosierungen phytotoxische Schäden. Nicht mit Paraffinöl mischbar.
Aufwandsmenge	als Winterspritzung 15–20%ig (in absoluter Winterruhe) gegen Schorf 10–20 kg/ha

Akarizide und Insektizide (Mittel gegen Milben und Insekten)

Paraffinöl

Anwendungsgebiete	San-José-Schildlaus, Rote Spinne
Wirkungsweise	Durch den Ölfilm ersticken die Schädlinge.
Vorteile	Sehr gute Wirkung gegen San José und Rote Spinne, nützlingsschonend.
Nachteile	Biologisch nicht abbaubar. Es darf 2–3 Tage nach der Spritzung keinen Frost geben (sonst gibt es phytotoxische Schäden bzw. bei empfindlichen Sorten, wie Gala und Braeburn, fallen die Blütenbüschel und Blätter ab).
Aufwandsmenge	10–30 l/ha, je nach Entwicklungsstadium
Anmerkungen	optimaler Einsatzzeitpunkt: Mausohr-Rotknospenstadium unbedingt jede Reihe doppelt fahren (z. B. bei 30 l/ha – 2 x 15 l) Feinsprühen gibt besseren Bedeckungsgrad. Rapsöl hat einen wesentlich geringeren Wirkungsgrad als Paraffinöl, ist jedoch leicht abbaubar.

Granulosevirus

Anwendungsgebiete	Apfelwickler (Carpovirusine, Madex, Granupom) Fruchtschalenwickler, *Adoxophyes orana* (Capex)
Wirkungsweise	Fraßgift
Vorteile	sehr hohe Infektiosität und Giftigkeit sehr spezifische Wirkung raubmilbenschonend
Nachteile	Wird von den UV-Strahlen schnell abgebaut, daher in der Natur nur wenige Tage wirksam.
Anmerkungen	Spritztermine müssen je nach Witterung sehr flexibel gestaltet werden. Da die Raupen nicht sofort abgetötet werden, können kleine Anbißschäden entstehen.

Bacillus thuringiensis kurstaki (Bactospeine, Dipel, Thuricide)

Anwendungsgebiete	Frostspanner, Bodenseewickler, Eulenraupen
Wirkungsweise	Fraßgift
Anmerkungen	Wirkt nur gut bei Temperaturen über 15 °C, da bei tiefen Temperaturen, infolge der geringen Fraßaktivität der Larven, zuwenig Mittel aufgenommen wird. Zugabe von 1% Zucker verbessert die Wirkung, nützlingsschonend.

Azadirachtin (Neem)

Anwendungsgebiete	Mehlige Apfellaus, Frostspanner
Wirkungsweise	Repellent und Fraßgift hemmt die Entwicklung (Häutung) und Fortpflanzung
Herstellung	Extrakt aus Neemsamenöl (Alkaloid)
Anmerkungen	Sehr langsame Wirkung, Spritzung gegen die Mehlige Laus muß daher unbedingt vor der Blüte erfolgen. Derzeit nur in Baumschulen erlaubt. bienengefährlich Bei sehr hohen Konzentrationen Nebenwirkung gegen Schalenwickler.

Quassia

Anwendungsgebiete	Apfel- und Pflaumensägewespe, Nebenwirkung auf Blattläuse, Wicklerraupen und Kirschfruchtfliege
Wirkungsweise	Repellent, Kontakt- und Fraßgift bei der Sägewespe
Vorteile	nützlingsschonend
Anmerkungen	Einsatz gegen die Sägewespe beim Abblühen.

Pyrethrum-Rotenon-Präparate (Parexan)

Anwendungsgebiete	Blattläuse, Blütenstecher und andere Rüsselkäfer, Wickler, Spanner, Wanzen, Eulenraupen
Wirkungsweise	Kontakt-, Fraß- und Atemgift
Herstellung	Pyrethrum wird aus den Chrysanthemen gewonnen und enthält als Zusatzstoff Piperonyl Butoxid, erhöht die UV-Stabilität. Rotenon wird aus Wurzeln gewonnen.
Anmerkungen	sehr breit wirksam nur teilweise nützlingsschonend Pyrethrum ist fischgiftig es sind auch alleinige Pyrethrumpräparate im Handel (Spruzit u. a.)

Ryania

Anwendungsgebiete	Apfelwickler, Fruchtschalenwickler, Blattläuse, Miniermotten
Wirkungsweise	Kontaktgift
Herstellung	Ryania wird aus dem Holz von *Ryania speciosa* gewonnen
Anmerkungen	breit wirksam persistenter als Pyrethrum-Rotenon-Präparate fischgiftig derzeit in der EU nicht registriert

Schmierseifenpräparate, Fettsäuren

Anwendungsgebiete	Blattläuse, Birnblattsauger
Wirkungsweise	Direkt abtötende Wirkung eher mittelmäßig, löst den Honigtau.
Anmerkungen	Unter trockenen Witterungsbedingungen kann Berostung auftreten. Spritzungen in der Apfelblüte haben eine ausdünnende Wirkung.

In Österreich registrierte Mittel gegen tierische Schaderreger

Registrierung gegen	Wirkstoff	Präparat	Anwendungs-konzentration	Warte-frist in Tagen
Apfelbaumgespinst-motte	Bacillus thuringiensis	Dipel (gegen Jungraupen)	600 g/ha	–
Apfelbaumgespinst-motte	Bacillus thuringiensis	Thuricide	0,06% (600g/ha)	–
Apfelblütenstecher	Bacillus thuringiensis	Novodor FC	0,50%	–
Apfelwickler	Apfelwickler Granulosevirus	Carpovirusine	1,5 l/ha	–
Apfelwickler	Codlemon	Checkmate CM	300 Stück/ha	–
Frostspanner	Bacillus thuringiensis	Thuricide	0,06% (600g/ha)	–
Frostspanner-Jungraupen	Bacillus thuringiensis	Dipel	600g/ha	–
Obstbaumspinnmilbe	Typhlodromus pyri Stamm Mikulov	Biocont Raubmilbenstreifen	1–3 Streifen/Baum	–
Saugende Schädlinge	Kaliseife	Neudosan	2%	–
Schalenwickler	Bacillus thuringiensis	Bactospeine PM	0,05%	–
Schalenwickler	Bacillus thuringiensis	Biobit FC	0,20%	–
Schalenwickler	Bacillus thuringiensis	Biobit XL	0,20%	–
Spinnmilben	Netzschwefel	Cosan-Super-Kolloid-Netzschwefel	0,40%	7
Spinnmilben	Netzschwefel	Netzschwefel Kwizda	0,40%	7
Spinnmilben	Netzschwefel	Thiovit WG	0,75%	7
Spinnmilben und Rostmilben	Raubmilben	Biocont-Streifen	500 Streifen/ha	–
Spinnmilben (Grünknospenstadium)	Paraffinöl	Austriebsspritzmittel 7E Kwizda	2%	–
Spinnmilben (Grünknospenstadium)	Paraffinöl	Paroil	2%	–
Spinnmilben (Rotknospenstadium)	Paraffinöl	Austriebsspritzmittel 7E Kwizda	1%	–
überwinternde Schädlinge	Paraffinöl	Austriebsspritzmittel 7E Kwizda	3%	–
überwinternde Schädlinge	Paraffinöl	Paroil	3%	–
überwinternde Schädlinge	Rapsöl	Telmion	3%	–

In Österreich registrierte Mittel gegen pilzliche Krankheitserreger

Registrierung gegen	Wirkstoff	Präparat	Anwendungs-konzentration	Warte-frist in Tagen
Amerikanischer Stachelbeermehltau (Schwarze Johannisbeeren)	Sojaölfraktion	Bioblatt-Mehltaumittel	0,15%	–
Apfelmehltau	Netzschwefel	Cosan-Super-Kolloid-Netzschwefel	0,4–0,3% n. Blüte 0,5–0,4% v. Blüte	7
Apfelmehltau	Netzschwefel	Kumulus WG	0,7–0,3%	7
Apfelmehltau	Netzschwefel	Netzschwefel Kwizda	0,4% n. Blüte 0,5% v. Blüte	7
Apfelmehltau	Netzschwefel	Netzschwefel Ciba Geigy	0,5–0,4% v. Blüte	7
Apfelmehltau	Netzschwefel	Thiovit WG	0,4–0,3% n. Blüte 0,5% v. Blüte	7
Apfelschorf	Netzschwefel	Kumulus WG	0,4% n. Blüte	7
Apfelschorf	Netzschwefel	Thiovit WG	0,5–0,75%	7
Obstbaumkrebs	Kupferoxychlorid	Cuprofor flüssig	0,5% (Veg.-ruhe) 0,3% unmittelbar nach dem Austrieb	 – –
Pfirsichkräusel-krankheit	Kupferoxysulfat	Cuproxat flüssig	1%	
Pfirsichkräusel-krankheit	Kupferoxysulfat	Coprantol flüssig	1%	
Pilzliche Krankheitserreger	Kupferoxychlorid	Cuprofor flüssig	0,3–0,5%	
Schorf im Obstbau	Netzschwefel	Cosan-Super-Kolloid-Netzschwefel	0,40%	7
Schorf Kernobst	Netzschwefel	Netzschwefel Ciba Geigy	0,4% nach Blüte	7

Von der EU für den biologischen Obstbau zugelassene Pflanzenschutzmittel siehe Anhang Seite 297.

VERARBEITUNG

In biologisch hergestellten Produkten dürfen laut EU-Verordnung 2092/91 höchstens 5% der verwendeten Zutaten (Gewichtsprozent zum Zeitpunkt der Verarbeitung) nichtbiologischen Ursprunges sein. Alle anderen Zutaten müssen den Richtlinien des biologischen Landbaues entsprechen. Das gilt insbesondere für die verwendeten Früchte, die aus einem anerkannt biologischen Betrieb stammen müssen.

Gesetze und Vorschriften der einzelnen Länder, die Obstverarbeitung betreffend, müssen beachtet und eingehalten werden. Aus diesen sind die erlaubten Zusatzstoffe bzw. Verarbeitungsschritte ersichtlich. Die in Folge angeführten Verfahren sind hauptsächlich mechanischer Natur. Genannte Zusatzstoffe sind im biologischen Landbau in Österreich erlaubt. Auf eine Aufzählung aller gestatteten Maßnahmen, Methoden und Zusatzstoffe wurde im folgenden Kapitel bewußt verzichtet. Aktuelle Listen sind bei den Landesverbänden erhältlich.

ALLGEMEINE ANFORDERUNGEN AN DAS VERARBEITUNGSOBST

Generell gilt, daß nur aus einem hochwertigen Ausgangsprodukt ein hochwertiges Endprodukt hergestellt werden kann. Aus diesem Grund können vier Mindestanforderungen an das Obst gestellt werden.

Verarbeitungsobst muß reif, gesund, sauber und geeignet sein.

Reife

Je reifer die Früchte sind, um so mehr Aroma haben sie gebildet. Unreifes Obst hat meist nur wenig, manchmal sogar einen schlechten Geschmack. Aufgrund des niedrigen Zuckergehaltes von unreifen Früchten haben Produkte daraus zuwenig Fülle im Geschmack.

Das Verhältnis von Zucker zur Säure paßt bei diesen Früchten nicht, Erzeugnisse daraus schmecken unharmonisch.

Ähnliches gilt für überreife Früchte. Sie haben meistens ihren geschmacklichen Höhepunkt überschritten und bauen bereits ab. Darum sollte keine gelagerte Ware verarbeitet werden. Der richtige Reifezustand ist im allgemeinen dann erreicht, wenn die Frucht gut zum Frischgenuß geeignet ist.

Gesundheit

Damit ist gemeint, daß keinesfalls faules oder verschimmeltes Obst zur Verarbeitung gelangen darf. Neben einem dumpfen, fauligen Geschmack bringen diese Früchte auch eine Unzahl an unerwünschten Mikroorganismen (Hefen, Pilze, Bakterien) mit und damit viele Enzyme. In weiterer Folge können mit dieser erhöhten Keimzahl auch Schwierigkeiten bei der Klärung, Pasteurisation oder Gärung auftreten.

Sauberkeit

Verarbeitungsobst ist vielfach auch Fallobst. Dieses ist meistens durch Blätter, Gras, Steine oder Erde stark verunreinigt. (In 1 ml Erde befinden sich mehr als eine Milliarde Mikroorganismen.)

Das Obst sollte daher möglichst vor der Verarbeitung gereinigt werden.

Eignung

Je nach gewünschtem Endprodukt sind einzelne Früchte mehr oder weniger gut für die Verarbeitung geeignet. Nicht alle Obstarten (bzw. -sorten) eignen sich für alle Produkte.

HERSTELLUNG VON FRUCHTSÄFTEN

Vorbereitung der Früchte

Sortieren und Reinigen

Nach der Obstannahme durch den Betrieb kommt es zur Reinigung. In der Praxis wird allerdings nur Kernobst gewaschen, Stein- und Beerenobst eher selten. Beendet wird die Reinigung durch ein nochmaliges Abspritzen der Früchte auf dem Elevator oder durch im Gegenstrom geführte Brauchwasserspülung im Schneckenförderer. Neben erkennbaren Verunreinigungen werden im Zuge des Waschens auch Mikroorganismen entfernt, die Keimzahl wird damit deutlich reduziert. Werden am Verarbeitungsbetrieb biologisch und konventionell produzierte Früchte verarbeitet, ist darauf zu achten, daß mit dem Waschwasser keine Rückstände auf das Bio-Obst gelangen. Zum Reinigen von biologischem Obst ist daher immer frisches Wasser zu verwenden.

Das Entfernen aller faulen, zerschlagenen und/oder unreifen Früchte ist unerläßlich.

Das Aussortieren erfolgt zur Zeit manuell, entweder auf endlos umlaufenden Verlesebändern oder auf Rollenverlesebändern.

Entstielen und Abbeeren

Von großer Bedeutung ist das Entstielen bei der Verarbeitung von Steinobst (Weichseln oder Kirschen). In den grünen Stielen sind Gerbstoffe enthalten, die im Zuge der Verarbeitung in das Produkt gelangen und dort einen unangenehmen Geschmack erzeugen können. Bei der Verarbeitung von Kernobst kann das Entstielen entfallen.

Zum Abbeeren werden in der Regel adaptierte Geräte aus der Traubenverarbeitung verwendet. Ein geringer Anteil an Kämmen erleichtert die Auspreßbarkeit der Maische. Ist der Anteil zu hoch, werden unerwünschte Gerbstoffe an den Saft abgegeben.

Zerkleinerung des Obstes

Die Art und der Umfang der Zerkleinerung des Obstes üben einen entscheidenden Einfluß auf die Entsaftung aus. Je feiner der Zerkleinerungsgrad ist, um so mehr Zellen werden beschädigt. Bei fein zerkleinerten Früchten ist die Abtrennung des Saftes von den Feststoffen deutlich erschwert, hohe Trubstoffgehalte im Saft ergeben zusätzliche Klärungskosten. Es ist auf einen möglichst einheitlichen Zerkleinerungsgrad zu achten.

Schon während der Zerkleinerung kann der Maische Ascorbinsäure als Schutz vor Oxydationen zugesetzt werden. Sie verhindert die nichtenzymatischen Bräunungen bis zur Pasteurisation.

In vielen Fällen wird das zerkleinerte Obst mittels Maischepumpen zu den Entsaftungsanlagen, Maischeerwärmern oder anderen Geräten gepumpt, wodurch es weiter zerkleinert wird.

In einigen Fällen werden die Verfahren mit dem Einsatz von Enzymen kombiniert (Maischefermentierung). In der Verarbeitungslinie von Steinobst kann dem Zerkleinerungsgerät eine Entsteinungsmaschine vorgeschalten sein.

Mechanische Verfahren

Hauptsächlich haben sich zur Zerkleinerung von Früchten verschiedene Arten von Obstmühlen durchgesetzt. Wegen der Beständigkeit gegenüber den aggressiven Fruchtsäuren und weil sie leicht zu reinigen sind, werden die Geräte vorwiegend aus Edelstahl und Kunststoff gefertigt.

Art der Mühle	Eignung	Merkmale
Rätzmühlen	Kernobst	Je nach Verarbeitungsobst werden entsprechende Rätzmesser eingesetzt.
Schleuderfräsen	Kernobst	Der Vermahlungsgrad wird vom Lochdurchmesser bestimmt.
Flügelwalzenmühlen	Stein- und Beerenobst	Der Walzenabstand kann verändert und damit die Mühle dem Verarbeitungsobst angepaßt werden.
Hammermühlen	Kernobst	haben eine geringe Bedeutung
Schabermühlen	Kern- (und Stein-)obst	hauptsächlich in Kleingeräten von Bedeutung

Thermische Verfahren

Thermische Verfahren (erhitzen – thermobreak oder gefrieren) finden nur in Ausnahmefällen Anwendung und haben allgemein wenig Bedeutung.

Vorbehandlung der Maische

Maischeerwärmung

Vor dem Pressen der Maischen wird häufig ein enzymatischer Pektinabbau durchgeführt, um befriedigende Saftausbeuten zu erhalten und um die Preßbarkeit zu erleichtern. Dieser Verarbeitungsschritt erfolgt bei einem höheren Temperaturniveau, da Enzyme bei niederen Temperaturen nur langsam wirken. Zur Erwärmung der Maischen kommen hauptsächlich dampfbeheizte Wärmeaustauscher (hauptsächlich Röhrenwärmeaustauscher, aber auch Spiralwärmeaustauscher oder Wärmeaustauscher mit rotierenden Schabblättern) zum Einsatz.

An ein Gerät zur Maischeerwärmung sind folgende Anforderungen zu stellen:
- kontinuierliche Arbeitsweise
- möglichst turbulente Strömung und damit rasche Erwärmung der Maische
- geringer Platzbedarf
- leicht zusammenzusetzen und zu reinigen

Behandlung mit pektolytischen Enzymen

Die meisten Handelsprodukte sind ein Gemisch aus vorwiegend vier Einzelenzymen: Pektinesterasen, Polygalacturonasen, Pektinlyasen und Pektatlyasen. Je nach vorgesehenem Verwendungszweck haben die Enzympräparate unterschiedliche Gehalte an den einzelnen pektolytischen Enzymen. Im Handel sind die Enzympräparate in flüssiger oder fester Form erhältlich, sie stammen hauptsächlich von Schimmelkulturen.

Generell ist beim Einsatz von Enzymen zu beachten, daß diese nicht aus Kulturen gentechnisch veränderter Mikroorganismen gewonnen worden sind.

Bei einer Behandlung von Apfelmaischen mit pektolytischen Enzymen soll eine Maischetemperatur von 30 °C nicht überschritten werden, da sonst mit einer Veränderung der Aromaqualität gerechnet werden muß (vor allem esterartige Komponenten des Apfelsaftaromas können zerstört werden). Bei dieser Temperatur wird eine Standzeit von etwa einer Stunde empfohlen. Die Mindesttemperatur des Saftes für einen effizienten Enzymeinsatz beträgt 10 °C, die Standzeit muß, um annähernd die gleiche Wirkung wie bei 30 °C zu erreichen, etwa verdreifacht werden. Die Beimengung des Enzyms erfolgt bereits in der Mühle.

Durch den Einsatz spezieller Enzyme kann die Ausbeute um bis zu 10% gesteigert werden.

Beerenobst wird in der Regel bei 50 bis 55 °C enzymiert. Diese Temperatur ist nahezu das Optimum für die Enzyme. Nach etwa 2 bis 4 Stunden Standzeit erhöhen sich die Preßbarkeit und auch die Farbausbeute deutlich. Bei stark sauren Maischen ist darauf zu achten, daß Enzyme gewählt werden, die bei niedrigen pH-Werten noch ausreichend Aktivität zeigen.

Auch beim Enzymieren von Beerenobst sollte die Beimengung des Enzyms bereits beim Maischen erfolgen, da sonst Schwierigkeiten beim Verteilen in der Maische entstehen. Maischen, die bei erhöhter Temperatur lange Zeit gerührt werden, vermusen und der Feintrubanteil steigt stark an. Das kann in weiterer Folge erhebliche Klärschwierigkeiten hervorrufen.

Maischetransport

Der Transport der Maische von der Obstmühle zur Presse bzw. vom und zum Wärmetauscher erfolgt mittels ventillos arbeitender Exzenterschneckenpumpen, größerer Impellerpumpen oder langsam laufender Kolbenpumpen.

Die Pumpen sind auch hinsichtlich ihrer Leistung richtig zu dimensionieren, da bei schnellaufenden Pumpen eine zusätzliche Zerkleinerung der Maischepartikel, vor allem bei enzymatisch aufbereitetem Material, eintritt, wodurch der Trubstoffgehalt der Säfte erhöht wird. Der dabei entstehende Feintrub ist nur schwer zu entfernen und erhöht die Klärkosten.

Entsaftung

Die Mehrzahl der angewandten technischen Lösungen beruht auf dem seit jeher üblichen Preßvorgang. Oberstes Gebot der Entsaftung ist die weitgehende Vermeidung von Oxydationen, was eine rasche Entsaftung erforderlich macht.

Die Entsaftungsanlage muß deshalb die folgenden Kriterien erfüllen:

Der Entsaftungsvorgang muß – vom Standpunkt der Qualitätserhaltung ausgehend – schnell und unter Ausschluß von Luft erfolgen, damit qualitative Veränderungen vermieden werden.

Dazu sollte die Anlage technisch leistungsfähig, wenn möglich kontinuierlich betreibbar und wenig störanfällig sein. Ferner sollte ihre Bedienung wenig Personal erfordern. Die Anlage sollte eine maximale Ausbeute liefern, wirtschaftlich arbeiten und leicht zu reinigen sein.

Folgende Faktoren bestimmen den Preßvorgang:
- Preßdruck
- Zerkleinerungsgrad
- Vorentsaftung
- Schichthöhe

Wie groß der Preßdruck, der Zerkleinerungsgrad usw. sind, wird allerdings von Fall zu Fall verschieden sein und hängt von der Qualität des Obstes, der Erfahrung und dem Geschick des Pressenden ab.

Preßhilfsmittel sind Einrichtungen oder Stoffe, mit deren Hilfe die Struktur des

Preßgutes, die innere Oberfläche und damit der Saftabfluß während des Pressens verbessert werden können. Die nötigen Zusätze (hauptsächlich Zellulosefasern oder Perlite) halten sich im Bereich von 0,5 bis 1,0 Gewichtsprozent, unabhängig davon, welches Hilfsmittel verwendet wird. Sie bewirken ein leichteres Ablaufen des Saftes aus dem Tresterkuchen.

Die drei in der Obstverarbeitung am häufigsten verwendeten Pressen sind:

Packpresse

Die Packpresse ist eine Weiterentwicklung der Korbpresse. In bäuerlichen Betrieben, die Äpfel und Birnen verarbeiten, sind Packpressen weit verbreitet. Sie sind besonders für schwer auspreßbare Maischen geeignet, erreichen hohe Ausbeuten und eine gute Saftqualität mit wenigen Trub- und Gerbstoffen.

Von der Bauweise her sind sie ziemlich klein, die Mengenleistung ist groß. Der größte Nachteil der Packpresse ist der hohe Arbeitsaufwand. Weitere Nachteile sind die starke Oxydation des erzeugten Saftes und der unregelmäßige Saftstrom.

Hydraulische Horizontalkorbpressen – System Bucher-Guyer

Die Konstruktion von Horizontalkorbpressen hat wesentliche Vorteile gegenüber den früheren vertikalen Korbpressen.

Bei jüngeren Konstruktionen wird die Presse über ein Zentralrohr befüllt. Während der Füllung kann der Preßboden bereits rotieren, damit wird eine gleichmäßige Füllung der Presse erreicht. Die Füllung erfolgt unter Pumpendruck und ist daher automatisierbar. Damit verbunden sind eine bessere Vorentsaftung sowie eine höhere Füllkapazität.

Eine Erhöhung der Ausbeute konnte durch den Einbau von Drainageschläuchen erreicht werden. Diese sind mit einer Art Preßtuch überzogen und ermöglichen den Saftablauf im Inneren. Der Saftweg konnte dadurch entscheidend verkürzt werden, was auch eine Verkürzung der Preßzeit zur Folge hatte. Im geschlossenen Zylinder erfolgt die Entsaftung unter Luftabschluß, was Oxydationen so gut wie ausschließt.

Ebenfalls automatisierbar ist die Entleerung der Trester. Damit kann ein Mann zwei und mehrere Pressen bedienen.

Siebbandpressen

Bandpressen können kontinuierlich mit Maische beschickt werden. Die Mengenleistung von Bandpressen ist hoch, sie liegt zwischen zwei und sechs Tonnen pro Stunde. Moderne Siebbandpressen erreichen hohe Ausbeuten. Durch die rasche Arbeitsweise (Entsaftungszeiten von etwa 4 Minuten) findet nur eine geringe Oxydation statt.

Zwischen den Bändern wirken große Scherkräfte auf die Maische. Der Trubanteil ist daher etwas höher als bei anderen Preßverfahren. Um diese Scherkräfte zu verringern, werden seit wenigen Jahren bereits Bandpressen mit nur einem Band gebaut. Damit kann der Trubstoffgehalt der hergestellten Preßsäfte bereits deutlich reduziert werden.

Andere Arten von Pressen

Außer den vorhin erwähnten finden noch folgende Arten von Pressen Anwendung in der Obstverarbeitung:

Art der Presse	Eigenschaften
Vertikale Korbpresse	langer Saftweg; geringe Ausbeuten; hoher Arbeitsaufwand; heute fast keine Bedeutung mehr
Mechanische Horizontalkorbpresse	hauptsächlich bei Beerenobst (Weintrauben) eingesetzt; großer Platzbedarf und Arbeitsaufwand; heute nur mehr geringe Bedeutung
Hydropresse	hohe Oxydation; trotz kleiner Bauweise hoher Wasserverbrauch; nur für Kleinmengen
Pneumatische Pressen	hauptsächlich für Beerenobst (Weintrauben) eingesetzt
Schneckenpressen	kontinuierliches Arbeiten möglich; große Mengenleistung; wenig störanfällig; hoher Gerb- und Trubstoffgehalt; starke Oxydation

Andere Verfahren

Lange Zeit war das mechanische Auspressen das einzige angewandte Verfahren. Die Gewähr kontinuierlicher Arbeitsabläufe, die hohen Lohnkosten, veränderte Rohmaterialien sowie ungenügende Ausbeuten und noch andere Faktoren zwangen aber zur Erneuerung der Entsaftungstechnologie, so daß Alternativen bzw. Hilfsverfahren entwickelt wurden.

Entsaftung durch Extraktion

Unter Extraktion versteht man hier die Auslaugung von Früchten mit Wasser. Bei Großversuchen konnten Ausbeuten von über 95% der gesamten extrahierbaren Substanzen der Frucht gewonnen werden. Große Bedeutung hat die Extraktion in Großbetrieben, die den erhaltenen Saft zu Konzentrat weiterverarbeiten.

Zwischen Preß- und Extraktionssäften bestehen deutliche sensorische und analytische Unterschiede. Preßsäfte weisen einen im Durchschnitt etwa 10% niedrigeren Mi-

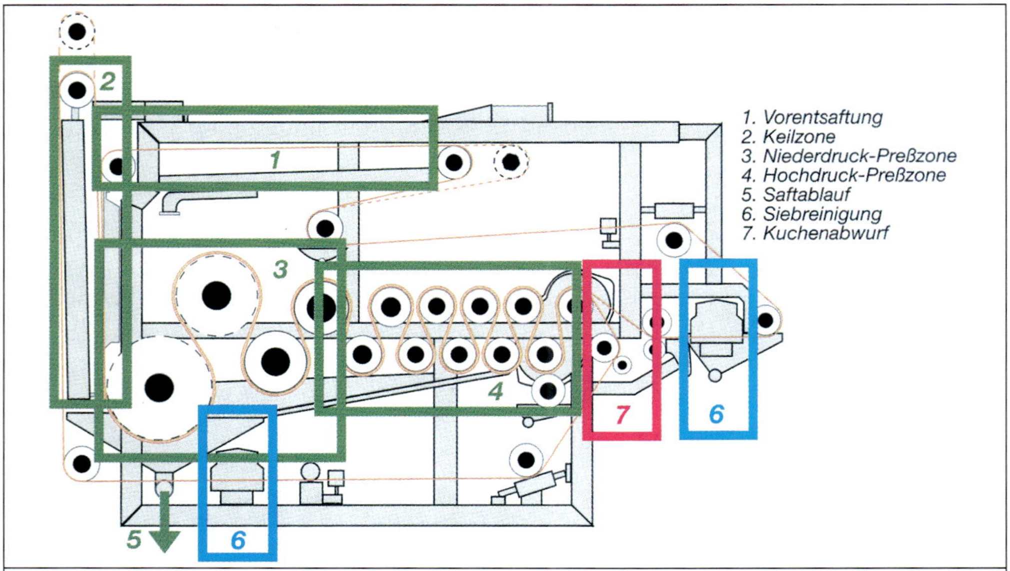

Schema einer Zweibandsiebpresse (Skizze BELLMER)

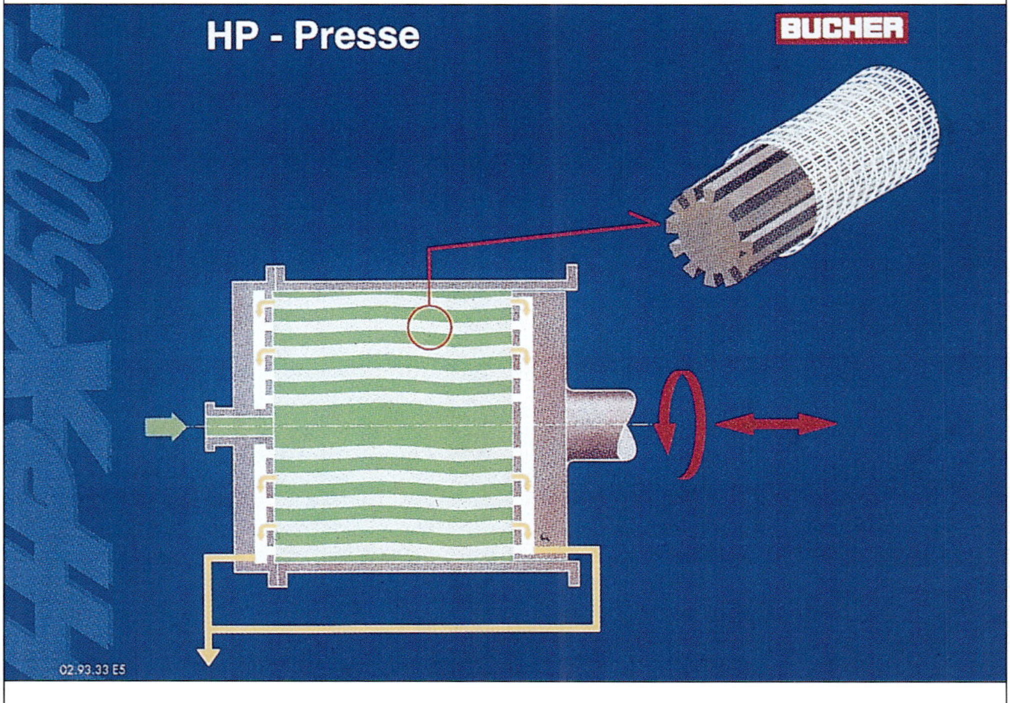

Schema Hydraulische Horizontalpresse

neralstoffgehalt auf. Ferner ist ihr Gehalt an Polyphenolen wesentlich geringer, bei Industrieobst manchmal nur halb so groß.

Enzymatische Verflüssigung des Rohmaterials

Zur Anwendung kommen Mischungen von pektin- und zellulosespaltenden Enzymen. Zusammen bewirken sie einen stufenweisen Abbau, angefangen von der Auflockerung und Trennung der Zeltverbände bis zum Abbau der Zellwände und schließlich der Verzuckerung von Zellulose. Meistens erfolgt nach der Maischeverflüssigung ein Abtrennen der verbleibenden Feststoffe in einem Dekanter.

Herstellung klarer Fruchtsäfte

Im folgenden ist das gängigste Schema zur Herstellung von Apfelsaft dargestellt:

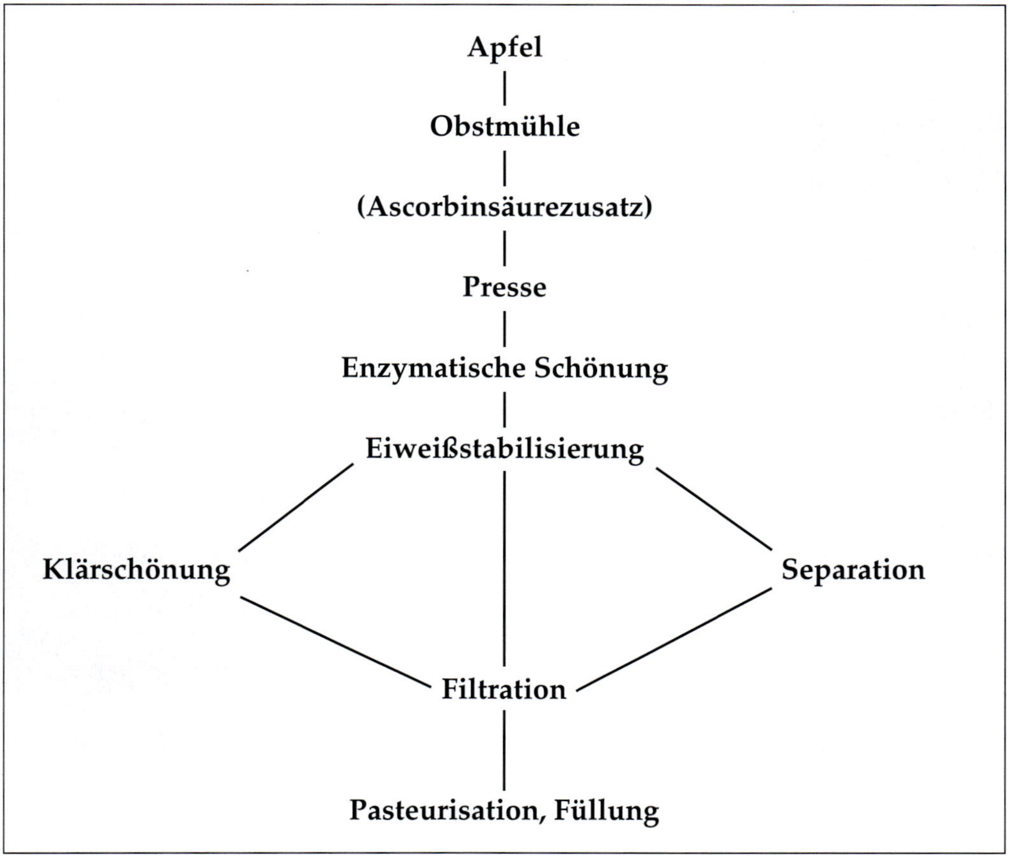

Die Klärung von Säften, d. h. die mechanische Abtrennung suspendierter Feststoffteilchen aus dem Saft, erfolgt prinzipiell durch Sedimentation, Filtration oder Zentrifugation. Um einen besseren Kläreffekt zu erreichen, werden die genannten Trennverfahren sehr oft kombiniert angewendet.

Sedimentation

Aufgrund von Dichteunterschieden setzen sich Trubstoffe im Behälter ab. Dieser Vorgang kann durch eine Klärschönung bzw. die Verringerung der Saftviskosität (Einsatz von Enzymen) beschleunigt werden.

Enzymatische Schönungen

Enzymatischer Pektinabbau

Diese Schönung wird von vielen Betrieben bei einer Safttemperatur von 50 bis 55 °C durchgeführt. Bereits nach wenigen Stunden ist der Saft nahezu blank (oft ganz blank) und kann weiterverarbeitet werden.

Kommt diese Schönung bei nicht erwärmten Säften zur Anwendung, dann meist in Kombination mit einer Klärschönung. Dabei hat das Enzym eine längere Wirkungsdauer, die wegen der niedrigen Temperatur auch benötigt wird.

Der Einsatz von pektolytischen Enzymen unter 10 °C Safttemperatur hat keinen Sinn.

Zur Saftklärung werden fast ausschließlich pektolytische Enzyme eingesetzt. Der Klärungseffekt beruht auf folgenden Ursachen: Pektin stabilisiert den Trub im Saft. Durch den Enzymzusatz wird das Pektin in eine gelöste Form übergeführt und abgebaut. Damit verbunden ist eine deutliche Abnahme der Viskositätswerte. Außerdem wirken löslich gemachte Pektinstoffe als Schutzkolloide für viele Trubpartikel. Sobald die Schutzwirkung des Pektins verlorengegangen ist, flocken diese Trubstoffe aus und setzen sich ab. Mit einer deutlichen Abnahme der Viskosität geht eine deutliche Steigerung der Filterleistung einher.

Die Trubteilchen bestehen zu einem großen Teil aus Eiweiß und weisen eine negativ geladene Oberfläche auf. Durch Zusatz von bei diesem pH-Wert positiv geladenen Kolloiden, wie z. B. Gelatine, kann demnach die Trubausfällung beschleunigt werden.

Sensorische Untersuchungen haben gezeigt, daß bei Verwendung der im Handel befindlichen Enzympräparate, selbst bei mehrfacher Überkonzentration, keine signifikanten Veränderungen in Geruch und Geschmack festgestellt werden konnten.

Enzymatischer Stärkeabbau

Stärke ist ein pflanzlicher Reservestoff, der in Form von Stärkekörnern abgelagert wird. Stärke kann sich im Fruchtsaft als milchig-weiße Trübung bemerkbar machen. Diese Trübungen lösen sich in erwärmtem Zustand auf, treten aber nach Abkühlung auf weniger als 10 °C wieder auf. Stärke besitzt, wie das Pektin, eine Schutzkolloidwirkung auf Trubstoffe und erschwert damit die Saftklärung.

Trübungen, durch Stärke verursacht, treten hauptsächlich bei der Verarbeitung von unreifem oder notreifem Obst auf, können aber durch präventiven Einsatz von stärkeabbauenden Enzymen verhindert werden.

Klärschönungen

Durch Schönung der Säfte allgemein werden nicht nur unerwünschte, sondern in geringem Umfang auch erwünschte Substanzen entfernt. Überschönungen sind aus diesem Grund zu vermeiden.

Ein Ziel ist, die ernährungsphysiologischen und sensorischen Eigenschaften möglichst wenig zu verändern.

Ein optimaler Schönungseffekt wird erzielt, wenn die Beimengung des Schönungsmittels kontinuierlich erfolgt. Die stellenweise Überdosierung wird dadurch vermieden und das Schönungsmittel gleichmäßig im Saft verteilt.

Je saurer das Getränk ist, desto besser wird der Kläreffekt mit der gleichen Dosis. Weiters ist das Ergebnis temperaturabhängig. Um den Schönungserfolg nicht zu gefährden, darf der Saft normalerweise nicht weniger als 12 °C aufweisen.

Bei der Schönung von Fruchtsäften fallen beachtliche Mengen an Trub an; in der Regel sind es 3 bis 10%, doch auch höhere Werte sind möglich. Die Höhe der Trubmenge ist von verschiedenen Faktoren abhängig. Eine Trubaufbereitung ist für Großbetriebe jedenfalls unabdingbar. Dazu stehen verschiedene Verfahren zur Verfügung:

Die gebräuchlichsten Methoden zur Trubaufbereitung sind Trubfilter (Kammerfilterpresse) oder Vakuum-Drehfilter. Letztere Methode hat sich heute allgemein durchgesetzt.

Gelatineschönung

Die Verwendung von Gelatine hat mehrere Gründe. Zum einen als Klärschönung flockt sie rasch mit negativ geladenen Teilchen aus (Trub und/oder Kieselsol), zum anderen geht sie mit Phenolen Verbindungen ein und fällt diese mit aus. Neben geschmacklichen Veränderungen durch die Entfernung der Gerbstoffe sind diese nicht mehr in der Lage, mit Eiweiß oder Schwermetallen Verbindungen einzugehen, die sich als Trübung bemerkbar machen könnten. Braun gefärbte Polyphenole reagieren ebenfalls mit der Gelatine, darum führt die Schönung zu einer Aufhellung der Farbe.

Die optimale Gelatinemenge wird im Vorversuch ermittelt. Bei Überdosierungen kann es im gefüllten Saft einerseits zu Trübungen kommen, die unter kalten Lagerbedingungen auftreten, sich aber in der Wärme wieder lösen. Andererseits bringt eine Gelatineüberdosierung auch deutliche Aromaverluste mit sich.

Der Erfolg der Gelatineschönung hängt wesentlich von der Temperatur des Saftes ab. Bei niedriger Temperatur (bei weniger als 7 °C) flockt die Gelatine nicht vollständig aus (Nachtrübungen sind möglich). Daher sollte bei Temperaturen um 15 °C gearbeitet werden.

Kieselsol-Gelatine-Schönung

Kieselsol ist eine wäßrige, kolloide Kieselsäurelösung. Sie hat ein milchig-trübes, opaleszierendes Aussehen. Für Schönungszwecke kommt ausschließlich Kieselsol mit negativer Ladung zur Anwendung. In den Handel kommt es in Form einer 15%igen oder 30%igen Lösung. Kieselsol wird nie alleine, sondern prinzipiell nur als Reaktionspartner für die Gelatine (oder andere positiv geladene Flockungsmittel, wie z. B. Casein) bei der Schönung eingesetzt. Einerseits dient es als Reaktionspartner, auf der anderen Seite verhindert es Überdosierungen der Gelatine. Große Bedeutung hat der Zusatz von Kieselsol bei einer Schönung vor allem dann, wenn infolge eines zu hohen oder zu niedrigen Polyphenolgehaltes eine Gelatineschönung nicht möglich wäre.

Bei der Schönung gerbstoffarmer Säfte erfolgt die Kieselsolzugabe vor der Gelatinegabe, bei gerbstoffreichen Säften wird zuerst Gelatine (pulverförmig) und dann Kieselsol (30%ig) zugesetzt, wobei etwa 5–7mal soviel Kieselsol wie Gelatine verwendet wird. Die Menge an eingesetztem Kieselsol wird aus der Menge verwendeter Gelatine bestimmt.

Tannin-Gelatin-Schönung

Tannine sind leicht wasserlösliche Gerbstoffe, die, je nach Herkunft, eine unterschiedliche chemische Zusammensetzung haben. Tannin kann als Hilfsstoff bei der Gelatineschönung verwendet werden.

Heute hat diese Schönung nur mehr wenig Bedeutung.

Eiweißstabilisierung

In den meisten Fruchtsäften ist thermolabiles Eiweiß enthalten, das im fertigen Saft Trübungen hervorrufen kann. Diese Trübungen sind unerwünscht, darum wird das thermolabile Eiweiß im Zuge der Verarbeitung aus dem Saft entfernt. Dazu haben sich zwei Methoden durchgesetzt:

Bentonitschönung

Die Bentonitschönung dient in erster Linie der Stabilisierung von Fruchtsäften in bezug auf Eiweißtrübungen. Bentonite sind quellfähige Tonerden. Das lamellenartig aufgebaute Material kann zwischen den Lamellen, in Abhängigkeit von der Bentonitart, unterschiedliche Mengen an Kristallwasser und an austauschfähigen Kationen (Calcium, Magnesium oder Natrium) einlagern. Die Quellfähigkeit der Bentonite ist, je nach Herkunft und Zusammensetzung, verschieden groß: Natriumbentonite sind hochquellfähig, Calciumbentonite niederquellfähig. In den Handel kommen vielfach Mischprodukte (Natrium-Calcium-Bentonite). Wegen der unterschiedlichen Ladungseigenschaften reagiert Bentonit mit Proteinen und Gerbstoffen, weiters werden durch die Bentonitbehandlung die Gehalte an Schwermetallen und eventuellen Spritzmittelrückständen reduziert.

Die für die Schönung erforderliche Bentonitmenge (in etwa 0,5 bis 3,0 g/l) wird durch Vorversuche ermittelt. Bei Überdosierungen verliert das Produkt sowohl an Farbe als auch an Geschmack.

Die erforderliche Menge an Bentonit wird mit der etwa 5 bis 10fachen Menge Wasser vorgequollen. Bei der Verwendung von kaltem Wasser muß das Bentonit länger im Wasser (etwa 8 bis 10 Stunden) verbleiben als bei warmem Wasser (3 bis 4 Stunden). Nach der Quellzeit kann das überstehende Wasser abgegossen und das Bentonit mit einer Teilmenge Saft suspendiert werden. Bei bereits granulierten Präparaten hat sich das Vorquellen ebenfalls als günstig erwiesen. Anschließend wird diese Suspension unter ständigem Rühren in den Saft eingerührt. Der Saft muß mindestens eine Viertelstunde in Bewegung gehalten werden. Ohne die entsprechende Durchmischung und einer Mindestsafttemperatur von 12 °C zeigt die Schönung keine Wirkung.

Hochtemperatur Kurzzeit-Verfahren

Das HTKZ-Verfahren hat in der Fruchtsafttechnologie zwei Einsatzbereiche. Es wird zur sterilen Einlagerung von Säften und zur Ausfällung von thermolabilem Eiweiß angewandt.

Innerhalb kurzer Zeit wird der Saft auf Temperaturen zwischen 82 und 90 °C, je nach Produkt, erhitzt. Diese Temperatur wird kurze Zeit gehalten, der Saft wird dann rasch abgekühlt, um keine größeren Qualitätseinbußen hinnehmen zu müssen. In der Heißphase kommt es zu einer Denaturierung vom thermolabilen Eiweiß, es flockt aus. Im abgekühlten Saft setzt sich dieser Trub nach wenigen Stunden ab.

Separation

In der Fruchtsaftindustrie werden in erster Linie Separatoren zur Abtrennung der Trubstoffe verwendet. Trüber Saft wird im Gerät einer hohen Zentrifugalkraft ausgesetzt, was zu einer Abtrennung der Feststoffe von der Flüssigkeit führt.

Aufgrund des Feststoffgehaltes und der Teilchengröße der Feststoffe sind für die Fruchtsaftklärung halbgeschlossene oder geschlossene (hermetische), selbstaustragende Tellerseparatoren am besten geeignet.

Filtration

Unter Filtration versteht man die Abtrennung der Trubstoffe aus dem Saft mittels einer porösen Schicht – aus Filterhilfsstoff(en) gebildet – , die für den Saft durchlässig, für die Trubstoffe jedoch undurchlässig ist. Fließt trüber Saft unter Druck durch eine poröse Schicht, so werden die suspendierten Stoffe an der Oberfläche (Oberflächenfiltration) oder im Inneren der Schicht (Tiefenfiltration) zurückgehalten.

Bei der Oberflächenfiltration werden jene Trubstoffe, die nicht durch den engsten Querschnitt der kapillarförmigen Strömungskanäle der Filterschicht hindurchdringen, zurückgehalten. Im labyrinthartig verzweigten Raumsieb des Filterhilfsmittels werden viele Trubpartikel durch Adsorption fixiert. Deshalb können Substanzen zurückgehalten werden, die kleiner als die Maschenweite des Hilfsmittels sind. Bei der Tiefenfiltration werden die Trubstoffe im Inneren der Schicht fixiert; dafür verantwortlich sind das mechanische Rückhaltevermögen (Trägheit und Größe der Trubstoffe, Sedimentation, Diffusion) sowie die Saftzusammensetzung.

An die Filterhilfsstoffe werden folgende Anforderungen gestellt:
- chemische Beständigkeit sowie physiologische Unbedenklichkeit
- Stabilität
- optimale Teilchengröße und -form
- günstiger Preis

Schichtenfiltration

Schichtenfilter bestehen aus einem Stahlrohrgestell oder einem freitragenden Filtergestell, in dem quadratische Filterplatten aus Metall oder Kunststoff vertikal angeordnet sind. Die Filterplatten sind kannelierte Rippenstoffplatten oder Hohlrahmen mit Lochblechplatten.

Bedingt durch die Anordnung des Zu- bzw. Abflusses ergeben sich wechselweise Trub- oder Glanzkammern. Für die Filtration von Fruchtsäften werden üblicherweise Schichten aus Zellulose, Kieselgur und Perlite verwendet. Je nach Menge der mitverarbeiteten Kieselgur variiert die Klärschärfe der einzelnen Schichten. Diese werden von der Grobfiltration bis zur Entkeimungsfiltration (EK-Schichten) angeboten. EK-Schichten werden nur in Sonderfällen in der Fruchtsaftherstellung eingesetzt, da es bei Fruchtsäften meistens zu einer Erhitzung im Zuge der Haltbarmachung kommt. Damit ist die Entkeimungsfiltration keine Voraussetzung für die Haltbarkeit der Produkte.

Die Wirkungsweise von Filterschichten beruht auf drei Faktoren:
Oberflächenfiltration: große Trubteile bleiben aufgrund ihrer Größe an der Oberfläche hängen
Tiefenfiltration: Abtrennung von feinen Trubpartikeln und Mikroorganismen in den Poren der Schicht
Adsorptionswirkung: aufgrund unterschiedlicher elektrischer Ladungen kommt es zur Anlagerung von Mikroorganismen und Trubpartikeln an den Fasern der Filterschichten

Vor der Inbetriebnahme eines Schichtenfilters sind die Filterschichten etwa 15 Minuten lang mit Wasser zu spülen, damit im Produkt kein Schichtengeschmack (nach Papier oder Kieselgur) auftreten kann. Gewässert werden die Schichten bei höherer Durchflußmenge und lockerem Schichtenpaket.

Im Schichtenfilter darf die Strömungsgeschwindigkeit der zu filtrierenden Flüssigkeit nicht zu hoch gewählt werden, da sonst das mechanische und chemisch-physikalische Rückhaltevermögen nicht ausreichen, um den Klareffekt zu gewährleisten. Diese Geschwindigkeit richtet sich nach dem Aufbau der Schichten. Bei zu großer Anschwemmgeschwindigkeit kommt es zum sogenannten „Durchreißen" der Schicht, mit dem auch die Filterwirkung verloren geht. Die Leistung eines Schichtenfilters richtet sich nach Größe und Anzahl der Schichten bzw. nach Trübungsgrad oder Art der Schichten.

Die aus dem Saft abgetrennten Trubstoffe verlegen mit zunehmender Filtrationsdauer die Kapillaren in den Schichten. Die Oberflächen der Schichten werden allein aus der Wirkung der Oberflächenfiltration im Zuge der Filtration verlegt.

Zusammen erhöhen diese beiden Faktoren den Durchflußwiderstand, und die Filtrationsleistung sinkt als Folge ab. Die Leistung des Schichtenfilters wird durch die Kapazität der Schichten begrenzt.

Anschwemmfiltration – Kieselgurfiltration

Die wirtschaftlichste Art der Filtration stark trubhaltiger Säfte ist die mittels Anschwemmfiltern. Dabei wird die Filterschicht durch Aufschwemmen des Filterhilfsstoffes auf ein flüssigkeitsdurchlässiges Filterelement gebildet. Als Filterhilfsmittel finden neben Kieselgur in der Fruchtsafterzeugung Perlit und Zellstoff Verwendung.

Die Dosierung der Kieselgur richtet sich nach dem Trübungsgrad des Saftes. Stark trübe Säfte benötigen wesentlich mehr Kieselgur als weniger trübe Produkte. Die Leistung des Filters richtet sich nach der Fläche und der Anzahl der Siebelemente und dem Trübungsgrad des Saftes.

Die gebräuchlichsten Geräte haben vertikale oder horizontale Siebelemente.

Von diesen Filtergeräten gibt es zwei Bauarten:

horizontal	**Siebelemente**	**vertikal**
möglich	gleichmäßiges Anschwemmen der Schicht	nicht möglich
nicht möglich	beidseitiges Anschwemmen der Schicht	möglich
möglich	Unterbrechungen bzw. Wechsel des Filtermediums	schwer möglich
hoch	Platzbedarf (bei gleicher Filterfläche)	nieder
möglich	automatischer Austrag	nicht möglich
möglich	vollständige Entleerung	nicht möglich

Kieselgurrahmenfilter

Diese Art Filter ist vor allem in kleineren Betrieben zu finden. Die Kieselgurrahmen werden wie Filterplatten in einem Trägergestell angeordnet. Sie gehören zur Gruppe der vertikalen Anschwemmfilter.

Die Rahmen haben normalerweise eine Breite von etwa 40 mm. Als Erleichterung können hier wiederverwendbare Trägerschichten eingesetzt werden, die als Träger für den Filterkuchen verwendet werden. Vorteil dieses Gerätes ist, daß der Rahmen auch für den Einsatz von Filterplatten für die Schichtenfiltration geeignet ist.

Membranfiltration

Membranfilterkerzen werden in der Fruchtsafttechnologie selten eingesetzt, da die Heißfüllung üblich und somit eine vorhergehende Membranfiltration nicht notwendig ist. Eingesetzt können diese Filter nur nach erfolgter Feinfiltration werden, da sonst die Membran sofort verlegt ist.

Herstellung naturtrüber Säfte

Im trüben Saft sind Kolloide enthalten, die einerseits die Viskosität des Saftes erhöhen (und ein Absitzen verhindern) und andererseits Trubstoffe durch elektrische Ladungen an sich binden. Hauptsächlich bilden Pektine und Stärke diese Kolloide, die für die Trubstabilität eines Saftes verantwortlich sind. Ein Hauptaugenmerk in der Verarbeitung ist deshalb auf die Erhaltung dieser kolloiden Stoffe zu richten. Da im unreifen Obst viel Stärke und wenig lösliches Pektin enthalten ist, im vollreifen Obst aber wenig Stärke und viel lösliches Pektin, besteht in der Auswahl des Rohmaterials eine Möglichkeit, die Trubstabilität des Saftes zu beeinflussen.

Um die helle Farbe beizubehalten, kann dem Saft sofort nach dem Pressen Ascorbinsäure zugesetzt werden. Bei der Verwendung von zum Teil nicht gesundem Obst ist die Ascorbinsäure bereits in der Maische einzusetzen, damit während der Verarbeitung keine Bräunung eintreten kann.

Zur Zeit haben sich vier Methoden zur Herstellung naturtrüber Säfte durchgesetzt:

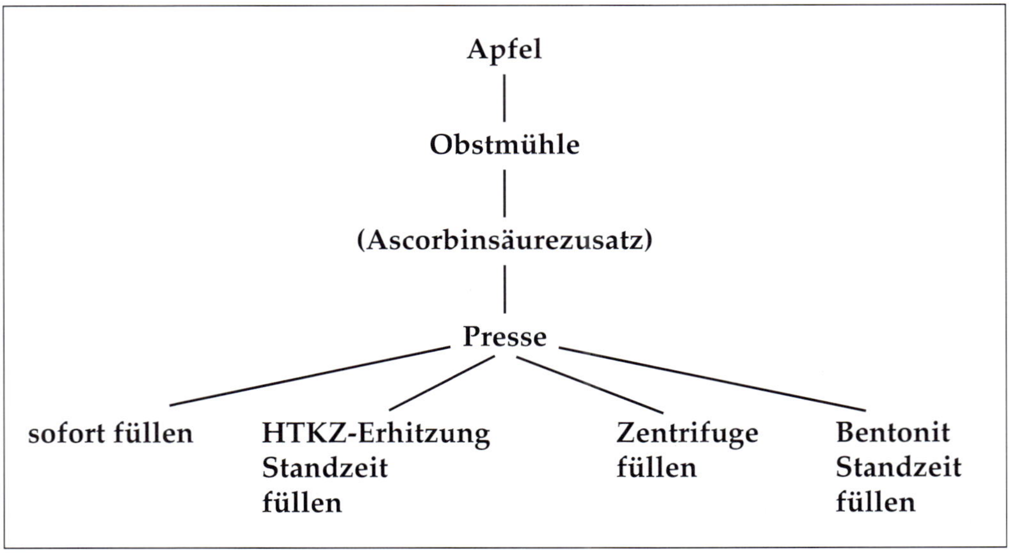

Weiterverarbeitung ohne Standzeit

Der frische Preßsaft wird in einem Sammelbehälter aufgefangen. Von dort aus erfolgen Füllung und Pasteurisation. Der Bedarf an technischer Ausrüstung ist, neben der Presse und dem Pasteur, relativ gering. Im Saft schweben Trubelemente verschiedenster Größe. Grobe Teilchen setzen sich bald nach der Pasteurisation ab und bilden in der Flasche unerwünschten Bodensatz.

Da bei diesem Verfahren kein Trub abgeschieden wird, ist es besonders wichtig, ein Preßverfahren mit geringer Trubbelastung zu wählen.

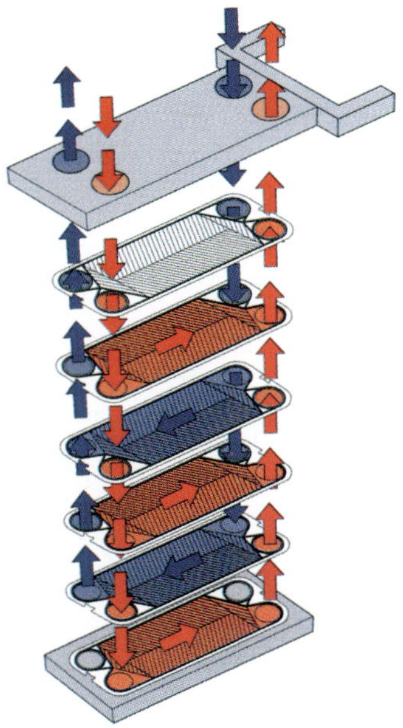

Fließschema Plattenwärmetauscher (Skizze TETRA PAK)

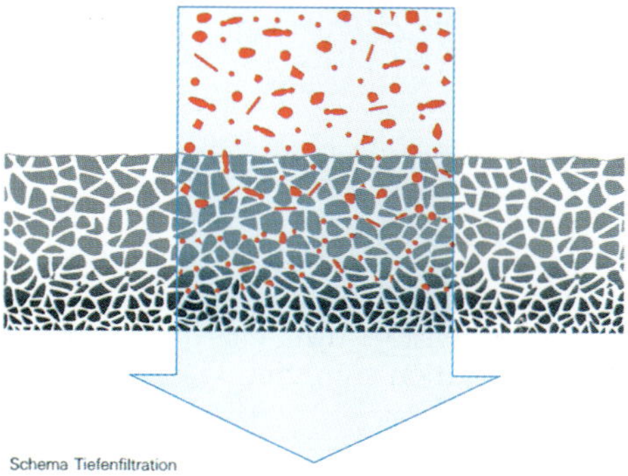

Prinzip der Tiefenfiltration (Skizze BEGEROW)

Weiterverarbeitung nach Bentonitbehandlung und Standzeit

Der frisch gepreßte Saft wird mit Bentonit (siehe *Bentonitschönung bei klaren Säften*) behandelt und 6–8 Stunden stehengelassen. Während dieser Zeit setzen sich grobe Trubstoffe und das Bentonit ab. Anschließend erfolgen Füllung und Pasteurisation. Während der Standzeit können die Enzyme Pektin abbauen. Das kann zu einer teilweisen Klärung des Saftes in der Flasche führen.

Weiterverarbeitung nach Zentrifugation

Bei dieser Methode gelangt der Saft von der Presse in einen Sammelbehälter. Von diesem aus durchläuft er eine Zentrifuge, in der, je nach Drehzahl, die groben Teilchen ausgeschieden werden. Im Saft verbleibt einheitlich feiner Trub. Von der Presse weg bis zur Füllung vergeht wenig Zeit, so daß pektinabbauende Enzyme keine Zeit haben, um wirken zu können.

Weiterverarbeitung nach Hochkurzzeit-Erhitzung und anschließender Standzeit

Von der Presse weg wird der Saft hochkurzzeiterhitzt. Durch die hohe Temperatur wird Eiweiß denaturiert und flockt aus. Nach einigen Stunden Standzeit setzen sich das Einweiß und der grobe Trub ab. Die Enzyme des Saftes werden durch die Erhitzung inaktiviert, was eine wesentliche Voraussetzung für die Trubstabilität ist.

Haltbarmachung von Fruchtsäften

In der Praxis werden Fruchtsäfte nahezu ausschließlich durch Pasteurisation haltbar gemacht.

Pasteurisation

Aufgaben der Pasteurisation

- Inaktivieren aller im Saft enthaltenen Enzyme.
- Abtöten aller im Saft enthaltenen Mikroorganismen.
- (Abtöten aller in der Flasche befindlichen Mikroorganismen.)

Die Pasteurisation ist für die Saftqualität von großer Bedeutung. Empfohlene Fülltemperatur für klare Apfelsäfte ist 78 °C, naturtrübe Säfte sollten bei mindestens 80 °C gefüllt werden. Zu hohe Temperaturen führen, ebenso wie eine zu lange Warmhaltephase, zum teilweisen Umbau von fruchteigenen Zuckern (Fructose und/oder Glucose) in Hydroxymethylfurfural (HMF). Dieser Vorgang wird auch als „Karamelisierung" bezeichnet. Ein zu hoher Gehalt an HMF wird als „Kochton" bezeichnet und gilt als Fehler.

Flaschen, die sofort nach der Heißfüllung in große Lagerbehälter (z. B. Großkisten) geschlichtet werden, halten die Wärme sehr lange. Diese Säfte sind zwar ziemlich sicher haltbar, verlieren aber durch die lange Hitzeeinwirkung deutlich an Qualität.

Fehler in der Pasteurisation sind die Hauptursache für mangelnde Haltbarkeit von Fruchtsäften. Einfache Thermometer können Abweichungen von bis zu 4 °C aufweisen. Wenn die Temperatur aus dem Pasteur absinkt, zeigen diese Thermometer noch die höhere Temperatur an.

Ebenfalls problematisch ist sofortiges Kühlen nach der Füllung. Da der Verschluß (und auch eventuell vorhandene Luft) pasteurisiert werden muß, ist es unbedingt empfehlenswert, die Flaschen nach dem Befühlen umzulegen und erst dann zu kühlen.

Im Zuge des Abkühlens verringert sich das Volumen des Saftes und in der Flasche entsteht ein Unterdruck. Bei undichten Verschlüssen oder am Rand ausgeschlagenen Flaschen wird durch diesen Unterdruck Luft in die Flasche gesogen. Keime in der Luft kommen mit dem kalten Saft in Berührung und können diesen verderben. Aus diesem

Grund sollten daher immer neue Verschlüsse verwendet bzw. die Flaschen vor der Verwendung kontrolliert werden.

Gebräuchliche Verfahren der Pasteurisation

Verfahren	kontinuierliche Arbeitsweise	genaue Temperatursteuerung	leichte Reinigung	Kaltfüllung	Einsatz für Trübsäfte	CO_2-haltige Getränke	Leistung in Liter/h
Süßmostglocke	+	–	–	–	+	–	< 600
Plattenpasteur	+	+	+/–	–	+/–	–	> 500
Röhrenwärmetauscher	+	+	+	–	+	–	> 500
Tunnelpasteur	+	+/–	+	+	+	+	> 1000
Kammmerpasteur	–	+/–	+	+	+	+	> 250
+ möglich, +/- je nach Bauart, – nicht möglich							

Verwendung von Schutzgasen

Neben der Pasteurisation gibt es noch einige andere Verfahren, um Säfte haltbar zu machen. Die Überlagerung mit Kohlendioxyd ist eine davon.

Dieses sogenannte Seitz-Böhi-Verfahren ist in den 30er Jahren stark beworben worden. In Drucktanks wurde der eingelagerte Saft mit Kohlensäure überlagert. Die Tanks wurden bis zu einem starken Überdruck mit Kohlensäure (CO_2) vollgepumpt, wodurch eine Gärung verhindert werden konnte. Nicht alle Mikroorganismen können mit den angewandten Überdrücken inaktiviert werden. Die Fruchtsäfte veränderten sich, manche sind aus diesem Grund verdorben. Das Seitz-Böhi-Verfahren hat deshalb nie groß an Bedeutung gewonnen.

Das Druckmostfaß

Auf einem dem Seitz-Böhi-Verfahren ähnlichen Prinzip beruht der Grundgedanke des Druckmostfasses. Gärungskohlensäure soll im Behälter einen Überdruck aufbauen, der die weitere Gärung unterbindet. Drucktolerante Hefestämme überleben allerdings mehrere bar Überdruck, und erzeugen, bis es zu einer Abstoppung kommt, weit mehr als 0,5% Vol. Alkohol. Eine längere Lagerung ist nur mit geklärten Säften bei niedrigen Temperaturen möglich.

Durch den Überdruck wird lediglich die Hefe an der Gärung gehindert, Enzyme und andere Mikroorganismen werden nicht inaktiviert. Durch sie kann es zu Veränderungen in Farbe, Geruch und Geschmack des Saftes kommen.

Abfüllen von Säften

Generell finden heute nur mehr Füller aus Edelstahl Verwendung. Sie sind gegen aggressive Fruchtsäuren beständig und leicht zu reinigen. Leitungen und Schläuche, die mit dem Saft in Berührung kommen, müssen ebenfalls zur Füllung heißer Säfte geeignet sein.

Der Füller sollte möglichst ohne Luftzutritt die Flaschen bei der Heißfüllung so voll wie möglich befüllen. Luftzutritt zum Saft bedeutet Reinfektion mit Keimen der Luft (Schimmelsporen, Hefezellen, Bakterien).

HERSTELLUNG VON DÖRROBST – TROCKENOBST

Früchte bestehen zu etwa 80 bis 90% aus Wasser. Durch die Wärmeeinwirkung beim Trocknen verdunstet das Wasser, die übrigbleibenden Inhaltsstoffe der Früchte werden konzentriert. Für die Haltbarkeit der getrockneten Früchte ist der verbleibende Gehalt an Feuchtigkeit entscheidend.

Besonders gut zum Trocknen geeignet sind Äpfel, Birnen, Zwetschken und Marillen. Von den Trauben sind nur kernlose Sorten gut geeignet. Sie werden hauptsächlich zur Herstellung von Rosinen verwendet.

Vorbehandlung der Früchte

Mechanisch-thermische Vorbehandlung

Zur Herstellung von Trockenobst werden in etwa gleich große Früchte verwendet. Unterschiedliche Fruchtgrößen bedingen unterschiedliche Trocknungszeiten. Um ein vom Aussehen und vom Trocknungsgrad her einheitliches Produkt zu erhalten, ist es daher unbedingt notwendig, eine Größensortierung durchzuführen.

Je nach Geschmack kann das Obst im vorhinein geschält oder zerkleinert werden. Auf alle Fälle aber sollte es entkernt werden. Bei Äpfeln und Birnen wird vor der Zerkleinerung das Kerngehäuse ausgestochen, Zwetschken und Marillen werden halbiert. Diese Fruchthälften können wieder zusammengefügt werden, meistens aber werden sie – mit der Schnittfläche nach oben – voneinander getrennt getrocknet.

Bevor die Früchte in den Trockner kommen, kann eine thermische Vorbehandlung erfolgen. Sowohl die Ausgangskeimzahl im Obst als auch die Intensität der enzymatischen Bräunungen werden dadurch reduziert. In den erhitzten Fruchtstücken reißen die Zellen auf, der spätere Trocknungsvorgang wird dadurch beschleunigt.

Zwetschken und Pflaumen haben auf der Oberfläche eine Wachsschicht, die die Verdunstung des Wassers behindert. Durchs Erhitzen wird diese Schicht zerstört. Man erreicht eine höhere Trocknungsgeschwindigkeit.

Gängigste Methode der thermischen Vorbehandlung ist das Blanchieren. Früchte

Schälmaschine im Einsatz

Apfelscheiben auf Edelstahlgitter

Kammertrockner

oder Fruchtstücke werden dabei mit Drahtkörben in kochendes Wasser getaucht. Je nach Obstart und Größe der Früchte dauert das Blanchieren zwischen zehn Sekunden und wenigen Minuten (bei Quitten bis zu 10 Minuten).

In größeren Betrieben wird das Obst entweder auf den Horden bei Kammertrocknern oder auf dem Band von Bandtrocknern gedämpft.

Chemische Vorbehandlung

Um die nichtenzymatischen Bräunungen zu verhindern, kann das Obst in eine 5%ige Lösung von Zitronensäure (oder in Zitronensaft) getaucht werden.

Vor allem bei Apfelscheiben und -würfeln aus säurearmen Früchten ist das zu empfehlen. Einerseits kann man durch die Säure die helle Farbe erhalten, und andererseits wird der Geschmack der Apfelstücke verbessert. Früchte können zusätzlich aufgehellt werden, indem man der Tauchlösung Ascorbinsäure zufügt.

Geeignete Trocknungsverfahren

Kammer- bzw. Hordentrockner

Die geeignetsten Geräte zur Herstellung von Trockenobst sind Kammer- bzw. Hordentrockner.

Kleinere Ausführungen haben im Inneren Leisten, auf denen die Trockensiebe (Horden) wie Laden geführt werden. Größere Geräte sind so gebaut, daß ein fahrbares Regal mit diesen Horden befüllt wird. Das Regal wird dann ins Gerät geschoben. Beheizt werden Trockner meistens durch elektrische Heizelemente. Eingebaute Ventilatoren sorgen für die notwendige Luftzirkulation. Bessere Geräte sind mit Luftleitblechen ausgestattet, die die Warmluft gleichmäßig im Gerät verteilen.

Die Trockensiebe oder Horden bestehen aus einem Rahmen und dem siebförmigen Gitter aus Edelstahl oder aus einem Gitter mit Teflonüberzug. Beide Materialien verhindern weitgehend ein Ankleben des Obstes.

Unterschieden werden Geräte mit horizontaler und vertikaler Luftumwälzung. Erstere trocknen das Obst langsamer aber gleichmäßiger, und der Abstand zwischen den einzelnen Horden kann größer gehalten werden. Geräte mit vertikaler Luftumwälzung arbeiten schneller, aber nicht so gleichmäßig. Sie können bei gleicher Mengenleistung kompakter gebaut werden. Während des Trocknungsvorganges müssen die Trockensiebe vertauscht werden, um einen einheitlichen Trocknungsgrad zu erreichen.

Die Warmluft wird von einem Ventilator bewegt. Je besser die Luftumwälzung im Gerät erfolgt, um so einheitlicher ist der Trocknungsgrad der Früchte.

Zusammenstellung wichtiger anderer Trocknungsverfahren und ihre Merkmale

Trocknen im	kontinuierlicher Betrieb	gute Steuerung	große Mengenleistung	Beheizung
Freien °)	–	–	+/–	Sonnenenergie
Backrohr	–	–	–	elektrisch
Dörrapparat	–	+/–	–	elektrisch
Bandtrockner	+	+	+	je nach Bauart

+ möglich, – nicht möglich
°) in südlichen Ländern stark verbreitet, in Mitteleuropa kaum

Eigentliches Trocknen

Der eigentliche Trocknungsvorgang läuft in zwei Schritten ab.

Im ersten Schritt verdunstet Wasser durch die Fruchtkapillaren gleichmäßig aus dem Inneren nach draußen. Die Temperatur an der Oberfläche der Frucht und die Trocknungsgeschwindigkeit bleiben einigermaßen konstant. Dieser Abschnitt dauert so lange, bis die Kapillaren gebrochen werden. In dieser Phase liegt die Temperatur der Oberfläche deutlich unter der Lufttemperatur.

Wenn in dieser Phase die Temperatur zu hoch gewählt wird, dann verstopfen mitgerissene Inhaltsstoffe die Kapillaren, es kommt zu einer Verkrustung der Oberfläche und die Trocknungsgeschwindigkeit verringert sich stark.

Im zweiten Abschnitt muß Wasserdampf aus dem Inneren der Fruchtstücke durch die trockenen Kapillaren nach außen gelangen. Die Trocknungsgeschwindigkeit nimmt ab. Gleichzeitig steigt die Oberflächentemperatur des Obstes an.

In der ersten Phase besteht noch ein Temperaturunterschied zwischen Luft und Gut. Je länger die Trocknung dauert, um so wärmer wird das Obst. Um Bräunungen und Geschmackseinbußen zu vermeiden, wird die Temperatur in der zweiten Phase der Trocknung um bis zu 10 °C abgesenkt.

HERSTELLUNG VON GELEES UND KONFITÜREN

Laut geltendem EU-Recht sind Gelees und Konfitüren durch geeignete Methoden gelierte Produkte aus Obst mit einem genau vorgeschriebenen Gehalt an Trockensubstanz.

Konfitüre: Ausgangsstoff ist frisches oder tiefgefrorenes Obst, dieses wird zerkleinert und mittels geeigneter Methoden eingedickt.

Gelee: Ausgangsstoff ist Fruchtsaft, dieser wird durch geeignete Methoden eingedickt.

Haltbarkeit von Konfitüre und Gelee

Konservierung durch hohen Trockensubstanzgehalt

Traditionell wird Konfitüre oder Gelee durch den Zusatz von Zucker und eventuell einem Geliermittel erzeugt. Der Zuckerzusatz ist wichtig für die Haltbarkeit. Produkte mit einem Trockensubstanzgehalt von 60% oder mehr sind gegen den Verderb durch Mikroorganismen geschützt. Bestimmte Arten von Mikroorganismen können aber auch noch bei höheren Zuckerkonzentrationen wachsen.

Möglichkeiten, den Gehalt an Trockensubstanz zu erhöhen:

Zusatz von Zucker

Beim Zusatz von Zucker ist darauf zu achten, daß dieser den Richtlinien des biologischen Landbaues entspricht (Biozucker). Anstatt des Zuckers kann auch Honig verwendet werden. Honig weist zwischen 70 und 80% Trockensubstanz auf.

Abdampfen von Wasser

Langes Kochen der Früchte erhöht, durch das Abdampfen von Wasser, den Gehalt an Trockensubstanz. Um einen ausreichend hohen Gehalt an Trockensubstanz erreichen zu können, muß der Fruchtbrei stundenlang kochen. Dabei verändern sich Farbe und Geschmack sehr deutlich (z. B. Powidl). Je kürzer die Kochzeit, um so fruchtiger wird das gelierte Produkt.

In geringem Umfang erhöht sich die Trockensubstanz bei jedem Kochvorgang.

Konservierung durch Hitze

Heißfüllung

Produkte mit einem geringeren Gehalt an Trockensubstanz als 60% haben keine selbstkonservierende Wirkung. Derartige Erzeugnisse erreichen die Haltbarkeit durch den Kochvorgang und die Heißfüllung bzw. durch strikte Einhaltung der Zubereitungsregeln.

Die Wärmekapazität des heißen Produktes reicht aus, um Mikroorganismen auf der Innenseite des Glases abzutöten. Keime am Deckel der Gläser werden durch sofortiges Umdrehen nach der Füllung durch die Hitze inaktiviert.

Konfitüren mit einem niedrigen Trockensubstanzgehalt (unter 60%) sind weniger lang haltbar als andere.

Pasteurisation des abgefüllten Produktes

Eine sichere Methode, Konfitüren oder Gelees haltbar zu machen, ist die Pasteurisation abgefüllter und verschlossener Produkte. Je nach der Größe des Glases dauert die Erhitzung im Wasserbad bei einer Temperatur von etwa 90 bis 95 °C etwa 5 bis 15 Minuten.

Diese Art der Haltbarmachung hat sich in der Praxis nicht durchgesetzt. Im Zuge der Herstellung, bietet sich nach dem Aufkochen die Heißfüllung an. Für Produkte mit geringem Zuckergehalt stellt die Pasteurisation des fertigen Produktes eine zusätzliche Sicherstellung der Haltbarkeit dar.

Chemische Konservierungsmittel

In biologischen Konfitüren und Gelees dürfen keine chemischen Konservierungsmittel, wie z. B. Sorbin- oder Benzoesäure oder Salze davon, bzw. keine synthetischen Farbstoffe verwendet werden.

In der Regel werden bei der Herstellung die Möglichkeiten der Konservierung kombiniert. In der Praxis erfolgt nach der Zucker- und Pektinzugabe die Heißfüllung.

Gelierfähigkeit von Früchten oder Fruchtsaft

Entscheidend für die Gelierfähigkeit ist der Gehalt an Pektin. Dieser ist, je nach Reifegrad der verwendeten Früchte und Obstart, unterschiedlich.

Grundsätzlich gilt: je saurer und unreifer die Früchte sind, um so mehr Pektin ist enthalten.

In der Verarbeitung werden die Früchte nach dem Pektingehalt eingeteilt in:

nieder	mittel	hoch
Erdbeere Himbeere Kirsche Marille Zwetschke	Heidelbeere Birne Pfirsich Holunder	Johannisbeere Stachelbeere Quitte

Früchte von Obstarten mit hohem Pektingehalt benötigen im Normalfall kein zusätzliches Geliermittel. Damit man Konfitüren aus pektinarmem Obst herstellen kann, muß bei der Herstellung ein Geliermittel zugesetzt werden.

Gebräuchliche Geliermittel

Pektin

Gewonnen wird Pektin aus unreifen Äpfeln oder Zitrusfrüchten. In beiden Fällen werden Preßrückstände aus der Safterzeugung für die Pektinherstellung verwendet. In der Frucht ist Pektin für die feste Struktur verantwortlich. Trotz Wassergehaltes von mehr als 85% sind beispielsweise Äpfel von fester Textur. In den Handel kommt Pektin fast ausschließlich als Pulver.

Zerkleinertes Obst oder Fruchtsaft wird mit Zucker (oder Honig) und Pektin vermischt und aufgekocht. Bei zuckerfreien Präparaten ist es günstig, das Pektin mit der etwa 10fachen Menge Zucker zu vermischen und der Fruchtmasse zuzusetzen. Anschließend wird die restliche Menge Zucker zugesetzt.

Pektin kann auch in Form einer Lösung zugesetzt werden. In einer geringen Menge Heißwasser (etwa 80 °C) wird die erforderliche Menge Pektin aufgelöst und der Masse zugesetzt. In diesem Fall wird das Pektin erst nach dem Zucker zugesetzt. Um den Gelierprozeß zu fördern und den Geschmack zu verbessern, wird der Masse noch Zitronensäure oder Zitronensaft zugesetzt. Abhängig ist die Menge des Pektinzusatzes vom originären Gehalt an Pektinen in der Frucht und von der Gebindegröße. Für kleine Gebinde wird weniger Pektin benötigt als für größere Gebinde.

Agar Agar

Dieses Produkt ist ein hochwirksames, aus Algen gewonnenes Geliermittel (ein Teelöffel Agar Agar reicht aus, um einen halben Liter Flüssigkeit zum Gelieren zu bringen).

Die Früchte werden fein zerkleinert, mit dem Zucker (Honig) versetzt und gut durchmischt. Einem kleinen Teil des Fruchtpürees wird Zitronensaft und Agar Agar zugesetzt, und diese Mischung wird dann gut verrührt.

Währenddessen werden die restlichen zerkleinerten Früchte mit dem Zucker (Honig) erhitzt und etwa eine Minute lang gekocht. Anschließend wird die Geliermischung in den Topf eingerührt. Nachdem die Masse noch einmal aufgekocht wurde, kann mit dem Abfüllen begonnen werden.

Andere Geliermittel

Andere Geliermittel haben zum Teil einen pappigen Eigengeschmack, es ist daher sinnvoll, sie erst auszuprobieren. Sie müssen aber auf der Liste der möglichen Zutaten für biologische Produkte angeführt sein.

Gelierprobe

Bevor Konfitüren oder Gelees, bei denen Gelierhilfen verwendet wurden, abgefüllt werden, ist es empfehlenswert, die Gelierprobe durchzuführen. Dabei wird sichergestellt, daß die Masse nach dem Erkalten auch tatsächlich geliert.

Üblicherweise wird der Topf von der Kochplatte genommen und einige Tropfen der noch siedendheißen Masse auf einen Teller getropft. Wenn die Masse nach dem Abkühlen erstarrt, wird mit dem Füllen begonnen. Damit das Abkühlen beschleunigt wird, kann man den Teller vorher im Kühlschrank etwas kühlen.

Werden diese Tropfen nicht fest, so muß noch weitergekocht werden. Die maximale Kochzeit von etwa 15 Minuten sollte dabei nicht überschritten werden, ansonsten verliert das zugesetzte Pektin seine Gelierkraft.

Abfüllen

Sofort nach der Zubereitung und der gelungenen Gelierprobe muß die heiße Masse in die vorbereiteten Gläser abgefüllt werden. Ein allenfalls beim Kochen entstandener Schaum wird noch vor dem Füllen mit einem Schaumlöffel abgeschöpft.

Die Gläser müssen sorgfältig gereinigt sein und werden möglichst randvoll gefüllt und dann verschlossen. Bei den Verschlüssen haben sich Twist-off-Deckel durchgesetzt. Sie schließen, solange sie neuwertig sind, dicht ab. Es sollten immer neue Deckel verwendet werden, da meistens gebrauchte Deckel nicht völlig dicht abschließen.

Die Gläser werden sofort nach dem Füllen auf den Kopf gestellt, der Deckel wird dabei mit heißer Fruchtmasse sterilisiert. Zusätzlich können die Deckel im vorhinein mit Alkohol oder im Backrohr sterilisiert werden.

Mit Agar Agar hergestellte Erzeugnisse benötigen bis zu zwei Tage, um zu gelieren. Während dieser Zeitspanne sollten die Gläser nicht bewegt werden.

Veränderungen im Glas

Auskristallisieren des Zuckers

In Konfitüren mit einer Trockenmasse von mehr als 65% kann unter Kälteeinfluß der Zucker auskristallisieren. Besonders häufig tritt dieses Phänomen bei der Verwendung von Honig als Süßungsmittel auf.

Der Kristallisationsvorgang wird durch eine lange Kochzeit, langsames Abkühlen und eine hohe Lagertemperatur gefördert. Das Problem kann vermieden werden, wenn ein Teil der Saccharose im Rezept (mind. 25%) durch Glucosesirup ersetzt wird.

Synärese – „Bluten“ von Konfitüren

Neben dem Erreichen einer festeren Konsistenz hat der Pektinzusatz den Sinn, Wasser zu binden. Ist dieser Effekt nicht ausreichend gegeben, so zieht sich das Gel zusammen, und Saft setzt sich im Glas frei. Hohe Gehalte an Trockensubstanz verhindern das Zusammenziehen des Gels und damit die Neigung zur Synärese.

Ein zu hoher Säuregehalt (und damit zu niedriger pH-Wert) ist eine der Hauptursachen für diesen Fehler. Er kann durch Verringern des Säurezusatzes korrigiert werden.

Kaltgerührte Konfitüren

Zerkleinerte Früchte werden mit biologischem Zucker oder Honig, gemäß den Richtlinien des biologischen Landbaues, ohne Erwärmung vermengt. Man verwendet in etwa gleiche Mengen an Frucht und Zucker. Die Richtwerte für den Gehalt an Trockensubstanz haben auch hier Geltung.

Besonders gut zur Herstellung geeignet ist Beerenobst, wie z. B. Himbeeren oder Erdbeeren.

Der Vorteil der kaltgerührten Konfitüren ist, daß der Fruchtgeschmack im Vergleich zu gekochten Erzeugnissen besser erhalten bleibt. Der Nachteil ist die verminderte Haltbarkeit. Kaltgerührte Konfitüren sind unter gekühlten Lagerbedingungen bis zu einem Monat haltbar. Sie sollten daher je nach Bedarf hergestellt werden.

Kaltgerührte Konfitüren können auch tiefgekühlt gelagert werden. Sinnvoller ist es allerdings, die Früchte einzukühlen, und die Konfitüre laufend in kleinen Chargen herzustellen.

HERSTELLUNG VON ESSIG

Was bisher oft als zufällige und manchmal sogar unerwünschte Veränderung von Getränken auftrat, wird seit einigen Jahren von manchen Produzenten gezielt angestrebt: die Erzeugung von Essig.

Zur Herstellung von Essig gibt es prinzipiell zwei Möglichkeiten:
Säureessig: entsteht durch Verdünnen und Aromatisieren von reiner Essigsäure
Gärungsessig: bei diesem entsteht Essigsäure durch die sogenannte Essiggärung aus Alkohol. Nur diese Art der Erzeugung ist im biologischen Obstbau gestattet.

Im Rahmen ihres Stoffwechsels bauen Mikroorganismen, unter der Einwirkung von Luft, den vorhandenen Alkohol zu Essigsäure und Wärme um.

Mengenmäßig läßt sich aus der chemischen Formel auch die Menge der entstehenden Essigsäure feststellen.

1 ml Alkohol ergibt 1,036 g Essigsäure
1 g Alkohol ergibt 1,3 g Essigsäure

Diese Werte sind allerdings nur theoretisch, da während der Essigsäuregärung auch andere Stoffe entstehen können und diese den praktischen Wert verändern. Gewöhnlich kann man sagen, daß 1 Volumsprozent Alkohol zirka 1% Essigsäure ergibt.

Erst ab einem Säuregehalt von etwa 5% ist Essig weitestgehend stabil. Um diesen Säuregehalt zu erreichen, ist es notwendig, daß das Ausgangsprodukt einen Alkoholgehalt von mindestens 5% Vol. oder mehr aufweist.

Der Säuregehalt und die Klarfiltration sind für die Haltbarkeit von Essig maßgebend.

Faktoren der Herstellung

Ausgangsprodukt

Das Ausgangsprodukt, meistens Apfelmost oder Traubenwein, muß die alkoholische Gärung abgeschlossen haben, vom Gärungstrub (Geläger) abgezogen und sollte nicht geschwefelt sein. Eine weitere Voraussetzung ist, daß es frei von Fehlern in Geruch und Geschmack ist (in diesem Fall kann das Produkt sogar einen Essigstich haben). Die Qualität des Ausgangsproduktes bestimmt auch beim Essig die Qualität des Endproduktes.

Bakterien

Die Essigbakterien werden entweder als Essigmutter oder als Flüssigkultur eingesetzt. Vielfach wird von Kleinerzeugern eine Essigmutter verwendet. Sie besteht aus Essig- und aus Schleimbakterien. Letztere sind für die Konsistenz der Essigmutter verantwortlich. Sie liefern aber auch Stoffwechselprodukte, deshalb ist die Essiggärung durch eine Essigmutter nicht immer ganz reintönig.

Die zweite Möglichkeit ist der Einsatz einer flüssigen Kultur. Hier kann man bereits gärenden Essig oder eine spezielle Flüssigkultur verwenden. Trockenpräparate, wie Gärhefen, gibt es für die Essigherstellung leider noch nicht.

Die Bildung von Essigsäure aus Alkohol erfolgt durch zwei in der Natur vorkommende Gruppen von Essigsäurebakterien:
Acetobacter: sind farblose, hauptsächlich auf Pflanzen, von denen zuckerhaltige Säfte ausgeschieden werden, lebende Stäbchenbakterien. Diese sind zirka 1/1000 mm groß und leben fast immer mit Hefezellen gemeinsam.
Gluconobacter: sind ebenfalls Stäbchenbakterien, die eine hohe Säuretoleranz aufweisen. Ihre Größe ist fast ident mit den Bakterien der Gruppe Acetobacter.

Temperatur

Die Temperatur ist bei der Essigherstellung ein wesentlicher Faktor. Wie alle Bakterien lieben es auch die Essigbakterien, wenn es schön warm ist. Für eine schnelle und zügige Gärung sind Temperaturen um 25 °C Voraussetzung. Kühlt der Essig während der Gärung stark ab, wird die Gärung unterbrochen und setzt später vielleicht wieder ein. Die Temperatur im Essigfaß sollte daher niemals unter 25 °C fallen.

Luft

Luft wird von den Bakterien für ihre „Arbeit" benötigt. Damit die Essiggärung in Schwung kommt, muß der Most ausreichend belüftet werden. Die offene Lagerung allein ist oft zuwenig.

Je nach Behälterart und -größe gibt es verschiedene Methoden, um Luft einzubringen. Kleinbehälter können geschüttelt werden, für größere Mengen empfiehlt sich der Einsatz einer Luftpumpe (Aquariumpumpe oder Kompressor, mit Luftdüsen im Behälter und Zeitschaltung).

Behälter

Als Behälter sind vom Holzfaß an über Kunststoffgebinde bis hin zum eigenen Stahlbehälter alle Gebinde mehr oder weniger geeignet, wenn sie lebensmittelecht und säurebeständig sind. Wünschenswert sind große Öffnungen und Ablaßhähne bzw. eine gesteuerte Möglichkeit des Lufteintrages.

Behälter, die einmal für die Essigbereitung verwendet wurden, eignen sich nicht mehr bedingungslos für die Herstellung oder Lagerung von anderen Erzeugnissen. Zumeist sind diese so stark mit Essigbakterien behaftet, daß andere Produkte in diesem Faß zwangsläufig einen Essigstich erhalten. Ausgenommen davon sind Edelstahlbehälter, die mit entsprechenden Reinigern auch desinfiziert werden können.

Verfahren der Essigbereitung

Offene Gärverfahren

Dabei erfolgt die Essiggärung in einem mehr oder weniger offenen Behälter (meistens ein Essigfaß im Keller). Das Ausgangprodukt bleibt so lange im offenen Behälter, bis die Essiggärung einsetzt, d. h., es bildet sich eine Essigmutter oder Essighaut, die aus Essigbakterien, Schimmel- und Schleimpilzen besteht. Bei dieser Methode sind eine Kontrolle der Gärung sowie eine Temperierung nicht möglich. Die Qualität des dabei entstandenen Essigs entspricht nicht immer, sowohl in sensorischer als auch in analytischer Hinsicht, den derzeitigen Anforderungen.

Rundpumpverfahren

Das Rundpumpverfahren, ein bereits seit etwa 1930 angewandtes Verfahren, ermöglicht die Herstellung qualitativ relativ hochwertiger Essige. Dabei wird der Essig entweder über Späne, Maisspindeln oder Holzgitter im Kreis gepumpt. Die Erwärmung erfolgt durch die Essigbakterien. Eine Steuerung und Beeinflussung der Gärung ist dabei nur durch Erwärmung und Kühlung möglich. Die Anlagen hierfür können mit etwas Geschick selbst gebaut werden.

Bei Problemen mit der Temperatur kommt es allerdings immer wieder zu sehr aldehydigen Produkten. Die Gärdauer beträgt zwischen 6 und 10 Wochen.

Submersgärverfahren

Submersgärverfahren gelten derzeit als die besten Verfahren zur Essigbereitung. Die

Bakterien arbeiten in der Flüssigkeit, es entsteht keine Essighaut mehr und eine ständig gesteuerte Belüftung ist gewährleistet. Dadurch ist die Temperaturregelung und somit eine gezielte Essigproduktion möglich. Diese Verfahren werden hauptsächlich in Großbetrieben angewandt.

KENNZEICHNUNG DER ERZEUGNISSE

Alle Lebensmittel, die in Verkehr gebracht werden, müssen, gemäß den geltenden Vorschriften, gekennzeichnet werden. Nur Produkte von anerkannten und kontrollierten Bio-Betrieben dürfen ihre Produkte als „biologisch" oder „ökologisch" bezeichnen. Es ist nicht gestattet, Kennzeichnungselemente zu verwenden, die auf die Gesundheit des Konsumenten abzielen.

Die im folgenden genannten Kennzeichnungselemente müssen bei den in den vorigen Kapiteln erwähnten Produkten angeführt werden.

Hinweis auf Bio

Nur Produkte von kontrolliert biologisch wirtschaftenden Betrieben dürfen ihre Produkte als Bioware deklarieren. Bezeichnungen, wie „aus biologischem (oder ökologischen) Landbau oder Anbau" bzw. „aus biologischer Landwirtschaft", sind in Verwendung.

Seit Jänner 1997 ist es laut EU VO 2092/91 vorgeschrieben, die Codenummer der Kontrollbehörde und ihren Namen auf dem Etikett anzugeben.

Sachbezeichnung

Die Produktbezeichnung gibt an, um welches Produkt es sich handelt.

Bei Fruchtsäften wird die verwendete Obstart in Verbindung mit dem Wort „...saft" angegeben. Zur Sachbezeichnung ist der Hinweis „100% Saft" anzubringen.

Für Konfitüre und Essig erfolgt die Angabe „...konfitüre" bzw. „...essig".

Bei Trockenobst muß aus der Sachbezeichnung ersichtlich sein, daß die Früchte getrocknet wurden.

Zusätzlich kann vor der Sachbezeichnung der Begriff „Bio" angebracht sein (z. B. Bio-Apfelsaft – 100% Saft).

Name und Adresse des Produzenten

Diese Angabe ist bei allen genannten Produkten erforderlich. Mindestanforderung ist, daß das Produkt rückverfolgbar sein muß. Je genauer die Angabe erfolgt, um so besser. Bei der Postleitzahl sollte vor dieser der Kennbuchstabe für das Herstellungsland (z. B. in Österreich: A-8020 Graz) angegeben werden.

Chargennummer

Eine Chargennummer ist eine frei wählbare Kombination aus Buchstaben und Zahlen. Sie kann vom Hersteller beliebig gewählt werden, beginnt aber, wenn sie am Etikett ausgewiesen wird, immer mit einem „L".

Die Chargennummer hat den Zweck, daß ein hinsichtlich der Qualität, der Bezeichnung usw. beanstandetes Produkt rückverfolgbar ist. Eine Losnummer bezeichnet eine Gesamtheit von Verkaufseinheiten eines Lebensmittels das unter gleichen Umständen (gleiche Charge) hergestellt wurde.

Nettofüllmenge

Die Angabe der Nettofüllmenge erfolgt in Liter oder in Gramm. Bei Mehrwegflaschen kann die Angabe unterbleiben, wenn diese am unteren Rand der Flasche eingeprägt ist.

Mindesthaltbarkeit

Üblicherweise wird für die vier genannten Produkte eine Mindesthaltbarkeit von 12 bis 18 Monaten angegeben. Die Bezeichnung lautet am Etikett „mindestens haltbar bis Ende … (Monat und Jahr)".

Liste der Zutaten

In der Zutatenliste werden alle verwendeten Zutaten in mengenmäßig absteigender Reihenfolge angegeben. Diese Angaben müssen in gleicher Schriftgröße und -farbe erfolgen. Wurden keine Stoffe zugesetzt, entfällt die Angabe der Zutaten.

Lagerungshinweise

Falls die Lagerbedingungen für die Haltbarkeit des Produktes von Bedeutung sind, müssen diese angegeben werden. Als Wortlaut wird in der Regel „Nach dem Öffnen kühl aufbewahren" oder „kühl und trocken lagern" oder ähnliches verwendet.

Zusätzlich zu den genannten Kennzeichnungselementen müssen bei einigen Produkten noch weitere Angaben gemacht werden:

Bei Konfitüre und Gelee müssen Angaben über den Fruchtgehalt („Hergestellt aus …g Früchten je 100 g") bzw. den Gehalt an Trockensubstanz („Gesamtzuckergehalt …g/100g") am Etikett auswiesen sein.

Bei Essig sind zusätzlich der Säuregehalt in Prozent („Säuregehalt …%") und die Art des Essigs anzuführen. Essig, der durch Essiggärung einer alkoholischen Flüssigkeit entstanden ist, wird als „Reiner Gärungsessig" bezeichnet.

VERMARKTUNG VON BIOLOGISCHEN PRODUKTEN

VERKAUFEN HEISST: DEM KUNDEN NUTZEN SCHAFFEN

Marketing ist kundenorientierte Unternehmensführung, das heißt, im Mittelpunkt aller Marketingüberlegungen steht die Zufriedenheit der Kunden.

Grundsätzlich gibt es zwei Möglichkeiten seine Produkte und Erzeugnisse an den Kunden zu bringen:

1. Der Produzent produziert und liefert an den **Großvermarkter**. Das ist vor allem in der herkömmlichen landwirtschaftlichen Produktion der übliche Weg.
   Die zweite Möglichkeit der Vermarktung wird vor allem von den Produzenten von landwirtschaftlich-biologischen Erzeugnissen wahrgenommen.
2. Der Produzent produziert und vermarktet **direkt an den Konsumenten**:
   Ab Hof
   Bauernmarkt
   Hauszustellung
   Belieferung von Restaurants und Hotels
   Agro-Tourismus (Urlaub am Bauernhof)
   Nur Überkapazitäten werden an den Großabnehmer verkauft

Um diesen direkten Weg zum Konsumenten erfolgreich gehen zu können, ist es besonders für biologisch wirtschaftende Betriebe wichtig, folgendes zu beachten:

- **Ökologische Überzeugung**
  Sie selbst müssen vom Vorteil des biologischen Wirtschaftens überzeugt sein und diese Überzeugung dem Kunden gegenüber ausstrahlen.
- **Vertrauen des Kunden gewinnen und vertiefen**
  Käufer von biologischen Erzeugnissen haben selbst eine gesundheitsbewußte und ökologische Überzeugung und wollen deshalb sicher sein, daß sie auch tatsächlich biologische Produkte bekommen. Dafür bezahlen sie auch einen höheren Preis.
  Der Verkäufer von biologischen Erzeugnissen hat daher in seinem Marketing immer auf die ständige Kontrolle seiner Produkte (Kontrollverband, Kontrollnummer) hinzuweisen und diese offenzulegen.
- **Produktsicherheit**
  Der Konsument will einerseits absolute Sicherheit darüber, daß die Erzeugnisse, die er kauft, auch wirklich biologisch sind. Andererseits will er auch die Sicherheit der ständigen Belieferung und der konstanten Qualität.
- **Produktaufmachung**
  Die Produktaufmachung muß auf die biologische Herstellung der Produkte abgestimmt sein: Kein Kunststoff in der Verpackung; klare Produktkennzeichnung, zusätzliche Informationen über die Art der Produktherstellung usw. Zusatznutzen für den Kunden durch die Erzeugung in der Region, Umweltschonung und Landschaftserhaltung in den Mittelpunkt stellen.
- **Kostenwahrheit**
  Wenn Sie erfolgreich Direkt-Vermarktung betreiben wollen, müssen Sie ihre Kosten

aufzeichnen. Einerseits nur für sich selbst, um zu wissen, ob sich das für Sie überhaupt lohnt und anderseits für die Preiskalkulation.

Die beigefügten Check- und Aufzeichnungslisten werden Ihnen bei Ihrer Arbeit helfen.

Wer auf den Markt geht, möchte Erfolg haben. Ein dauerhafter Erfolg ist aber nur dann möglich, wenn das Dreiecksverhältnis:

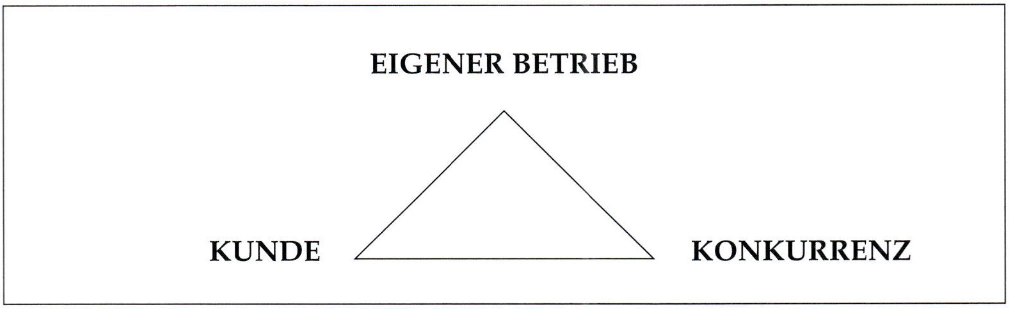

funktioniert und stimmt.

KUNDE
Neue oder bessere Produkte (Leistungen) müssen neuen, für den Kunden wahrnehmbaren Kundennutzen schaffen.

KONKURRENZ
Es muß ein Wettbewerbsvorteil gegenüber Mitbewerbern erreicht werden.

EIGENES UNTERNEHMEN
- Es muß innovativ, effizient und mit hohem Qualitätsanspruch gearbeitet werden.
- Ständig zu Verbesserungen bereit und fähig sein, und die Arbeit muß Freude machen.

Ausgangspunkt aller Überlegungen ist daher der eigene Betrieb.

Marketing als Denk- und Vorgangsweise läßt sich in folgendes Grundschema zusammenfassen:

1. **IST-SITUATIONSANALYSE**
   Wo stehen wir?
   Was für Informationen brauchen wir?
2. **ZIELE – KONZEPT – MASSNAHMEN**
   Wohin wollen wir?
   Welche Marktanteile? Welchen Umsatz? Welchen Gewinn?
3. **MARKETING-STRATEGIE**
   Welchen Weg zum Ziel schlagen wir ein?

4. **MARKETING-INSTRUMENTE**
   Produktpolitik
   Preispolitik
   Distributionspolitik
   Kommunikationspolitik
   Marketing-Mix
   Welche Marketing-Instrumente setze ich wie ein?
   Wie muß ich diese Marketing-Instrumente aufeinander abstimmen, damit Harmonie entsteht?
5. **ERFOLGSKONTROLLE**
   Haben wir unsere Ziele erreicht?
   Wo und wie müssen wir korrigieren?

SITUATIONSANALYSE MEINES BETRIEBES

Was ist vor dem Start zu überlegen?

Am Anfang steht immer die **Idee:**
Welche **Leistungen** der Betrieb aufgrund
- seines Know how's
- seiner Ressourcen
- seines Unternehmerischen-Wollens
- seiner Ideen

am **Markt** besser, anders oder billiger als die Konkurrenz erbringen will und kann, um sich damit von den Mitbewerbern zu unterscheiden.

Ausgangssituationsanalyse

Die Ausgangssituationsanalyse soll dabei helfen, die Startbedingungen, die der einzelne Betrieb vorfindet, festzustellen. Die Stärken und Schwächen des Betriebes und der Betriebsführerpersönlichkeit sichtbar zu machen, um daraus zukünftige Ziele und Lösungsalternativen zu formulieren.

Die folgenden Checklisten sollen Ihnen bei diesen Vorhaben eine Hilfestellung geben. Nehmen Sie sich für diese erste IST-SITUATIONS-ANALYSE genügend Zeit. Erst wer seine Ausgangssituation kennt, kann zu einer guten Entscheidung kommen. Die Entscheidungsfindung baut auf einer guten und ausführlichen Ausgangssituationsanalyse auf. Wer eine gute Entscheidung treffen will, braucht viele Informationen, Kreativität und Mut zu neuen Lösungen. In welchen Schritten man bei der Entscheidungsfindung vorgeht, finden Sie im Schema „Entscheidungsfindung" dargestellt.

Checkliste: Ausgangssituationsanalyse

Familiäre Situation
- Was will ich für mich selbst erreichen? ....
- Was will ich für unsere Familie erreichen? ....
- Was will ich für unseren Betrieb erreichen? ....

Arbeitswirtschaftliche Aspekte
- Habe ich noch freie Arbeitskapazitäten? ....
- Ist durch Neu- oder Umorganisation mit Mehrarbeitskapazität zu rechnen? ....
- Wie sieht die Überbrückungsphase aus? ....

Finanzielle und wirtschaftliche Situation
- wirtschaftliche Situation des Betriebes ....
  Eigenkapital ....
  Fremdkapital ....
- Wie soll finanziert werden? ....

Markt- und Umfeldbeurteilung
- Gibt es einen Markt für mein Produkt? ....
- Zielgruppe ....
- Preissituation ....

Womit beschäftige ich mich gerne?
- mit der Produktion (Betrieb) ❑
- mit dem Markt ❑
- mit der Finanzierung (Kapital) ❑
- mit Unternehmerfähigkeiten ❑

In welchen Bereichen habe ich Wissen und Erfahrung?
- Produktion (Betrieb) ❑
- Markt ❑
- Finanzierung (Kapital) ❑
- Unternehmerfähigkeiten ❑

In welchen Bereichen möchte ich mein Wissen und Können noch erweitern?
- Produktion (Betrieb) ❑
- Markt ❑
- Finanzierung (Kapital) ❑
- Unternehmerfähigkeiten ❑

Wieviel Stunden meiner wöchentlichen Arbeitszeit verwende ich durchschnittlich für:
- Produktion (Betrieb) ....
- Markt ....
- Finanzierung (Kapital) ....
- Unternehmerfähigkeiten ....

Checkliste: Stärken-Schwächen-Analyse des Betriebes

Situation	Stärken	Schwächen
Produkte Dienstleistungen	z. B. biologisch erzeugt	z. B. wenig bekannt ....
Preis	z. B. kalkulierter Preis	z. B. nicht für jeden akzeptierbar ....
Vertrieb	z. B. Direktverkauf	z. B. hoher Arbeitsaufwand ....
Marketing	....	....
Werbung	....	....
Image am Markt	....	....

Schema: Entscheidungsfindung

Was ist zu tun?	Wer muß es tun?
Erkennen und Formulieren des Problems	→ Betriebsleiter
Sammeln von Daten und Informationen zum Problem	→ Hilfestellung durch Beratung
Entwickeln und Analysieren von Lösungsalternativen	→ Hilfestellung durch Beratung
Entscheiden für eine Lösungsalternative	→ Verantwortung des Betriebsleiters
Umsetzung der gewählten Alternative	→ Unterstützung durch Beratung
Kontrollieren des Erfolges	→ Betriebsleiter: unterstützt durch Beratung

KONZEPTE – ZIELE – MASSNAHMEN

Es gibt keine generelle Anleitung für die Erstellung eines Unternehmerkonzeptes. So verschieden wie die Unternehmerpersönlichkeiten und ihre unternehmerischen Ideen sind, so verschieden sind auch die unternehmerischen Konzepte.

Gerade deswegen – weil es viele Wege zum Erfolg, aber auch zum Mißerfolg gibt – sollten Sie sich vor der Unternehmensgründung genau überlegen, was Sie erreichen wollen und wie Sie glauben, es erreichen zu können.

Je mehr Faktoren in diese Überlegungen miteinbezogen werden und je konkreter die Antworten auf die aufgeworfenen Fragen sind, desto geringer wird das unternehmerische Risiko.

Die folgenden Checklisten sollen ihnen dabei helfen, ihr Ziel klarer zu erkennen, um so das Risiko kleiner zu halten.

Checkliste für Direktvermarkter

ja	nein	
❑	❑	Haben Sie schon einmal überlegt, welche Konsumenten (Zielgruppen) Sie mit Ihrem Angebot ansprechen wollen?
❑	❑	Glauben Sie, daß Ihr Angebot gut genug ist, um neue Kunden zu gewinnen?
❑	❑	Erheben Sie die Wünsche und Bedürfnisse Ihrer Kunden systematisch?
❑	❑	Beschäftigen Sie sich mit aktuellen Trends in der Selbstvermarktung?
❑	❑	Reagieren Sie auf diese Trends?
❑	❑	Verfügen Sie über Werbemittel, die die besonderen Vorteile Ihres Angebotes klar hervorheben?
❑	❑	Bewerben Sie Ihr Angebot gezielt?
❑	❑	Betreiben Sie aktive Verkaufsförderung (z. B. Werbebriefe zu besonderen Anlässen)?
❑	❑	Ist ein betriebseigener Prospekt vorhanden?
❑	❑	Gibt es eine Visitenkarte?
❑	❑	Kann der Kunde umfassend über den Betrieb informiert werden?
❑	❑	Gibt es für den Kunden konkrete schriftliche Informationen über Ihre angebotenen Produkte?
❑	❑	Unterscheiden Sie sich mit Ihrem Angebot von Ihren Mitbewerbern?
❑	❑	Sind die Produkte gut (richtig) präsentiert?
❑	❑	Gibt es eigene Etiketten?

ja nein

- ❑ ❑ Gibt es eine entsprechende Preisliste?
- ❑ ❑ Verkaufen Sie Ihr Angebot zu einem richtig kalkulierten Preis?
- ❑ ❑ Gibt es eine eigene Kundenkartei?
- ❑ ❑ Gibt es hauseigene Spezialiäten?

Checkliste: Überlegungen vor dem Start

Überlegungen	**Produkt:** z. B. Bioäpfel	**Produkt:** z. B. Dörrobst
• **Existiert ein Markt für mein Produkt bzw. meine Dienstleistung?**		
Entwicklungschancen	....	....
Marktlücken	....	....
Neue Bedürfnisse	....	....
• **Welche Zielgruppe soll angesprochen werden?**		
Alter	....	....
Soziale Schicht	....	....
Einkommen	....	....
Interessensgebiet	....	....
Verhalten/Wertvorstellung	....	....
• **Wie groß ist das Marktpotential?**		
Größe der Zielgruppe	....	....
Finanzielles Potential pro Person	....	....
• **Welche Mitbewerber sind schon am Markt?**		
Einschätzung des Marktanteils	....	....
• **Ist das Produkt/die Dienstleistung konkurrenzfähig?**		
Qualität	....	....
Technik der Herstellung (Verarbeitung usw.)	....	....
Preis	....	....
• **Wie komme ich an Kunden?**		
Qualitätsansprüche	....	....
Preis	....	....
Konditionen	....	....
• **Welchen Preis werde ich verlangen?**		
Preise der Mitbewerber	....	....
Preise ähnlicher Produkte/Dienstleistungen	....	....
Kalkulation	....	....

Überlegungen	Produkt: z. B. Bioäpfel	Produkt: z. B. Dörrobst
• Wie präsentiere ich mein Produkt/meine Dienstleistung?		
Art der Einführung am Markt (Werbung)	....	....
Art der Werbestrategie	....	....
Art der Öffentlichkeitsarbeit	....	....
Art der Verpackung	....	....
• Welche Absatzwege wähle ich?		
Möglichkeiten des Vertriebes	....	....
• Welche zusätzlichen (Dienst-)Leistungen biete ich an?		
Service, Gebrauchsanweisung etc.	....	....
• Welche Rahmenbedingungen muß ich berücksichtigen?		
Natürliche und technische	....	....
Staatliche und rechtliche	....	....
• Verfüge ich über die für den Start notwendigen Produktionsmittel?		
Kapital	....	....
Maschinen	....	....
Personal	....	....
• Wie soll die Organisation meines Unternehmens aussehen?		
Pauschaliert	....	....
Gesellschaftsunternehmen	....	....
• Welche und wieviele Mitarbeiter werde ich beschäftigen?		
Lohn- und Lohnnebenkosten	....	....
• Wieviel Kapital benötige ich?		
Eigenkapital	....	....
Fremdkapital	....	....
Förderungen	....	....
• Welche Ziele setze ich mir?		
Umsatz	....	....
Menge	....	....
Zeit bis …	....	....
• Welche Maßnahmen ergreife ich, um meine Ziele zu erreichen, und wie kontrolliere ich den Erfolg?		

Checkliste: Wirtschaftlichkeit

Roherträge
(Menge x Preis) ....

Variable und Gemeinkosten

Materialkosten
(inkl. Ausgangsprodukte + Zutaten) ....
Personalkosten ....
Versicherungen ....
Kfz (Treibstoff u. Versicherung, Kosten für
den Kauf und die Erhaltung oder km-Kosten) ....
Miete, Pacht ....
Post, Telefon ....
Mitgliedsbeiträge ....
Raumkosten, Energie, Heizung ....
Reinigung ....
Beratungskosten ....
Instandhaltung ....
Steuern und Abgaben ....
Werbung ....
Verpackung ....
sonstige Kosten ....

Summe

Rohertrag ....
– variable Kosten ....

= DECKUNGSBEITRAG ______________________________

Investitionskosten

bauliche Maßnahmen ....
Einrichtung, Ausstattung ....
Maschinen, Geräte ....
Marktstand ....
Kfz ....
....
....

Summe Investitionskosten ______________________________

Errechnung der Kapitalkosten der Investition
(Annuitätenmethode) Nutzungsdauer Ø 10 Jahre
bauliche Maßnahmen 15 – 20 Jahre
KAPITALKOSTEN
(Investitionskosten x Annuitätenfaktor) ....

DECKUNGSBEITRAG ....

– SUMME der KAPITALKOSTEN
(Abschreibung und Zinsen) ....

= WIRTSCHAFTLICHKEIT ______________________

WIRTSCHAFTLICHKEIT pro Monat ______________________

Bei den Investitionskosten ist zu überlegen, wieviel mit Eigenkapital und wieviel mit Fremdkapital finanziert werden soll.

Wie groß ist der Markt?

1. **Wo will ich verkaufen?** ....
   Region definieren
   (davon ist der Vertrieb abhängig)

2. **An wen will ich verkaufen?** ....
   (Zielgruppe festlegen, siehe „richtige Zielgruppe finden")

3. **Wie groß ist das Absatzvolumen?** ....
   Wesentliche Hilfen dazu geben statistische Daten
   über pro-Kopf-Verbrauch und Ernährungsausgaben.

4. **Marktanteil** ....

   Jene Menge, die das größte am Markt befindliche Unternehmen von diesen Produkten absetzt (statistische Unterlagen bekommt man bei den Wirtschaftskammern bzw. statistischen Ämtern).
   Wenn man sich über die Größe des Marktes ein Bild gemacht hat, wird es möglich sein, seine eigenen Marktchancen besser zu beurteilen, seine Absatzziele festzulegen und nach eventuellen Nischenmöglichkeiten Ausschau zu halten.

Richtige Zielgruppen finden

Für wen sind meine Produkte (Leistungen) interessant?

Alter	....
Geschlecht	....
Bildung	....
Einkommen	....
Beruf	....
Haushaltsgröße	....
Wohnort	....
Wohnortgröße	....

Wie will ich verkaufen?

direkt ab Hof	....
Zustellung	....
Haustürgeschäft	....
Bauernmarkt	....
eigenes Geschäft in der Stadt	....
Hotelerie	....
Großabnehmer usw.	....

Verhaltensweisen

Wie ist das Kommunikationsverhalten?
Welche Medien werden eingesetzt, wie komme ich mit welchen Medien an die Zielgruppe?

Einkaufsverhalten:	wann kaufen die Leute (Zeit)? an welchem Ort? was ist Dauer – danach?
Freizeitverhalten:	sportlich kulturell familienbezogen
Informationsinteressen:	(wie kann ich die Leute informieren?) Bauernhofführung Hoffest Prospekt Postwurf usw.

Ein Punkt, an dem sich die Vermarktung von biologischen Produkten gegenüber herkömmlicher Vermarktung unterscheidet, ist die Auswahl der Zielgruppe.

Spezielle Zielgruppen für den Verkauf von biologischen Produkten sind Personen, die:

- ein hohes Gesundheitsbewußtsein haben
- hohen Wert auf umweltgerechte Produktion legen
- ein hohes Vertrauen in die biologische Landwirtschaft setzen
- sich den etwas höheren Preis von biologischen Produkten leisten wollen und können
- ein schlechtes Umweltgewissen haben

Wie trete ich dem Kunden gegenüber?

Wenn Sie die Zielgruppe für Ihr Produkt gefunden und festgelegt haben, müssen Sie die Produkte verkaufen. Dabei ist zu beachten, daß Verkaufen und Kaufen einem bestimmten Prozeß unterliegen.

Die Kunst des Verkaufens liegt darin, den interessierten (potentiellen) Kunden zum Käufer zu machen. Hilfreich dabei ist es, wenn Sie sich als Produzent (Verkäufer) in die Situation (Rolle) des Käufers versetzen. Auch wenn Sie nicht direkt an den Konsumenten verkaufen, sondern nur an den Großabnehmer liefern, sollten Sie sich über den Kaufprozeß im Klaren sein und Verkaufserfolge und Verkaufsmißerfolge nach den Gesetzmäßigkeiten des Kaufprozesses abchecken!

Das Kundenverhalten ist ganz wesentlich von der Einhaltung und Beachtung des Kaufvorganges abhängig. Wer dem Kunden keine Aufmerksamkeit schenkt, keine Information gibt, wird keine Kaufbereitschaft und keinen Kaufentschluß beim Kunden erreichen, obwohl dieser am Produkt selbst interessiert ist. (Siehe Tabelle S. 288.)

MARKETING-STRATEGIE

Welche Möglichkeiten gibt es, um am Markt erfolgreich zu sein?

Gemäß der Unterschiedlichkeit der Betriebe gibt es auch eine Vielzahl von möglichen Erfolgsstrategien. Es seien daher hier zwei beispielhafte Möglichkeiten genannt.

Betriebsausweitung – Wachstumsstrategie

Marktdurchdringung

Die Produkte bleiben im wesentlichen dieselben. Es gilt aber neben den bestehenden Kunden – um die man sich noch intensiver bemüht –, ähnliche neue Kunden (Einkommensverhältnisse, Interessenslage, Familienstand usw.) dazu zu bekommen.

Fazit: Hohe Erfolgswahrscheinlichkeit bei – im Vergleich zu anderen Möglichkeiten – geringem Aufwand.

Beispiel:
Ein bäuerlicher Direktvermarkter von Bio-Obstprodukten bietet seine Produkte auf einem städtischen Bauernmarkt an, auf dem er auf Grund seiner Produktpalette und Qualität einen guten Namen hat.
Um den Markt noch besser bedienen zu können, beschließt er, zwei weitere Bauernmärkte in dieser Stadt zu beschicken.

Marktentwicklung

Die Produkte bleiben im wesentlichen unverändert. Tatsächlich werden aber jetzt neue Märkte und neue Kunden erschlossen – entweder komplett neue Käuferschichten oder neue Verkaufsgebiete.
Fazit: Die Erfolgsaussicht ist immer noch groß, doch geringer als bei der Marktdurchdringungsvariante. Gleichzeitig steigt der Aufwand. Er ist wesentlich höher als bei der Produktentwicklung und Marktdurchdringungsvariante.
Beispiel:
Der bäuerliche Bioobstverkäufer entschließt sich, seine Produkte nicht nur auf Bauernmärkten anzubieten. Er versucht damit die Buffets von Höheren Schulen zu beliefern, um so an neue Märkte und neue Kunden heranzukommen.

Produktentwicklung

Neue Produkte schaffen ebenfalls Wachstum. Das können völlig neue Produkte sein (Produktinnovationen) oder aber auch Produktweiterentwicklungen.
Dabei werden bestehende Kunden weiterbeliefert und betreut, jedoch mit neuen Produkten.
Fazit: Das Risiko, daß die Rechnung nicht aufgeht, ist relativ groß. Der Aufwand für diese Variante ist niedriger als für die beiden anderen Varianten, aber höher als für die Variante Marktdurchdringung.
Beispiel:
Der bäuerliche Direktvermarkter stellt aus Bioäpfeln Dörrobstprodukte her.

Diversifikation

Für neue Produkte werden auch neue Konsumenten gesucht. Es werden also die bestehenden Kunden verlassen.
Fazit: Hohes Risiko und hoher Aufwand. Diese Variante ist für große Betriebe bzw. Betriebszusammenschlüsse geeignet.
Beispiel:
Der Bioobstbauer entscheidet sich, zukünftig auch Frischfleisch anzubieten.

Wie trete ich dem Kunden gegenüber?

Der Kaufprozeß	Organisation des Verkaufens
Aufmerksamkeit	Aufmachung Präsentation Verpackung Verkostung
Information	Werbung und Pressearbeit Veranstaltungen Herstellung der Medien, Falter etc. = bekannt machen
Akzeptanz für sich **Sympathie** **Kaufbereitschaft**	Image, Selbstbewußtsein „Corporate Identity" Werte im Trend der Zeit (z. B. Ökologie) Motivation, Überzeugung
Kaufentschluß	authentische Anlaufstelle (nicht von Pontius …) Kunde muß „am Ziel" sein prompte Erledigung formale Richtigkeit anpassen an moderne Verwaltungssysteme (PC, FAX …)
Kaufverhalten	verläßliche Transportorganisation Fahrzeug nicht ständig wechselnde Fahrer „Timing" – zur richtigen Zeit am richtigen Ort zuvorkommendes Reklamationsverhalten, falls „etwas passiert"
Lieferung – Rechnung	vernünftige Preispolitik (Verläßlichkeit) rationelle Zahlungsformen alles muß einfach stimmen
Verwendung – Verbrauch	Lagerungs- und Rezeptvorschläge Neubestellungen, Liefertermine
Zufriedenheit **Empfehlverhalten**	Treuebonus für Stammkunden spezielle Hofführungen Hoffest Einladung

Verkaufsfördernde Maßnahmen – Verkaufsstrategie

Diskontstrategie

Verkauft wird über den niedrigen Preis. Daher müssen alle Möglichkeiten für eventuelle Kostenvorteile genutzt werden: niedrige Produktionskosten, hohe Stückzahlen, kostengünstiger Vertrieb, geringe Personal- und Verwaltungskosten, hohes Kostenbewußtsein.

Fazit: Diese Variante ist für kleinere und mittlere Betriebe sehr gefährlich, weil entsprechende Stückzahlen nur über hohe Investitionskosten erreicht werden können.

Supermärkte sind eine zu große Konkurrenz.

Präferenzstrategie

Nicht der Preis ist hier kaufentscheidend, sondern ein bestimmtes Qualitätsmerkmal. Das kann die Produktqualität selbst sein oder auch die Zusatzleistung in Form der Produktzustellung, der Produktionsweise (z. B. Bio), Selbstpflücken u. a.

Fazit: Diese Variante ist für kleinere und mittlere Betriebe meist die bessere Lösung.

Wichtig bei beiden Varianten ist: der Kunde muß wissen und merken wofür Ihr Produkt steht. Der Kundennutzen muß klar erkennbar sein.

MARKETINGINSTRUMENTE

Produkt

Grundvoraussetzung für einen guten Verkauf ist eine unzweifelhafte Produktqualität. Biologisches Obst bietet dafür alle Voraussetzungen. Dazu kommt, je innovativer ein Erzeugnis ist, z. B. neue Obstsorte, neues Verarbeitungsprodukt, neue Geschmacksrichtung usw., desto mehr Aufmerksamkeit wird man am Markt und damit beim Kunden erreichen.

Deshalb ist es ganz wichtig, in Fragen der Sortenauswahl, der besten Produktions- und Pflanzenschutztechniken sowie der Obstverarbeitungsmöglichkeiten immer am neuesten Stand zu bleiben.

Sie sollten sich daher hin und wieder fragen:
Stimmt meine Qualität?
Stimmt mein Sortiment?
Stimmt mein Service? (Zustellung, Öffnungszeiten usw.)

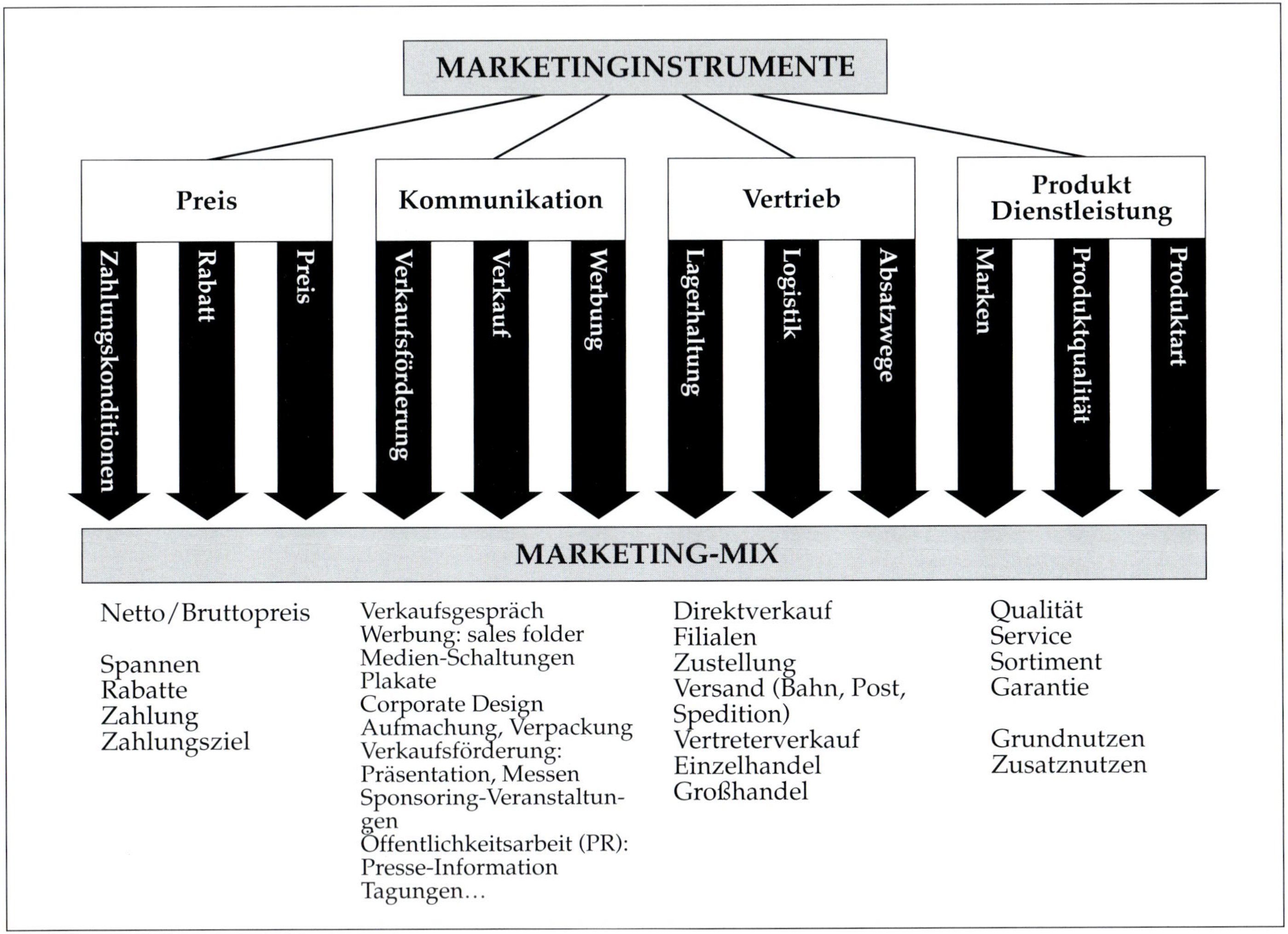
MARKETINGINSTRUMENTE
Preis
Kommunikation
Vertrieb
Produkt Dienstleistung
Zahlungskonditionen
Rabatt
Preis
Verkaufsförderung
Verkauf
Werbung
Lagerhaltung
Logistik
Absatzwege
Marken
Produktqualität
Produktart
MARKETING-MIX
Netto/Bruttopreis
Spannen
Rabatte
Zahlung
Zahlungsziel
Verkaufsgespräch
Werbung: sales folder
Medien-Schaltungen
Plakate
Corporate Design
Aufmachung, Verpackung
Verkaufsförderung:
Präsentation, Messen
Sponsoring-Veranstaltungen
Öffentlichkeitsarbeit (PR):
Presse-Information
Tagungen…
Direktverkauf
Filialen
Zustellung
Versand (Bahn, Post, Spedition)
Vertreterverkauf
Einzelhandel
Großhandel
Qualität
Service
Sortiment
Garantie
Grundnutzen
Zusatznutzen

Produktsicherheit

Einen besonderen Stellenwert, gerade bei biologischen Erzeugnissen, nimmt die Produktsicherheit ein. Der Kunde muß sich absolut sicher sein können, daß es sich tatsächlich um biologisch erzeugtes Obst handelt, das er kauft.

Diese absolute Sicherheit bekommt der Konsument durch die Kontrolle, denen Biobetriebe unterliegen und die durch eine Kontrollnummer nach außen dokumentiert wird. Zeigen und informieren Sie Ihre Kunden über die Produktionsrichtlinien, die Sie als Biobetrieb einzuhalten haben, und weisen Sie auf die dadurch gegebene Sicherheit für den Konsumenten hin.

Kundennutzen

Vergessen Sie nie, dem Käufer den Nutzen Ihres Produktes klar zu machen.

Der Kunde muß stets das Gefühl haben, daß der Nutzen den Kostenaufwand rechtfertigt.

Jedes Produkt, jede Leistung hat einen Grundnutzen und einen Zusatznutzen, einen materiellen Nutzen und einen immateriellen Nutzen.

Und jeder Kunde kauft mit dem „Kopf" – Grundnutzen und materieller Nutzen, aber auch aus dem „Bauch" heraus – Zusatznutzen und immaterieller Nutzen.

Der Kunde kauft nicht nur Ihr Produkt, sondern auch Ihre bäuerliche Lebenswelt.

Überlegen Sie sich, warum sollte jemand beispielsweise einen Dörrobstriegel aus Bioäpfel kaufen?

Was ist der Grundnutzen?	➔	Sättigung (Zwischenmahlzeit)
Was ist der Zusatznutzen?	➔	Gesundheit (bessere Verdauung, Cholesterinsenkung usw.)
Was ist der materielle Nutzen?	➔	Naturprodukt, keine Chemie
Was ist der immaterielle Nutzen?	➔	Umweltförderung, Landschaftserhaltung, bäuerliche Lebenswelt, Beruhigung des schlechten Gewissens u. a.

Was sind der Grundnutzen und der Zusatznutzen Ihres Produktes?

Erfolgreiche Unternehmer verkaufen nicht nur ein Produkt, sondern ein Gefühl, eine Botschaft.

Vertrieb

Die Frage ist: Wodurch unterscheidet sich die Vermarktung von biologischen Produkten von der herkömmlichen Vermarktung?

Das typischste Kennzeichen bis jetzt war wohl, daß jeder Produzent von biologischen Produkten als Einzelbetrieb versuchte, zum Verkaufserfolg zu kommen.

Dabei wurde und wird gerne übersehen, daß der Verkauf auf das Zufallsprinzip aufgebaut ist. Die Art der Vermarktung aber nach Etappen abläuft:

1. Etappe
Der Produzent von biologischen Produkten beginnt mit der Direktvermarktung und freut sich über jeden Verkauf.

2. Etappe
Der Direktverkäufer hat jetzt schon einen kleinen Kundenstamm, die Verkaufserlöse nehmen gegenüber der ersten Etappe zu.

3. Etappe
Durch mehr Stammkunden ist der Verkaufserfolg am Höhepunkt, leider sind aber auch die Arbeitskapazitäten erschöpft.

4. Etappe
Der Verkaufserfolg läßt sich auf Grund der begrenzten Personen- und Zeitressourcen nicht mehr steigern und stagniert dadurch.

5. Etappe
In dieser Phase muß sich der Direktvermarkter entscheiden:
Kann er mit dem erreichten Verkaufserfolg in der Direktvermarktung weiterhin leben, oder muß er den Großteil seiner Produktion über große Vermarktungsstrukturen (Supermärkte) verkaufen.
Der Direktverkäufer steht also vor der Entscheidung, die Direktvermarktung aufzugeben und an einen Großabnehmer zu verkaufen oder mit anderen Direktverkäufern zu kooperieren und mit diesen zusammen gemeinschaftlich und professionell – unter Berücksichtigung der Gesetzmäßigkeiten des Marketings zu vermarkten.
Natürlich gibt es auch die Möglichkeit, einen Teil der Eigenproduktion direkt zu verkaufen und den anderen Teil über Großstrukturen zu vermarkten (Mischformen).

Dem Erzeuger von biologischem Obst und Obstverarbeitungsprodukten stehen prinzipiell folgende Vermarktungsmöglichkeiten offen:

- direkt an den Konsumenten:
  ab Hof
  Bauernmarkt
  Hauszustellung
  Belieferung von Restaurants und Hotels
- Kooperation (Zusammenschluß) von Direktverkäufern
- Verkauf an Großabnehmer

Am Beginn über Verkaufsart entscheiden

Um sich Zeit, Geld und Enttäuschungen zu ersparen, sollten Sie sich vor Beginn der biologischen Produktion überlegen, wie Sie Ihre biologisch erzeugten Äpfel auf den Markt bringen wollen. Darauf ist auch die Sortenauswahl abzustimmen. Noch viel zu oft werden die Sorten nicht nach ihrer Verkaufbarkeit, sondern nach der Einfachheit des Anbaues ausgewählt.

Kontinuierliche Belieferung

Der Kunde will das ganze Jahr von seinen Produzenten (Lieferanten) beliefert werden und nicht nur wenige Monate lang. Ein konstanter Kundenkontakt läßt sich nur durch kontinuierliche Belieferung, Service und ständige Kundenbetreuung (z. B. Kommunikation mit dem Kunden) aufbauen und aufrecht erhalten.

Diese Liefersicherheit ist dem Kunden wichtig und muß daher vom Vermarkter miteingeplant werden. Das bedingt, daß man nicht nur einzelbetrieblich denkt, sondern sich um Partner, mit denen man zusammenarbeiten (kooperieren) kann, bemüht. Gemeinsam ist man nicht nur stärker, sondern gibt dem Kunden auch die notwendige Liefersicherheit. Nach außen sollte sich das durch ein eigenes Logo, Verpackung und Präsentation zeigen.

Kommunikation

Kommunikation ist nicht nur ein Hofprospekt und eine Visitenkarte. Kommunikation ist der ständige Kontakt mit dem Kunden, unter Benützung und Einbeziehung aller Marketinginstrumente, und auch die ständige Kommunikation in den Bereichen Produktion, Pflanzenschutz, Obstverarbeitung und Vermarktung, um auf dem neuesten Informationsstand zu bleiben.

Kommunikation ist ein Prozeß, der nach innen und nach außen erfolgen muß. Wenn man biologische Erzeugnisse verkaufen möchte, muß man die eigene ökologische Überzeugung dem Konsumenten vermitteln.

Zum Beispiel: Hofführungen, Schaugärten, Schaubrennen, Tag der offenen Tür, Erlebnisobstgärten usw. Diese ökologische Einstellung sollte auch in anderen Bereichen, wie z. B. bei der Verpackung, Transport, Wahl der Werbematerialien bis hin zu neuen Produktinnovationen im Obstverarbeitungsbereich, zum Ausdruck kommen.

Das größte Marketingkapital, gerade für den biologischen Betrieb, ist das **Vertrauen** des Kunden.

Daß dieses Kundenvertrauen gerade für den biologische Erzeugnisse verkaufenden Betrieb ganz besonders wichtig ist, hat seine Gründe, denn unter Umständen muß der Kunde für das Produkt einen höheren Preis bezahlen, muß längere Einkaufswege auf sich nehmen. Außerdem ist biologisch erzeugtes Obst generell für den Konsumenten als solches nicht erkennbar. Der Konsument muß daher dem Verkäufer von biologischen Erzeugnissen glauben und zu diesem Vertrauen haben.

Durch ständige Kommunikation mit dem Kunden soll daher dieses Vertrauen aufgebaut, gefördert und vertieft werden, um dem Kunden die notwendige Produktsicherheit zu geben (Markenphilosophie).

Preis

Der Käufer erwartet ein ausgewogenes **Preis-Leistungs-Verhältnis**. Dieses ergibt sich einerseits aus den **Kosten**, die bei der Produktherstellung entstehen, anderseits aus dem **Wert**, der Qualität, der Leistung, der Haltbarkeit und dem Prestige. Also den notwendigen Zusatznutzen **(Mehrwert)**, den ein Produkt haben muß.

Dabei ist natürlich auch die Preisgestaltung der Konkurrenz zu berücksichtigen.

Gerade bei biologischen Erzeugnissen kann dieser Zusatznutzen (Mehrwert an Gesundheit und umweltschonende und landschaftserhaltende Produktion) dem Kunden sehr leicht vermittelt werden.

Der Preis ist eine Größe, die sich einerseits aus der Preis-Kalkulation und andererseits aus der Kundenakzeptanz ergibt. Als Beispiel sei hier auf die Kundenakzeptanz bei Markenprodukten hingewiesen. Obwohl Marken wesentlich höhere Preise als „**No-Name**“ Produkte verlangen, werden diese hohen Preise von den Kunden akzeptiert (Kundenvertrauen, Prestige usw.).

Wann wird ein höherer Preis akzeptiert?

- wenn das Produkt dringend gebraucht wird
- wenn es ein seltenes Produkt ist
- wenn ein symbolischer Wert geboten wird, der durch kein anderes Produkt erreicht werden kann (Prestige, Befriedigung eines schlechten Gewissens, Umweltschonung, Kauferlebnis usw.)

Übersicht einer Preiskalkulation

Produktionskosten (z. B. Bioäpfel)	....
(Fixkosten, variable Kosten, kalkulatorische Kosten)	
Vermarktungskosten	....
(Fixkosten, variable Kosten, kalkulatorische Kosten)	
= **Erzeugerpreis**	....
+ Gewinnaufschlag	....
= **Nettoverkaufspreis**	....
+ Abgaben und Steuern	....
= **Bruttoverkaufspreis**	....

ERFOLGSKONTROLLE

Kontrollieren Sie Ihre Ziele, die Sie sich vorgegeben haben:
Umsatz
Gewinn
Marktakzeptanz
Kommunikationsmittel
Kundenzufriedenheit
Zielvorgaben u. a. m.

Die nachstehende Gewinnermittlungsübersicht soll Ihnen bei der Kontrolle helfen.

Gewinnermittlung aus der Direktvermarktung

Erlöse aus der Direktvermarktung (verkaufte Mengen x Preis)	....
minus Kosten der Direktvermarktung	....
variable Kosten:	....
Rohstoffkosten	....
Betriebskosten	....
Fremdlöhne	....
Vermarktungskosten	....
Kosten für Hilfs- und Betriebsstoffe	....
	....
	....
	....
fixe Kosten:	....
Abschreibung	....
Instandhaltung	....
Zinsanspruch	....
sonstige fixe Gemeinkosten	....
	....
	....
= Einkommen aus der Direktvermarktung (Unternehmergewinn vor Steuern)	....

Eine Kundenbefragung mittels Fragebogen kann Ihnen ebenfalls beim Kontrollieren der Kundenzufriedenheit und ihrer Kommunikationsleistung helfen und bringt Sie vielleicht gleichzeitig auf neue Ideen.

ANHANG

ANHANG II DER EU-VO 2092/91, ZULETZT GEÄNDERT DURCH DIE EU-VO 1488/97

A. Erlaubte Düngemittel und Bodenverbesserer

Allgemeine Bedingungen für alle Erzeugnisse

- Verwendung gemäß den Bestimmungen in Anhang I
- Verwendung nur gemäß den im jeweiligen Mitgliedstaat anzuwendenden Rechtsvorschriften für Düngemittel

Organische Dünger

- Stall- und Geflügelmist (auch getrocknet oder/und kompostiert) – ausschließlich aus Extensivhaltungen[1]
- flüssige Wirtschaftsdünger (Gülle, Jauche usw.)
- kompostierte Haushaltsabfälle (aus getrennter Sammlung, auf Schwermetalle untersucht)
- Torf (nur für Gartenbauzwecke)
- Substrat von Champignonkulturen
- Exkremente von Würmern (Wurmkompost) und Insekten
- Guano
- Pflanzenkompost
- Produkte tierischen Ursprungs: Blutmehl, Hufmehl, Hornmehl, (entleimtes) Knochenmehl, Knochenkohle, Fischmehl, Fleischmehl, Federn- und Haarmehl, gemahlene Fell- und Hautteile, Wolle, Walkhaare (Filzherstellung), Fellteile, Haare und Borsten, Milcherzeugnisse
- (Neben-)Produkte pflanzlichen Ursprungs für Düngezwecke (Filterkuchen von Öl-Früchten, Kakaoschalen, Malzwurzeln, Trestern, Trebern, Melasse, Vinasse) – auch „Biosol"
- Schlempen (-extrakt)
- Algen (-erzeugnisse)
- Holzschnitt und Sägemehl (von chem. unbehandeltem Holz)
- Rindenkompost

1 Extentsivhaltung gemäß Artikel 6 Absatz 4 der Verordnung (EXG) Nr. 2328/91 des Rates, zuletzt geändert durch die Verordnung (EG) Nr. 3669/93

Mineralische Dünger

Ton:
- Bentonit, Kaolin
- Perlit, Vermiculit

Gesteinsmehle

Phosphor:
- weicherdiges Rohphosphat; Hyperphosphat, Hyperkorn
- Aluminiumcalciumphosphat (nur bei pH > 7,5; in Österreich nicht erhältlich)
- Thomasphosphat (in Österreich nicht mehr in Verwendung)

Kalium:
- Magnesiumsalzhaltiges Kaliumsulfat: Patentkali

Kalzium:
- Kalziumkarbonat natürlichen Ursprungs; Kreide, Kalksteinmehl, Algenkalk, Phosphatkreide
- Industriekalk aus der Zuckerherstellung; Carbokalk
- Kalzium- und Magnesiumkarbonat: Mg-Kalk, Mg-Kalksteinmehl; Magnesit
- Kalziumsulfat = Gips
- Kalziumchloridlösung: für Äpfel bei nachgewiesenem Kalziummangel

Magnesium:
- Magnesiumsulfat: Kieserit, Bittersalz

Sonstige:
- elementarer Schwefel
- Spurennährstoffe: B, Zn-, Fe-, Cu-, Mn-, Mo-, ...-sulfate oder -chelate
- Natriumchlorid: Steinsalz (fraglich, da chloridhältig)
- Gesteinsmehle
- NGK Granulat Kombi, NGK Magnesia, NGK Blatt (siehe Brief des BMLF vom 13.3.96)

Mineralische Mehrnährstoffdünger:
- Holzasche (von chem. unbehandeltem Holz – rechtlich zur Zeit nicht gesichert)

Sicher **nicht** erlaubt:
- mineralische N-Einzel- und -Mehrnährstoffdünger
- leichtlösliche Phosphordünger (Superphosphat)
- chloridhältige Dünger (40er und 60er Kali, Hyperkali, Thomaskali)
- Brannt- und Mischkalke, Kalkhydrat
- Klärschlamm und Klärschlammkompost

B. Pflanzenschutzmittel

Folgende Pflanzenschutzmittel sind in der EU Verordnung 2092/91 für den biologischen (ökologischen) Obstanbau zugelassen:

Bezeichnung	**Beschreibung, Anforderungen an die Zusammensetzung, Verwendungsvorschriften**
Azadirachtin aus *Azadirachta indicta* (Neembaum)	Insektizid, anwendbar nur: auf Mutterpflanzen für die Erzeugung von Saatgut und auf Elternpflanzen für die Erzeugung von anderem Pflanzmaterial; bei Zierpflanzen
Pyrethrine aus *Chrysanthemum cinerariaefolium*	Insektizid
Quassia aus *Quassia amare*	Insektizid, Repellent
Rotenon aus *Derris spp.* und *Lonchocarpus spp.* und *Terphrosia spp.*	Insektizid Notwendigkeit von der Kontrollstelle bzw. Behörde anerkannt
Mikroorganismen (Bakterien, Viren und Pilze) z. B. *Bacillus thuringiensis*, Granulosevirus usw.	nur Aufbereitungen, keine genetisch veränderten Organismen im Sinne der Richtline 90/220/EWG des Rates
Pheromone	Insektizid, Lockmittel in Fallen und Spendern

Metaldehyd	Molluskizid nur in Fällen mit einem höhere Tierarten abweisenden Mittel nur für eine Übergangszeit bis zum 31. 3. 2002
Kupfer in Form von Kupferhydroxyd, Kupferoxychlorid, (dreibasischem) Kupfersulfat, Kupferoxyd	Fungizid nur für eine Übergangszeit bis zum 31. 3. 2002; Notwendigkeit von der Kontrollstelle bzw. Behörde anerkannt
Kaliseife	Insektizid
Kalksulfat (Calziumpolysulfid)	Fungizid, Insektizid, Akarizid nur für die Winterspritzung von Obstbäumen, Olivenbäumen und Reben
Mineralöle	Insektizid, Fungizid nur bei Obstbäumen, Reben, Ölbäumen und tropischen Pflanzen nur für eine Übergangszeit bis zum 31. 3. 2002 Notwendigkeit von der Kontrollstelle bzw Behörde anerkannt
Schwefel	Fungizid, Insektizid, Repellent

ÜBERSICHT MECHANISCHER BAUMSTREIFENGERÄTE

Braun-Löffelschar

Fa. Braun Stefan Weinbaumaschinen
Am Schloßberg 2
D–76835 Rhodt

Flachschar mit Kreiselkrümler
- universelle Traktor-Anbaumöglichkeit
- hydraulischer Antrieb
- Scheibensech mit Rasterverstellung, um Graskante exakt zu beschneiden

Müller-RPM Reihenputzer

Fa. Müller
Rohrbergerstraße 15,
D–65343 Eltville-Ost

Flachschar mit Rotorfräse und Tastarm
- Fahrgeschwindigkeit von 6–10 km/h
- hydraulische Steuerung über die traktoreigene Pumpe
- Fräsrotor hat ein doppeltwirkendes Steuergerät, das ein Rückwärtslaufen der Fräse möglich macht
- kommt auch mit höherem Graswuchs zurecht

Zusatzgeräte: Schürfer, Gummilappenrotor

Clemens-Radius 859

Fa. Clemens & Co KG
Rudolf-Diesel-Straße 8
D-54516 Wittich

Flachschar mit Stützrädern, Scheibensech und Tastarm
- Anbringung im Frontanbau oder Zwischenachsbereich
- Fahrgeschwindigkeit von 6–10 km/h
- hydraulische Steuerung

Zusatzgerät: Federspeicher, zur exakten Tiefenführung

Kress-Reflex-Zeilenbearbeitungsgerät

Fa. Kress & Co
Osterbacherstraße 10
D-74196 Neuenstadt-Stein

Flachschar
- zweiseitig arbeitend
- Anbringung im Heckanbau, Zwischenachsbereich und Frontanbau möglich
- neu entwickelte hydraulische Steuerung
- extrem sensibel arbeitende Tastervorrichtung

Ommas-Boomerang

Fa. Ommas
Via Badia 2
I-41030 San Prospero, Italien

Bodenfräse
- Fräskopf von 58 oder 80 cm oder Eggenkopf von 60 oder 70 cm Breite
- Zwischenachs- oder Heckanbau

Ladurner-Krümler

Fa. Ladurner
Vinchgaustraße 7
I-39023 Laas, Italien

Krümler
- 2 Kreisel mit Ölmotoren angetrieben
- Heckanbaugerät
- Reihenabstände 250–440 cm
- Arbeitsbreite 40–60 cm
- Arbeitstiefe 0–10 cm
- Fahrgeschwindigkeit bis 7 km/h
- arbeitet auch bei sehr starker Verunkrautung zuverlässig

Humus-Planet

Machinenfabrik Bermatingen GmbH & Co
Kesselbachstraße 2
D-88697 Bermatingen

Krümler mit Ölmotorantrieb
- Front-, Zwischen- oder Heckanbau möglich
- ein- oder zweiseitige Ausführung
- Arbeitsbreite 30–40 cm
- Reihenabstände je nach Ausführung ab 200 cm

Krümlerkopf ist gegen Mulchkopf austauschbar

Spedo TPE und TPE/PR

Spedo A. & Figli
I-45021 Badia Polesine

Scheibenegge mit verschiedenen Scheibendurchmessern und verschiedener Scheibenanzahl
- Anbringung im Zwischenachsbereich oder Heckanbau

Zusatzgerät: Rotorkrümer

Ommas-Ideal Ventrale und Ideal Posteriore

Fa. Ommas
Via Badia 2
I-41030 San Prospero, Italien

Scheibenegge
- Anbringung im Zwischenachsbereich oder Heckanbau
- Fahrgeschwindigkeit von 5–10 km/h (Aushub) und 12–18 km/h (Anhäufeln)
- Reihenabstandsminimum 70 cm

Zusatzteile: Wurzelstockreinigungsspachtel, Erdschutz für die Abgrenzung der übertretenden Erde

STICHWORTVERZEICHNIS

LITERATUR PRODUKTION

Abteilung Biologischer Landbau des Bundesamtes für Agrarbiologie und Landwirtschaftskammer für OÖ. u. a. (1995): Vergleichsversuch zur Überprüfung ausgewählter organischer N-Dünger
Aichner, Andreaus, Pasquale, Mantinger (1997): Richtwerte der Nährstoffgehalte in Apfelblättern. Obstbau Weinbau 11/97
Aichner, Drahorad (1997): Das Lesen von Blattanalysen. Obstbau Weinbau 11/97
Aichner, Mantinger (1997): Die frühe Blattanalyse im Apfelanbau. Obstbau Weinbau 11/97
Alfödi, Pfiffner, Mäder (1992): Bodenorganismen. Die Zeitschrift des Forschungsinstituts für biologischen Landbau, Oberwil FiBL
Alofs, van Santen (1993): Herkennen van ziekten en plagen in aardbeien, DLV IKC-AT
Anonymus (1985): Der Bauer und sein Boden. Vorschläge zur Erhaltung der Bodenfruchtbarkeit (Bodenschutzkonzept). Landeskammer für Land- und Forstwirtschaft
Anonymus (1986): Düngung im Erwerbsobstbau, Beratungsschrift Nr. 3. Österreichische Düngerberatungsstelle (ÖDB)
Anonymus (1997): Heckenpflanzaktion. Naturschutzbund Österreich,
Artus – group (1997): Neue Sorten. Artus group Karlsruhe
Austria Bio-Garantie (1996): Futtermittel, Düngemittel und Pflanzenschutzmittel im Biolandbau.
Baab (1996): Beurteilung resistenter Apfelsorten aus der Sicht des Versuchswesens. Rheinland-Pfalz, Neustädter Heft Nr. 90, SLFA Neustadt
Bauer, Amann, Fardossi, Wunderer (1992): Ökologisch orientierte Bodenpflege und Düngung im Qualitätsweinbau. Bundesministerium für Land- und Forstwirtschaft, Wien
Berger, Gruber, Huber, Panzenböck, Rehm, Schnabel (1995): Pflanzenbau Band 1 – Pflanzenbauliche Grundlagen. Leopold Stocker Verlag, Graz
Bertschinger (1998): Merkblatt Alternanzregulierung bei Apfelbäumen durch Handausdünnung. Merkblatt: Mechanische Ausdünnung von Apfelanlagen mit einem Fadengerät. FAW
Bloksma (1996): Mogeljkheden voor de bodemverzorging in de fruitteelt vanuit biologische gerichtspunten. Louis Bolk Instituut
Bloksma, Brouwer, Jansonius (1997): Informatie en Literatuur voor de biologische fruitteelt. DLV Team Fruitteelt
Bloksma (1994): Vruchtzetting in de biologische fruitteelt. Louis Bolk Instituut
Bloksma (1996): Bladreeksen als beeld van de twijggroi – methode en interpretatie. Luis Bolk Instituut
Bonisolli (1997): Bereitung des Kompostes.
Brauer, Preuschen, Storhas, Willi (1980): Gesunder Boden = leistungsstarker Betrieb, ein Leitfaden für den ökologischen Landbau. Leopold Stocker Verlag, Graz
Closterman (1994): Biologisch-dynamischer Kernobstanbau-Chancen und Möglichkeiten. Erwerbsobstbau Nr. 4/129
CPRO-DLO (1992): Rassenljst voor fruitgewassen.
CPRO-DLO (1998): Beschreibung Ecolette, Santana, Elise.
Deimel (1997): Beschreibung resistenter Sorten. Obstbaumschule Deimel
Dieraurer (1992): Geräte zur Unkrautregulierung. FiBL-Merkblatt 4
Drahorad (1997): Werkstattgespräch über Antioxydanten, Obst- und Weinbau,
Dunst (1991): Kompostierung. Anleitung für die Kompostierung am Bauernhof, im Garten und im kommunalen Bereich. Leopold Stocker Verlag, Graz
Eisenhut M. (1982): Bodenfibel. Leopold Stocker Verlag, Graz
FiBL-Hilfsstoffliste (1995): Düngemittel und Bodenverbesserer.
Fichtner (1995): 7. Internationaler Erfahrungsaustausch über Forschungsergebnisse zum ökologischen Obstbau.
Fischer M., Fischer C., Wolfram (1998): Pillnitzer Obstsorten. Sächsische Landesanstalt für Landwirtschaft
GEVO (1995): Obstsorten für die Zukunft
Hallama (1983): Obstbau, Lern- und Arbeitsbuch. Leopold-Stocker Verlag, Graz
Hampl (1996): Gründüngung. Leopold Stocker Verlag, Graz
Häseli, Weibel, Wyss (1996): Krankheits- und Schädlingsregulierung im biologischen Apfelanbau. Merkblatt FiBL
Heines (1998): Information resistente Sorten. H. Fleuren BV

Kelderer, Casera, Lunger (1995): Einfluß einiger Hilfsstoffe, die im ökologischen Obstbau eingesetzt werden, auf die Pollenkeimung. FÖKO
Kelderer, Lardschneider, Cesera (1998): Tätigkeitsbericht biologischer Obstbau. Versuchszentrum Laimburg
Kellerhals, Meyer, Rusterholz, Fischer (1993): Krankheitresistente Apfelsorten,
Kellerhals, Müller, Bertschinger, Darbellay, Pfammatter (1997): Obstbau. Landwirtschaftliche Lehrmittelzentrale, Zollikofen
Kellerhals, Riesen, Weibel, Widmer u. a. (1997): IP- und Bio-Apfelanbau: ein Vergleich. Schweiz. ZS. für Obst- und Weinbau. Grundsätze und Umfeld Nr. 1, Standort und Sortenwahl Nr. 3, Pflanzensysteme und Formierung Nr. 5, Bodenpflege Nr. 9, Behangs- und Alternanzregulierung Nr. 12, Schädlingsregulierung Nr. 14, Krankheitsregulierung Nr. 18, Fruchtqualität Nr. 20, Betriebswirtschaft Nr. 24
Kellerhals, Rusterholz, Husistein, Weibel, Schmid, Häseli (1995): Sortenwahl im biologischen Erwerbsobstbau. FIBL/FAW
Keppel, Pieber, Weiss, Hiebler, Mazelle (1996): Der Obstgarten. Leopold Stocker Verlag, Graz
Kienzle, Pfeiffer, Straub (1991): 4. Internationaler Erfahrungsaustausch über Forschungsergebnisse zum Ökologischen Obstbau. Arbeitskreis Forschung der Obstbaufachgruppe der anerkannten ökologischen Verbände
Kuntz, Zimmer, Kienzle (1997): Sorten-Info 1997, eine aktuelle Übersicht über schorfresistente Apfelsorten
Lafer (1996): Ausdünnung im Kernobstanbau. Besseres Obst 41 (4)
Larink, Lübben (1991): Bestimmung der biologischen Aktivität von Boden mit dem Köderstreifen-Test nach v. Törne: ein Erfahrungsbericht. Mitteilungen Dt. Bodenkundl. Gesellsch. 66 I
Lind K. (1982): Anforderungen an eine Gebläsespritze für den Obstbau, Besseres Obst 6/1982, Agrarverlag, Wien
Lind K., Hauser R. (1992): Katalog Technik im Obst- und Weinbau, Agrarverlag, Wien
Mäder, Pfiffner, Fließbach, von Lützow, Munch (1996): Proceedings of the 11th IFOAM International Scientific Conference; Vol. 1: Fundamentals of Organic Agriculture
Maurer, Gut, Graf, Wyss (1995): Merkblatt: Förderung der biologischen Vielfalt in Erwerbsobstanlagen. FAW/FiBL
Neem-Dream Team (1996): Neem-Info. Universität Hohenheim
Neuweiler, Terrettaz, Mariethoz (1998): Handbuch Beeren. Fachkommission Beerenobstproduzenten des Schweiz. Obstverbandes in Zusammenarbeit mit den Eidg. Forschungsanstalten Wädenswil und Changins sowie dem FiBL in Frick
Novak, Strauß (1998): Obstbau-Praxis – Anlage, Pflege, Ernte, Lagerung, Sortenbeschreibung. Österreichischer Agrarverlag, Wien
Österreicher u. a. (1994): Junge Apfelanlagen. Südtiroler Beratungsring für Obst- und Weinbau
Pallaoro (1996): Agricoltura biologica. Assessorato Provinciale all'agricoltura e cooperazione
Pfiffner, Mäder, Besson, Niggli (1993): DOK-Versuch: Vergleichende Langzeit-Untersuchungen in den drei Anbausystemen biologisch-dynamisch, organisch-biologisch und konventionell III. Boden: Untersuchungen über Regenwurmpopulationen. Schweiz. Landwirtschaftliche Forschung 32(4)
Ruckenbauer (1991): Die organische Düngung. Beratungsschrift der österreichischen Düngerberatungsstelle Nr. 2, Wien
Schinner, Kandeler, Öhlinger, Margesin (1993): Bodenbiologische Arbeitsmethoden, Springer Verlag.
Schmid (1998): Biologischer Erdbeerenanbau. Merkblatt FiBL
Schmid (1998): Biologischer Strauchbeerenanbau. Merkblatt FiBL
Schmid (1998): Regendachsysteme für Strauchbeeren. FiBL, Frick
Schmid, Binggeli, Lehrman (1995): Bio-Obstmarkt Schweiz: Angebots- und Absatzanalyse. Schweiz. Zeitschrift für Obst- und Weinbau Nr. 25
Schmid, Neuweiler (1998): Sortenliste Heidelbeeren, Mini-Kiwi, Johannisbeeren, Stachelbeeren, Jostabeeren, Himbeeren, Brombeeren. FiBL
Schmidt, Haccius (1994): EG-Verordnung „Ökologischer Landbau", Verlag C. F. Müller.
Schulte-Karring (1995): Die Unterbodenmelioration, Teil III, Die Technik.
Stehr (1997): Schorfresistente Apfelsorten Teil 2, Obstbau

Straub, Magens (1996): Mitteilungen Beratungsdienst ökologischer Obstbau 1/1996
Straub, Magens (1996): Mitteilungen Beratungsdienst ökologischer Obstbau 2/1996
Strimmer, Kelderer (1997): Alternativen zur Ausdünnung, Obst- und Weinbau,
Strimmer, Kelderer, Pieber (1997): Alternativen zur Ausdünnung, Obstbau- und Weinbau
Strimmer, Kelderer, Pieber (1997): Neue Ausdünnungsmethoden im biologischen Apfelanbau. Erwerbsobstbau Nr. 39
Unser Lagerhaus: Ackergrün, Wintergrünungen, Flächenstillegungen, Saatgutmischungen.
van Staa, Willi (1995): Ökologischer Obstbau. Studienzentrum für Agrarökologie am Forschungsinstitut für Alpenländische Land- und Forstwirtschaft der Universität Innsbruck
Verordnung (EG) 2381/94: Änderung des Anhangs II
Verordnung (EWG) 2092/91; Anhang I: Grundregeln des ökologischen Landbaus für Agrarbetriebe, Anhang II: A – Düngemittel und Bodenverbesserer, B – Pflanzenschutzmittel, C – Andere Erzeugnisse.
Visintainer, Branz (1997): Apfelkultur: Schorfresistente Sorten von Golden. Versuchsanstalt für Obstbau – Außenstelle von Trient
Vjverberg (1998): Ecologische Fruitteelt. Helicon – Tiel
Vogl, Heb (1996): Ein Land stellt um – Entwicklungen und Perspektiven des Biolandbaus in Österreich. Biolandbau Nr. 25
Weber H. J. (1996): Fruchtausdünnung, Obstbau 4/96.
Weibel (1995): Bioobstbau-Anpassung der Vermarktungskonzepte an zunehmende Sortenvielfalt. FIBL Tagungsband des 7 int. Erfahrungsaustausches über Forschungsergebnisse zum ökologischen Obstbau vom 14. bis 15. Dez. in Weinsberg
Weibel (1995): Prüfung krankheitsresistenter Apfelsorten für den biologischen Anbau. Bericht über die Aktivität im Jahr 1995 im vom Kanton Baselland unterstützten Projekt
Widmer (1995): Migros lanciert eigenes Bio-Programm, Schweiz. ZS. für Obst- und Weinbau Nr. 25
Wyss, Tamm (1996): Zugelassene Pflanzenschutzprodukte für den biologischen Landbau.
Zamberger-Pircher (1998): So kompostieren Sie richtig. Fortschrittlicher Landwirt Heft 6/1998, Graz

LITERATUR PFLANZENSCHUTZ

AA.VV (1984): Gli insetti utili in agricoltura. Regione Emilia Romagna.
Alford (1984): Farbatlas der Obstschädlinge. Enke Verlag.
Charmillot (1991): Possibilites et limites des moyens selectifs de lutte contre les tordeuses des vergers. Revue suisse Viticulture Arboriculture Horticulture Vol 23.
Charmillot, Brunner (1990): La tordeuse de la pelure Adoxophyes orana: biologie, avertissement et lutte. Revue suisse Viticulture Arboriculture Horticulture Vol 22.
Charmillot, Hächler, Pasquier (1994): Noctuelles et arpenteuses nuisibles en arboriculture, Revue suisse Viticulture Arboriculture Horticulture Vol 26.
Charmillot, Jeanneret (1997): Populations de tordeuses dans les vergers d'arbres a' haute tige et risque de colonisation pour les cultures commerciales de pommiers. Revue suisse Viticulture Arboriculture Horticulture Vol 29.
Charmillot, Pasquier, Dorsaz, Keimer, Herminjard, Olivier, Zuber (1997): Lutte par confusion contre le carpocapse Cydia pomonella L. en Suisse en 1996 au moyen des diffuseurs Isomate-C Plus. Revue suisse Viticulture Arboriculture Horticulture Vol 29.
Friedrich, Rode (1996): Pflanzenschutz im integrierten Obstbau. Eugen Ulmer Verlag.
Kienzle, Straub, Kst, Hofmann (1990): 3. Internationaler Erfahrungsaustausch über Forschungsergebnisse zum Ökologischen Obst- und Weinbau. Staatliche Lehr- und Versuchsanstalt für Wein- und Obstbau Weinsberg.
Lankes (1996): Tagungsband 22. Bundessteinobstseminar, Ahrweiler 1996.
Mattedi, Varner, Forti (1989): Natura e agricoltura. Centro di studi rotaliani di Mezzocorona.

Persönliche Mitteilungen (1990–1998): Charmillot, Höhn, Gessler Mattedi, Triloff, Trapmann, Varner.
Steiner, Baggiolini (1988): Anleitung zum integrierten Pflanzenschutz im Apfelbau. Landesanstalt für Pflanzenschutz Stuttgart.
Steiner, Baggiolini, Gruys, Milaire (1975): Die Klopfmethode. Centrale Offsetdruckerei Pudoc.
Van Frankenhuyzen (1988): Schadeliijke en nuttige Insekten en Mijten in Fruitgewassen. Nederlandse Fruittelers Organisatie 'S Gravenhage in Samenwerking met Plantenziekten kundige Dienst Wageningen.

LITERATUR VERARBEITUNG

Lebensmittelkennzeichnungsverordnung. Österr. Bundesgesetzblatt, Wien, Nr. 72 aus 1993
Konfitürenverordnung. Österr. Bundesgesetzblatt, Wien, Nr. 897 aus 1995
2092/91 Verordnung der EU über den ökologischen Landbau. 24. Auflage, 3.3.1997
ANONYM: Einkochen. Agrana, Wien 1997
BUSTORF – HIRSCH, M.: Einlegen – Einkochen – Trocknen. Falken Verlag, Niedernhausen 1996
COLDITZ, G.: Früchte einkochen. Verlag Eugen Ulmer, Stuttgart 1991
FISCHERAUER, A.: Essig selbst gemacht. Verlag Leopold Stocker, Graz 1996
GENU-Handbuch für die Früchteverarbeitende Industrie. 4623 Lille Skensved, Dänemark
GSCHWANTNER: Bäuerliche Kreativprodukte aus Obst und Gemüse. LK für OÖ, Linz 1996
JANOVSKY, R. / LUKAS, W.: Obstmost, Fruchtsäfte, Obstbrände. Österreichischer Agrarverlag, Wien 1987
JUNKER, R.: BEGEROW-Fruchtsaft Handbuch. Begerow, Langenlonsheim
SAMWALD, A.: Dörren. Verlag Eugen Ulmer, 2. Auflage, Stuttgart 1989
SCHOBINGER, U.: Frucht und Gemüsesäfte. Verlag Eugen Ulmer, 2. Auflage, Stuttgart 1987
VÖLKER, E.: Der große Durst. Gebr. Bellmer, Niefern 1997

LITERATUR VERMARKTUNG

„Leitfaden für Betriebsgründer", Betriebsgründerservice der Wirtschaftskammer Steiermark.
Bäuerliche Direktvermarktung, v. Gfrerer, Holzer, Lahner, Lattner, Massauer, Ruth, Staudinger, ÖSTERR. AGRARVERLAG.
Biologico e grande distribuzione: qualit, gestione, aspettative : tre facce dei prodotti biologici da considerare in un punto vendita : atti convegno : Cese na, 8 maggio 1997 – <s.1. : s.n.>, 1997? – 46 c., <8> c. di tav. : ill. ; 30 cm, Dati dalla cop. – In testa alla cop.: Agri Cesena Manifestazioni fieristiche cesenati in collaborazione con ... con il contributo di ... – verso delle c. bianco.
Direktvermarktung bäuerlicher Produkte, v. Reichsthaler, Schafzahl, Putz, Zapfl, Engelhart, Schneider, STOCKER VERLAG.
Economia dei mercati agricoli / Riccardo Pisanti – Bologna : Edagricole 1997 ISBN – 88-206-6032-6.
Il marketing : Nuova frontiera dell'impresa agraria /Gianluca Brunori, Lorenzo Raffi. – <S.1.> : Istituto nazionale di economia agraria, 1994. – 210 p. : tab. graf. ; 31 cm. – (Collana di economia e gestione dell'azienda agraria).
Il marketing agroalimentare : Mercato e strategie di commercilizzazione / Anto nio Foglio. – 4. ed. – Milano : Angeli, 1990 – 370 p. ; 22 m. – Azienda moderna; 184, ISBN/ISSN/ISMN/Impr.: 88-204-2421-5.
Inleiding tot de Marketing / Dr. Bronislaw Verhage, Stenfert KroeseISBN 90 207 182.0 7
Istituzioni di economia del mercato die prodotti agricoli / Vito Saccomandi. Roma.
Marketing / von Hans Christian Weis. – 9., überarbeitete und erw. Aufl. – Ludwigshafen : Kiehl, 1995.

– 588 p.: graf., tab. ; 21 cm. – (Kompendium der praktischen Betriebswirtschaft), ISBN/ISSN/ISMN/Impr.: 3-470-70559-3.
Marketing dei prodotti agricoli / Paolo Di Stefano. – Bologna.
Marketing voor het Midden en Kleinbedrijf/ Drs. P.F. Pietersen, NOI ISBN 90 6355 585 7.
Strategische Marketingplanning / Drs. R.A.Q van Min Samson /Nive ISBN 90 14 04826 2.
The agricultural marketing system / V. James Rhodes. – 3. ed. – New York, N.Y. <etc.> : Wiley, 1987 dopyr. – XIV, 544 p.: diagr., tab., ill. ; 25 cm ISBN/ISSN/ISMN/Impr.: 0-471-85100-0.
Unternehmer – Unternehmen, von Kailer, Heimerl, Kalcher, Formayer, MANZ-VERLAG.

Cornus mas ‚Jolico'

Schon in der Römerzeit wurde Cornus mas – die Kornelkirsche als fruchttragendes Gehölz geschätzt. Die glänzend roten Früchte sind Vitamin-C-reich und eignen sich für Saft, Gelee, Marmeladen, Wein und Schnapsbereitung. ‚Jolico' wurde in der freien Natur gefunden und hat überaus große Früchte und enormen Fruchtbehang. Er findet Platz in jedem Garten, sei es als frühblühender Zierstrauch oder als inhaltsreicher Fruchtertragsstrauch. Pflanzabstand im Garten etwa 2–3 m, als Hecke auch dichter. In der Ertragskultur Pflanzabstand 4×4 m, Schnittmaßnahmen oder Pflanzenschutzmaßnahmen sind keine erforderlich.

PRASKAC
PFLANZENLAND

Baumschulen · 3430 Tulln, Praskacstraße · Tel. (0 22 72) 62 4 60 · Fax 63 8 16

Kostenlose Neuheitenliste – Zustellung und Versand in alle Bundesländer

ISOTHERM
PASTNERIT FLIESENPANEELE
lebensmittelecht, säure- und schlagfest! Damit macht man Decken und Wände abwaschbar, hygienisch sauber und glatt. Isolieren gut, sind wasserdicht, vermeiden und sanieren Korrosions-, Feuchte-, Mörtel-, Schimmel- und Anstrichschäden.
raumhoch
1 Meter breit
Verlegung rascher, einfacher als übliche Fliesen, ohne Mörtelputz, fugenlose Sauberkeit. Nur 5 kg/m²
Nut und Feder, in allen Farben- auch Holzmaserung & marmoriert!
Telefon
++43(0)2732 / 766 60
Fax ..../ 766 50
Ing. Pastner
Kremstalstr. 59
A-3500 Krems
Perfekte, EU-gerechte Sauberkeit im Lebensmittelraum